青砖源·临湘

临 湘 市 文 化 馆
临湘市非物质文化遗产保护中心 ◎ 编

湖南地图出版社
HUNAN MAP PUBLISHING HOUSE
长沙

图书在版编目（CIP）数据

青砖源·临湘 / 临湘市文化馆 , 临湘市非物质文化遗产保护中心编
.-- 长沙 : 湖南地图出版社 , 2024.4

ISBN 978-7-5530-1465-4

Ⅰ . ①青… Ⅱ . ①临… ②临… Ⅲ . ①茶文化 – 临湘
Ⅳ . ① TS971.21

中国国家版本馆 CIP 数据核字 (2024) 第 079799 号

青砖源·临湘

QINGZHUANYUAN · LINXIANG

编　　者：临湘市文化馆　临湘市非物质文化遗产保护中心
责任编辑：毛　琳
出版发行：湖南地图出版社
地　　址：长沙市天心区芙蓉南路四段 158 号
邮　　编：410118
印　　刷：长沙市精宏印务有限公司
印　　张：20
开　　本：710mm×1000mm　1/16
字　　数：300 千
版　　次：2024 年 4 月第 1 版
印　　次：2024 年 4 月第 1 次印刷
书　　号：ISBN 978-7-5530-1465-4
定　　价：98.00 元

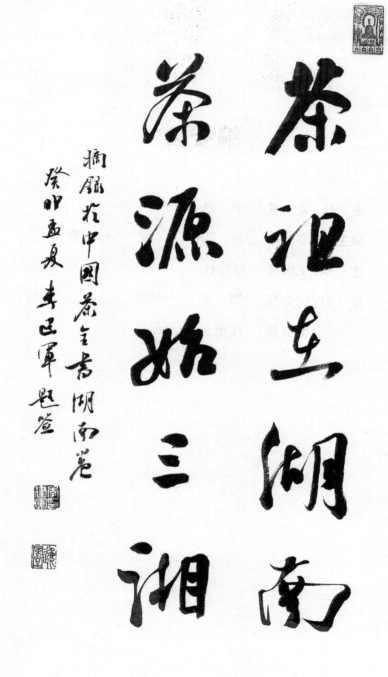

茶祖在湖南

茶源始三湘

摘麒花中國茶至吉湖南甚

癸卯孟夏 李正軍题签

编委会

目 录

第一章

茶之临湘　源远流长

临湘位于湖南省东北部，长江中游南岸。地处北纬 29° 11′ ~ 29° 52′，东经 113° 15′ ~ 113° 45′，素称"湖南封面""湘北明珠"，市域面积 1760 平方公里，辖 10 个镇、4 个街道，114 个村、47 个社区，户籍人口 54.1 万，常住人口 43.3 万。

区位独特，交通便捷。概括为"一二三六"，即"一江东流"，拥有 38.5 公里长江岸线；"两省交界"，地处湘鄂两省交界处，与湖北省的监利、洪湖、赤壁、崇阳、通城五县（市）毗邻；"三大片区"，以 107 国道为界，全市分为路南山区、路中城区、路北湖区三大片区；"六线贯通"，京广铁路、京广高铁、浩吉铁路、京港澳高速、杭瑞高速、107 国道六条"国字号"交通大动脉穿境而过，是全省重要交通节点县市。

历史悠久，底蕴深厚。公元 936 年因茶而置王朝场，996 年更名临湘县。因原县域包含城陵矶，湘水经洞庭湖在此注入长江，故以"滨临湘水而得名"，1992 年撤县设市。三千多年来，商周文明与三苗文明在这里碰撞，湖湘文化与荆楚文化在这里交融，赋予了临湘人开放包容、兼收并蓄的精神特质，铸就了临湘"崇文尚武、耕读传家"的民风民俗，获评全国文化先进县（市）、全国体育产业示范基地、武术之乡、书法之乡、诗词之乡、民间文化艺术之乡。

资源丰富，产业兴旺。属全国资源成熟型城市，蕴藏 30 多种矿产资源，储量 24 亿吨，以水泥、陶瓷为代表的建材是传统主导产业。浮标钓具、竹木家居、茶叶是特色富民产业。临湘浮标占据全国 80% 以上市场份额，业界素称"威海的杆、临湘的标"，产品出口亚欧美等 30 多个国家和地区，从业人员 3 万余人，年产值超过 40 亿元；"中国竹乡"羊楼司镇是中南地区最大的竹木产品集散中心，获评"全国特色产业十亿元镇"、湖南省"双创"示范基地；临湘茶叶历史悠久，是中俄蒙"万里茶道"南方节点城市之一，是中国青砖茶起源之地，青砖茶边销出口连续多年位居全国首位；不断壮大的中非工贸产业园是湖南首家中非贸易产业示范园区，高、新、特化工产业园是湖南首批十大化工产业园之一。

近年，全市生产总值 332.41 亿元，曾多次荣获国务院、省政府真抓实干督查激励奖，以及国家级、省部级各类先进表彰奖励。

第一节 因茶设县 彪炳千年

岳阳城陵矶下游有座古县城，名曰"临湘"。临湘历史悠久，设县已越千年。

有关"临湘"的命名，流传着二种不同说法。一是毗邻湖南说。湖南简称"湘"，毗邻湖南谓之"临湘"。临湘本应是属于湖北，邻近湖南的县邑，是地域划分的阴差阳错，使临湘的隶属关系反了方。据考证：古代湖南为禹贡荆州之域，周为荆州南境；春秋·战国属楚，秦置长沙郡及黔中郡，汉高帝置桂阳、武陵郡，建长沙国；三国时属吴，晋怀帝分置湘州；隋大业初改为郡，隶属荆州；唐广德二年（764），置湖南视察使，这是历史区划中最早出现的"湖南"。五代为马殷所据，建立楚国；宋平分湖南，分置湖（洞庭湖）南、北路，元丰中改荆湖南、北路。以史为鉴，即唐代764年才出现"湖南"的概念，也没有简称"湘"的说法，那么毗邻湖南说是完全没有依据的。

二是濒临湘水说。临湘因濒临湘水而得名，就目前地理环境而言，临湘距湘水数百里，命名的理由不够充分。据考证：湘水发源于广西海阳山，自道县进入湖南。在西汉时，长沙朗梨镇就置有临湘县，正是因濒临湘水而得名（曾出土"临湘县令"的印章）。"临湘"之名一直沿袭到隋开皇初年（581）才改为长沙县。而今之"临湘"的命名，《同治·临湘县志》载："湘水南来迤城西北入于江，县名以此。"《湖南地理志》云，这时湘水远在湘阴县的青草湖就注入洞庭湖，成为湖中之江，而看不见江流了。这也成为怀疑濒临湘水之说的理由。

考古界权威专家何介钧先生在《湖南先秦考古学研究》中指出："从二里冈下层时期开始，湖南北部，洞庭湖东西岸，不同程度受到商文化的影响。……受商文化影响最强是东岸的湘江下游。当时，湘江直接在岳阳市云溪区陆城镇（原临湘县治）附近注入长江。"北魏郦道元《水经注·湘水篇》翔实地记述：湘水自南向北经长沙后又北过罗县西，汨罗江东流来注；又北过下隽县（岳阳县）西，微水（新墙河水）从东来注，又北过巴丘山，入于长江。北宋《北梦琐言》云："湘江北流至岳阳，达蜀江。夏潦后涨，遏住湘波，泛为洞庭，君山宛在山中；秋水涸，此山复于陆，惟一条湘水而已"。北宋时，随着湘水河床的下沉，湘水溶入洞庭湖，秋季水涸之

千年临湘县城图

时，显示出其貌，能见到一条湘水。由此可见，何介钧先生的论断与《北梦琐言》史料记载相吻合。从而，进一步论证湘水曾穿越洞庭湖注入长江的史实，圆了"临湘濒临湘水"之说，只不过，"临湘"居于湘水的下游而已。一江一湖的润泽，孕育出今日临湘这一钟灵毓秀的天之骄子。随着二千余年的地理变迁，沧海桑田，山河改易，长沙的"临湘县"地处湘水中游；时至北宋至道二年（996），又将地处湘水下游的王朝县更名"临湘县"。先人的这一决策，揭示了临湘和长沙两地的不解之缘。一是得益于"濒临湘水"这个地利；二是王朝县捡了长沙在八百年前的曾用名，用得恰如其分，合情合理，使这个沉睡了多年古县——临湘，重新焕发出活力。

临湘因茶设县而彪炳千秋。北宋《太平寰宇记》云："（临湘）本巴陵县地，后唐清泰三年（936），潭州节度使析巴陵置王朝场，以便人户输纳，出茶。"据北宋《太平寰宇记》记载，五代马殷据长沙，居巴陵，建立楚国。马楚统治时期，政治上采取"上奉天子，下抚士民"的政策；经济上奖励农桑，发展茶叶，通商中原，社会经济得到较快发展。马殷政权经过周密策划，采取三项政策：一是对境外来楚投资经商者免各种税收，海关只稽查，不收税；二是地方衙门加强治安管理，重在为外来经商者提供良好营商环境；三是实施配套金融政策。湖南盛产铅、铁。马殷采纳高郁的建议，铸造铁币为楚本地流通货币。据记载，马氏执政50余年，在长沙市区发掘的500余座五代墓葬中，出土有大

出土的唐代岳州茶碗

马楚国铸乾封泉宝铁钱

量的"天策府宝"和"乾封泉宝"等铁钱和铅钱。外来客商离开楚时，不得不把赚来的铁币全部脱手，换取楚国的货物，促进了当地的生产。这一举措产生了积极成效，"是时王关市无征，四方商旅闻风辐辏。"楚长期的外贸顺差，国库充沛，百姓富裕。俗语说："大胜靠智慧。"楚王马殷，迅速扭转了多年征战所造成的残局，形成了风生水起的经济形势。随着社会的发展，经济的逐步繁荣，特别是南方茶叶生产、加工、贸易的扩大，迫使马氏于清泰三年（936），"析巴陵置王朝场"（相当于现代经济特区）。为何最早要命名"王朝场"呢？一是马殷政权是五代十国的重要组成部分；二是这里曾为供奉朝廷物流中心，堪称繁荣输场。于是，马殷敢冒天下之大不韪，大胆地将这里的繁荣输场命名"王朝场"。随着历史的更替，六十年后，大宋王朝的统治者，对"王朝"产生了偏见和误解，以致对后唐、后晋、后汉、后周耿耿于怀。现代历史家何光岳先生指出："而湖南早已成为宋朝的行政区域，名义不妥，便改王朝县为临湘县。"从而，确立临湘因茶而设县的历史地位，推进了岳阳巴陵地区的茶叶乃至"两湖茶"的生产、加工、贸易的繁荣与发展。

临湘曾名"王朝县"，彰显出地域霸气；又更名"临湘县"，凸显出沿袭长沙800年英名之余韵；更能彪炳临湘"扼湘水之要冲，卡长江之咽喉"险要的地理位置。随着粤汉铁路贯通，1930 年临湘县城从古城陆城迁徙长安，1992年撤县设市。这座古老的县城虽然失去了昔日烟波浩渺的长江水道之喧嚣，但更加彰显出固有的历史地位与霸气。

临湘文化积淀深厚，境内分布众多的历史文化遗存和名胜古迹。长源村旧石器遗址的发现，揭示了二十万年前长江流域文明发祥的神秘面纱；如山屈氏封地，深深刻下了屈原放逐，沦回故里的足迹。龙窖山千家峒，再现了瑶族先民始创种茶之先河；浩瀚的黄盖湖，见证了火烧赤壁的樯橹烽烟；临江赋诗的白马矶，记忆着唐代诗仙李白的江南情结；青砖黛瓦的聂家市古镇，叙述着万里茶道上的喧嚣与辉煌；巍峨挺拔的临湘塔，书写着与长江殊死拼搏的英雄气概……临湘人民在历史文化的长河中寻觅和追求，找到了文化的坐标与脉络，传承着一个个惊天动地的人文故事。

龙窖山瑶族先民的石屋居址，始创人工种茶之地

第二节　茶旅春秋　彰显辉煌

临湘是全国十大重点产茶县（市）之一，中国工程院院士，湖南农业大学学术委员会主任刘仲华教授指出："临湘"这个名字，在湖南乃至全国的茶叶发展史上都留下了光辉的一页。临湘是中国青砖茶的发源地之一。相传黄帝、神农氏与蚩尤发生过多次战争，通过融合、分化与迁徙，神农氏曾游历过临湘的山山水水，留下诸多杰作。《神农本草经》载："神农尝百草，日遇七十二毒，得茶而解之。"这应该是临湘最早使用野生茶的记载。《荆州土地记》云："秦朝统一中国后，茶叶才由四川，沿长江流域向中下游扩展，至迟在我国六朝时，茶叶的生产已遍及长江流域各省。"北宋《岳阳风土记》载："龙窖山在县东南，接鄂州雷家洞、石门洞，山极深远，期间居民谓之鸟乡，语言侏离，以耕畲为业，非市盐茶，不入城市，邑亦无贡赋，盖山徭人也。"据考证：汉晋时期，瑶族先民的一支从江汉之浒，漂洞庭湖过云梦古泽，徙居临湘龙窖山，开创了临湘人工种茶之先河。临湘用茶历史悠久。《三国志·吴书》亦载：吴帝孙皓，受封于黄盖湖一带。孙皓嗜酒，在黄盖湖入席时，必饮酒七升，韦曜不胜酒，常命茶荈代酒。从此，"以茶代酒"在临湘已成为常态的话题。时至唐代"灉湖含膏茶"于贞观十五年，随文成公主入藏，而销往吐蕃。建中元年（780），常鲁公出使逻娑（拉萨），见到了灉湖茶的饮用与习俗。

五代，后唐清泰三年（936），"析巴陵，设立王朝场，以便人户输纳，出茶"（《太平寰宇记》）。随着市场的发育和茶叶生产需求的扩大，王朝场早就不适应其发展的步伐，北宋淳化五年（994），将王朝场升为王朝县，北宋淳化七年（996）更名为临湘县。临湘县开创了朝廷直管的茶叶生产专业县的历史和"以茶立县"的肇始。《全省掌故备考》载："邑茶盛于唐，始贡于五代马殷。"这是临湘茶叶成为千年贡茶之始。《宋史·食货志》也曾记载，朝廷在全国设置茶盐使，专管茶叶盐业。嘉祐四年（1059）仁宗皇帝下诏称："古者山泽之利，与民共之。"宣布解除茶禁，民间可以自行贸易，无疑刺激了茶叶的生产。又据《宋会要辑稿·茶号》载：岳州所辖四县，共产茶 5000 余吨……临湘产茶 1991 吨，占全省总产量的 10.6%，成就"两湖茶"充盈北方"茶马互市"的交易市场。《弘治·岳州府志》记载：临湘县于元至正廿七年（1367）至明景泰元年（1450），分别在长江上的城陵矶设立"临湘批验茶引所"，鸭栏矶设立"鸭栏批验茶引所"，稽征长江上过往船舟的茶税，满足国库的充盈。

明洪武二十四年（1391），明太祖诏令：罢造龙凤团茶，令采制芽茶上贡。"龙窖山茶味厚于巴陵，岁贡十六斤。"（隆庆《岳州府志》）临湘贡茶历史延续 520 年之久，这也得益于瑶族先民。明末清初，"青砖茶"一度在临湘兴起。清代叶瑞庭《纯蒲随笔》有载："闻自康熙年间，有山西贾客至邑西乡芙蓉山，峒（指羊楼洞、龙窖山）人迎之，代客收茶取佣，……所买皆老茶，最粗者踩成茶砖，号称芙蓉仙品，即黑茶也。"清嘉庆年间，周顺倜《纯川竹枝词》云："茶乡生计即山农，压作方砖白纸封。别有红笺书小字，西商监制自芙蓉。"周顺倜还自注：每岁西客（指山西茶商）至羊楼司、羊楼洞买茶，其砖茶以白纸缄封，外贴红签。完全证实，清嘉庆年间，临湘的青砖茶就开始了批量生产和外销。

《临湘茶叶志载》："自古以来，山民以业茶为生。""七十二峰多种茶，山山栉比万千家，朝脯伏腊皆仰此，累世凭持为生涯。"这也是临湘人民种茶、制茶的真实写照。清代初、中期，"丝绸之路"的衰落，中俄"茶叶之路"的兴起。中俄茶叶之路横跨亚欧大陆，南起江南（福建武夷山、湖南、湖北的黑茶产区），北越长城，贯穿蒙古至中俄边境的买卖城、恰克图，再转往延伸至欧洲腹地。中俄商人"彼以皮来，我以茶往"，晋商充当了"万里茶道"上的主力军。晋商在临湘设有茶庄 120 余家，并在莫斯科及西伯利亚等 10 多个城市设有分庄，销售临湘茶叶。清道光二十二年（1842），广东人也将红茶制作技术传入临湘，始有红茶经广州销往英、美等国。咸丰八年（1858），俄商在汉口设置洋行，并于临湘羊楼司、聂家市等地开设茶庄，直接收购茶叶压制茶砖运回本国销售。加之，临湘地理条件优越，紧依长江，依托黄盖湖，水上运输便捷，拥有聂家市、新店两大码头，比福建崇安水路近 1170 里，比安化水路近 700 余里，占有天时、地利的优势。据《最近汉口商业一斑》载：清宣统二年（1910），临湘红茶总销量 1482 吨，青砖茶总销量 8765 吨，两项共计 10247 吨，占湖南全省茶叶销售的 34.2%，这是临湘历史上茶叶销售较好的一年。

临湘在茶叶发展的全盛时期，据统计，茶园面积在 20 万亩以上。曾几何时，进入临湘之境，如同进入奇幻之乡，文人志士赞叹有加：那绿云匝地者何？茶乡茶园；挥汗如雨者何？茶农采茶；路上长龙者何？茶汉卖茶；鳞次栉比者何？茶庄茶坊；雕梁画栋者何？茶号茶庄；轻歌曼舞者何？茶女拣茶；号子震天者何？茶工制茶；通商天下者何？茶多茶好；传统特产者何？青砖茯砖；大宗名品者何？红茶绿茶。古法今艺，集于一叶。养生养性，神秘奇绝。无怪乎天下好茶谓：临湘之茶是来自北纬30°，得自远古神农，植肇先秦瑶胞的"神秘茶"，是贡始唐末五代及至清末而终的"千年帝王茶"，是长期销边、保障兄弟民族需求的"团结茶"，是曾经引得粤汉铁路线路临时改址的，外商前来考察和购种的"神奇茶"，是使临湘富甲一方，曾经四助岳阳城的"致富茶"，是供给"茶马古道""万里茶道""茶船古道"的"源头茶"，是国家发展外贸，增添外汇的"品质茶"。

早在咸丰七年（1857）3月18日，远在英国伦敦的革命导师马克思，对临湘生产的茶叶就了如指掌。他发表的《俄国对华贸易》中说："那时，中国提供的主要商品是茶叶。"他还说："由于中国内部不安定以及产茶省区道路为起义军（太平天国）所占领，茶叶的供应量大大减少。"不久，马克思又发表《俄国人与中国人》。说："在整个库伦城（乌兰巴托）和蒙古，流通最多的等价交换物便是茶砖，常被分割成小块用于交易，老百姓常常背上口袋，甚至于拉上一整车上集市的交易物。卢布和中国的银两（圆）都不及茶砖。"马克思还十分明确地告诉他的读者："值得一提的是，位于扬子江周围的种植园，正是这种砖茶的主要产地。"（张步真，2022）

通过马克思的这段话语，完全可以证实：在清咸丰七年（1857），因太平天国起义，南方茶道受阻，俄商、晋商涌于两湖茶产区"投行采办茶箱"，制作青砖茶进行贸易。以当时传播条件，马克思是不知道临湘（聂家市、羊楼司）这个名不见经传的小地方，但他却郑重其事地写进了他的著作里。其次，当时青砖茶在库伦城和蒙古，已成为中俄蒙交易的主要产品。青砖茶远比卢布和中国的银两（圆）值钱。其三，马克思所指扬子江就是长江，青砖茶主要产于这个茶叶种植基地。从而，进一步确立了临湘是中国青砖茶的起源之地。

民国初期，临湘茶叶种植面积保持增长势头，茶叶内外销量保持在1.2万至1.5万吨，产品有青砖、米砖及功夫红茶。随着茶叶产品的走销，茶价上涨，茶农因此有"斤茶斗米"之利可图。1938年，在日寇铁蹄的践踏下，临湘沦陷，交通受阻，内外销中断，临湘茶叶积压，茶价由此暴跌，茶农入不敷出，毁茶抛荒严重。据民国三十七年（1948），《临湘县国民经济统计资料》载，全县只剩茶园面积 2500 公顷，产茶 1800 吨，可谓秋风萧瑟，一落千丈。

新中国成立后，党和国家采取一系列复兴茶叶措施，茶叶产量不断增长，茶叶品质不断提高。1953 年，湖南省茶叶总公司曾委托杨开智先生（杨开慧烈士之兄），在临湘龙窖山区的梅池、友爱、横溪、壁山、长浩等地，每年定制百来斤优质茶叶，送北京特供毛泽东主席及中央首长的饮用。直至 1973 年，杨开智先生与世长辞，才终止此项贡茶任务。这也是龙窖山茶又一次成为贡茶的历史。20 世纪 50 年代，根据临湘民间艺术家袁延长先生演唱的《卖茶歌》："桑木扁担软溜溜，挑担茶叶卖岳州，茶佬见茶连声夸，夸嫩夸香忙加价，临湘细茶赛天下……桑木扁担轻又轻，挑担细茶上北京。皇帝金笔批旨文：临湘茶叶列贡品，定数年年进朝廷。"事后，由湖南省歌舞剧团改编，何纪光先生演唱的《挑担茶叶上北京》，曾唱红了全国大地。

1978 年，临湘被国家列为 25 个商品茶基地县之一。1990 年全县实有茶园面积 5800 公顷。其中，投采面积 5780 公顷，年产茶叶 7314 吨。2002 年，国家经贸委、国家民委、财政部、国家工商总局、国家质检总局、国家供销总社联合发文公布：临湘市茶叶公司茶砖厂、临湘市永巨茶叶有限公司，为国家边销茶定点生产企业。2003 年，聂市永巨茶厂获经营自主权，产品直接出口俄罗斯、蒙古和中亚一些国家和地区。临湘茶叶迎来了再次辉煌，临湘市进入"万里茶道"湖南段的节点城市。

[关联研读]

万里茶道湖南段的产茶区构成与历史地位

万里茶道是 1689 年至 1960 年期间中国几个南部省份将所产之茶途经蒙古国输送至俄罗斯的一条古代商贸道路。鉴于万里茶道的突出价值和现存的大量文化遗产，国家文物局于 2016 年将其确定为"十三五"大遗址，2019 年列入"中国世界文化遗产预备名单"。这是湖南省继侗寨（湖南、广西、贵州）、凤凰古城之后列入中国申请世界文化遗产预备名单中的第三项。

全球世界遗产名单中，茶类遗产尚是空白。全球世界遗产预备名单中，茶类遗产仅两项，均分布在我国：一是景迈山古茶园，二是万里茶道。由此可知，万里茶道如能成功申报成为世界遗产，将有望进一步凸显我国自古以来的茶业大国地位，亦能为丰富世界遗产名单中的作物品种贡献中国力量。

2021年12月与万里茶道中国段相关的湖南、湖北、江西、福建、安徽、河南、山西、河北、内蒙古九省代表在安徽省祁门举行会议并达成共识，计划在2022年完成《万里茶道正式申遗文本（中蒙段）》的编制。

在此背景下，我们虽已公认湖南是万里茶道的一个产茶区，但对万里茶道湖南段的具体产茶区构成及历史地位的认识仍非常模糊。而该两个问题对湖南省在正式申遗前遴选重要文化遗产，加大对这些重要文化遗产的保护和利用形成了明显的制约：不了解万里茶道湖南段的具体产区，就不清楚湖南段的重点文化遗产应该在哪些地方遴选；不了解湖南在万里茶道中的历史地位和作用，就无法选择能充分反映湖南段历史地位和作用的重点文化遗产。有鉴于此，故有必要开展本研究。

一、万里茶道湖南段产茶区的研究概况

之前对万里茶道的研究，主要是针对中俄、中蒙贸易，从历史学、经济学、政治学、社会学等角度进行的。将万里茶道从物质文化遗产角度专门加以研究始于2010年的《茶叶之路（湖北段）文化遗产资源调查与研究》。曾有陈先枢等就湖南全省的茶叶史，伍湘安、何培金、李朵娇、卢璐等对湖南省内相关区县的地方茶叶史进行过研究。至今为止，未见对万里茶道湖南段产茶区具体构成的研究成果。

二、万里茶道湖南段产茶区的判断标准

湖南产茶历史悠久，"几乎无一县不宜茶。而除三数近洞庭湖之新涨汗地外，亦无处不产茶"。但是否湖南省的所有区县均与万里茶道相关呢？本文立足于历史文献，就万里茶道湖南段具体产茶区的构成展开研究。

汉口是万里茶道产茶区县所产之茶外售的集散中心。对湖南而言，汉口是湖南茶外运的主要目的地，是湖南茶的集散中心。

汉口输出至蒙古国、俄罗斯的茶叶品种，以红茶散茶、砖茶（可分红茶

砖、黑茶砖、茶砖、青茶砖)为主,另外还有少量花卷茶、绿茶、花茶。故在确定输送茶叶到汉口的湖南区县时,既要重点注意直接输送红茶散茶、砖茶的区县,也要将输出花卷茶、绿茶、花茶青茶的区县统计在内。

综合前文所述,我们判断万里茶道湖南段具体产茶区的标准是:在来源可靠的历史文献中,多次记载了在万里茶道时期将茶叶输送到汉口的湖南省区县。

三、湖南段产茶区县的构成与分级

输汉茶叶数据散见于诸多历史文献中,我们选择了基础数据最多的四个代表性时期:1903年(表一)、1905年(表二)、1908—1910年(表三)、1935年(表四),对其相关数据进行了整理和综合分析如下:

综合表一至表四的数据,我们发现:曾在万里茶道时期输送茶叶至汉口的湖南相关区县共有22个。根据四个表格中的产量,可将湖南段的这些产茶区县分为核心产区、重点产区、一般产区三类。

在各统计时期,安化的产茶数量稳居全省第一,是湖南段的核心产区;云溪当时属于临湘,如将云溪和临湘的产量总计为临湘产量,则临湘的综合茶产量遥遥领先于除安化之外的其他产区,为湖南段的第二个产茶中心,是湖南段的重点产区;其余区县的产量明显低于安化和临湘,属于一般产区。具体分类结果见表五。

万里茶道湖南段中,安化的产茶数量稳居全省第一主要原因有两个:

第一,明代晚期安化县已成为西北茶市的重要产茶地之一。该时期,来自安化、新化等县的湖南茶已通过茶马古道大规模贩运至西北茶市,并已形成了"汉川茶少而值高,湖南茶多而值下"的格局。该局面的形成是因为"汉茶味甘,煎熬易薄。湖茶味苦,酥酪相宜",湖南茶更适合西北地区游牧民族的日常饮茶习惯。此事可通过明代晚期的原存于安化的《改良茶法覆议碑》得到印证。该碑刻明示了新化、安化均为茶马古道湖南段的重要产区,两县当时的实际产茶数量大致相当,四川茶商不远千里来到安化通过本地牙行收购茶叶。此时,安化茶需要逆资江而上,先输送至新化的苏溪关进行集散,然后再外运西北。

第二,茶马古道的衰落与万里茶道的兴起导致的湖南茶集散中心的转移。清代早期,因清朝战马的来源已不是问题,茶马互市政策于是逐渐终止。汉口开埠(1861)之后,原来途经陕西泾阳进行集散然后再销往新疆等地的湖南茶改为途经湖北汉口进行集散。安化茶由原来的逆流至新化苏溪关集散改为顺流至汉口进行集散，限制安化茶大规模外运的交通瓶颈不再存在，加之原来安化茶原来已在北方茶市建立的良好口碑，于是安化一跃而成了湖南段的主要产茶区。

表一 万里茶道湖南段产茶区县 1903 年输入汉口的茶叶数量

产地	数量（箱）	排名
安化（含涟源）	208250	1（47%）
长沙县	54155	2
湘潭县（含株洲）	40240	3
临湘	38473	4
平江	29473	5
云溪	28900	6
浏阳、醴陵	26000	7
桃源	14352	8
总计	440102	

表二 万里茶道湖南段产茶区县 1905 年产量

产地	产量（两）	排名
安化	150000	1（25%）
云溪	112000	2
长沙县	80000	3
平江	75873	4
临湘	52224	5
涟源	24000	6
浏阳	24000	6
宁乡	20000	8
桃源	18916	9
湘潭县（含株洲）	13619	10
醴陵	12000	11
双峰	10000	12
湘阴（含汨罗）	10000	12
总计	602632	

表三 万里茶道湖南段产茶区县三年间（1908—1910）年均产量

产地	产量（箱）	年均排名
安化（含涟源）	216407	1（44%）
平江	65204	2
湘潭县（含株洲）	49302	3
临湘	42465	4
长沙县	33453	5
浏阳	24992	6
桃源	16457	7
湘阴（含汨罗）	12383	8
云溪	11737	9
醴陵	11391	10
石门	9756	11
宁乡	3583	12
总计	497130	

表四 万里茶道湖南段产茶区县 1935 年产量

产地	产量（担）	排名
安化	42542	1（30%）
临湘（含云溪）	23080	2
湘阴（含汨罗）	15189	3
沅陵	12400	4
新化	10000	5
桃源	7400	6
浏阳	6400	7
岳阳老城（含岳阳县）	6200	8
长沙县	5100	9
汉寿	4600	10
平江	4000	11
醴陵	2380	12
双峰	1000	13
益阳老城	700	14
涟源	590	15
湘潭（含株洲）	260	16
临湘	200	17
总计	142041	

表五 万里茶道湖南段产茶区县的构成

分类	数量	区县
核心产区	1个	安化
重点产区	1个	临湘
一般产区	20个	云溪、平江、长沙县、桃源、浏阳、汨罗、湘阴、株洲、湘潭县、醴陵、岳阳老城、岳阳县、宁乡、石门、涟源、双峰、新化、益阳老城、沅陵、汉寿

"湖南茶之输送于汉口，概系民船。其积载量不能定。"根据前述22个产茶区县的地理位置，可知湖南茶均主要通过这些产茶区县的大型河流、经过长江用船只顺流输送到汉口。因为安化是万里茶道湖南段中的核心产区，所以万里茶道湖南段茶叶外运的最主要运输线路为：安化—资水—湘江—洞庭湖—长江—汉口。

四、湖南段在万里茶道中国段中的历史地位和作用

（一）历史文献中所见的万里茶道湖南段的历史地位和作用

施兆鹏从历史文献和文物这两个角度出发，曾对湖南茶文化的历史地位进行过论述，但未对湖南在万里茶道中的历史地位进行相关评议。约自唐代开始，湖南的衡阳衡山、岳阳君山、安化渠江等多个地域所产之茶的名声已传播到省外。这些产区，历经宋、元、明、清代，有一些成为万里茶道湖南段的产茶区。如万里茶道湖南段的重点产区——临湘县，早在五代十国时期，专辟"王朝场"用于大规模种茶和集散，将茶叶大规模输出至北方。万里茶道湖南段的核心产安化县早在明代已大规模将黑茶输出至西北，无怪乎明代晚期的汤显祖作《茶马》诗云："秦晋有茶贾，楚蜀多茶旗……黑茶一何美，羌马一何殊。"

万里茶道可分四期：初始期（1689—1728）、发展期（1728—1861）、全盛期（1861—1902）、衰退期（1902—1960）。该商道上运输的茶叶，均产自湖南、湖北、江西、福建、安徽五省。在初始期和发展期受制于相关历史文献的缺乏，暂无法了解万里茶道各产茶省份的数量、茶叶单价比较情况。太平天

国运动（1851—1864）之后，恰克图茶叶贸易的主要茶源地，从原来的福建茶转为两湖茶。到万里茶道的全盛期和衰退期，因各地所产之茶云集汉口，加之报刊业也发展起来，遂开始有了相关可资比较的记载。现按年份对相关主要史实进行分析：

1881年《申报》记载：

本年汉口茶市，以湖南之桃源茶为第一，安化次之。宜都、宁州又次之，羊楼峒、崇阳、通山为最次。然虽分三等，而客之获利与否仍不可同日而语。若湖南之聂家市、醴陵、湘潭并江西之河口茶斯为最下……计桃源顶盘到三十四两至三十八两、河口茶二十两至十四两、聂家市十一二两、湘潭九两有奇。

由此可知，就该年的茶价而言，湖南桃源和安化最高。湖北宜都、江西修水次之。湖南临湘、醴陵、湘潭县、江西的河口茶再次之。

1895年《申报》记载：

两湖红茶，连日共到三十二万四千零四十六件……安化茶价售三十四五至二十七八两，高桥茶价十七八两，崇阳茶价二十两零，湘潭茶价十二三两，聂市茶价十七八两，长沙茶价十六七两，醴陵茶价二十两零，羊楼洞茶价十三四两，通山茶价十七八两，温州茶价二十七八两，祁门茶价四十两零，宁州茶价四十两零至五十两，外河口茶价三十两上下。

由此可知，就该年的茶价而言，江西修水、安徽祁门最高。江西河口、湖南安化茶次之。湖南的长沙、湘潭、临湘、醴陵，湖北的崇阳、赤壁、通山茶较低。

1896年《申报》记载：

"汉皋一镇，为茶商荟萃之区。本岁茶客之驻庄各山者，推安化为首。"可知该年在汉口集散的茶商去多个产茶设庄收购，其中到安化去的茶商最多。

1898年《新闻报》记载：

近又有安化茶运至汉口者。较祁门尤旺，色香味俱美。计价：物华四十六两、奇品四十六两、长茗四十二两、花仙四十两……共4721箱售于顺丰洋行者。乾孚四十两、瑞芽四十两，共1132箱售于柯化威洋行者。春茗四十两、瑞芽四十两，计317箱售于协和洋行者。又，通山茶声远，二十六两五钱。羊楼洞茶：天声三十三两，香兰三十三两、和记三十三两；崇阳茶：奇尖三十二两五钱、天珍三十二两二钱五分、春香三十二两、奇声三十二两二钱五分。共1432箱售于百昌洋行者。

该年，湖南安化的茶价超过安徽祁门茶，湖北崇阳、赤壁、通山茶价约为安化茶价的80%。

1898年《湘报》记载：

数日以来，湘省各路新茶均已接次到汉。安化头字前已售价四十六两，现到二字仅售二十七两。浏阳天福昌亦仅二十三两，咸临吉及西乡各号均二十一两。平江杨经纶二十四两，长寿生记二十六两，湘潭十九两。鄂之羊楼洞等处所产现已赶到，其售价自二十七八两至三十五六两为率。

此时湖南安化的茶价最高，湖南浏阳、平江、湘潭的茶价比湖北赤壁要低。

1898年《湘报》记载：

俄人向销两湖之茶，今则舍两湖而图外洋购办矣。

可知此时，俄国茶商的茶源地，由原来以中国两湖茶为主，变为同时开始在印度等其他国家购买茶叶了。

1899年《湖北商务报》记载：

今请就运归汉口销售之洋庄茶，除宁、祁另办外，统计两湖产茶之多少，拟定数目，设立茶票。由商人纳资领票，方准向各该地方开办。如湖北拟票：羊楼峒二十张、崇阳十余张、聂家市二十张、咸宁十张、通城宜昌各一二张。共拟设票九十余张。湖南拟安化八十张、高桥二十张、长寿二十张、浏阳湘潭各十余张、平江十张、桃源八张、醴陵六张、沩山（待查）湘阴各三张、衡山一张，共拟设票一百九十余张。

由此可知湖南、湖北两省销往汉口的茶叶数量：湖南安化一家独大，遥遥领先。湖北的赤壁、湖南的临湘、长沙县、平江的销汉茶叶数量次之。湖北的通城、宜昌，湖南的湘阴、衡山则很少。

1900年左右时任两江总督的刘坤一在奏疏中称：

中国红茶、砖茶、帽盒茶，均为俄人所需，运销甚巨。此三种茶，湘、鄂产居多，闽、赣较少，向为晋商所运。

此时的汉口销俄茶叶，从产量而言，湖南、湖北最多。福建、江西较少。此条信息中未提及安徽，推测该省此时应是万里茶道产茶省份中输汉茶叶数量最少的。

1904 年第 2 期的《国民日报汇编》中称：

按：中国扬子江以南诸省，地多宜茶。其产自闽浙两广云贵等省者，俱由上海、福州、广州、蒙自等处出口，为数约百余万箱。其产自湖北、湖南、江西、安徽四省者，皆运往汉口，以汉口为中外互市之所。合计四省产茶之数，不下七八十万箱。而湖南一省，已有四十余万箱。其中红茶、绿茶、砖茶、番茶、粉茶具备。论出数则以湖南为多，论茶味则以江西、湖北为胜，论价值则以江西、安徽为高。

此时，江西和安徽的茶叶价格最高，湖南茶叶销量最多。

1910 年陆溁在《调查国内茶务报告书》中称：

查：汉口茶市，合四省之茶，计之其销数，以湖南为最多，湖北次之。江西之宁州、安徽之祁门又次之。其价值，以安徽祁门茶为最昂，江西宁州茶次之，湖南安化等茶又次之，湖北茶则更次焉。

此时的汉口茶市，以茶价而言，安徽祁门茶最高，湖南安化茶较低。以销量而言，湖南销量最大，湖北次之，江西、安徽又次之。

1911 年张寿波描述此时的汉口茶市：

汉口以红茶为大宗（外国称黑茶 TEA BLACK）其出产地分两湖、江西、安徽四省。而以安徽之祁门、江西之宁州、湖南之安化为上品。湖北以鹤峰州之品为上，然所产不多，故未甚著名。

此时茶价，仍以安徽祁门最高，湖南安化茶为第一梯队中较低的。湖北鹤峰茶因其品质开始闻名于市场。

1917 年，《安徽实业杂志》对汉口市场上的安徽祁门茶与江西宁红茶进行了对比：

安徽祁门茶，品质甲于全球。秋浦毗连祁门，西人亦名祁茶。江西之浮梁红茶，因与祁门接壤，亦曰祁茶。赣之宁州，本著名产茶之区，奈何以老树过多，不知培旧添新，质味淡薄，西人贬之，茶价一落千丈。故祁茶转在宁茶之上。两湖茶质，向不及皖赣。出产较多，而价格复低。

由此可知，安徽秋浦（今贵池）、江西浮梁之茶，亦以安徽"祁门茶"之名义在汉口销售。江西宁红茶价不及祁门茶的原因，主要是因为茶树老化导致的茶味寡淡。

1931 年，赵烈对当时的茶叶市场进行了总结：

祁宁茶，产于安徽祁门一带，及江西宁州一带。以上各种，皆为红茶。徽州府属六县中，除祁门一县外，其余五县所产之茶，总称曰徽州茶。祁门所产者为红茶，概移出于九江，汉口以行交易。而此五县，则为绿茶，俱集于上海……屯溪茶，徽州茶之别名也……祁宁茶品质远出于两湖茶之上，故其价格亦最高。

此时，安徽祁门红茶、江西修水红茶俱在汉口销售。安徽其余各县所产之茶为绿茶，俱在上海销售。汉口茶市上的安徽、江西茶价，较之湖南、湖北茶仍是最高的。

到了抗日战争期间，"汉口茶市，湖南茶占十分之六以上。湖北茶占十分之三以上。以红茶及砖茶为主，大都运往苏俄"。此时的汉口销俄茶市发生了明显的变化：销俄茶叶的来源，虽然仍以湖南茶为主，但江西、福建、安徽茶叶已基本不在汉口销售了。

前述大量相关历史文献，均反映了万里茶道湖南段的历史地位和作用是：湖南段是汉口开埠（1861）之后万里茶道的茶叶主产区。湖南各地所产之茶数量以安化最多。绝大多数时期，汉口茶市的安化茶价是最高的之一，时称"清香厚味，安化茶不亚福建武夷山茶"。发展到万里茶道的衰退期，汉口所售之茶，超过半数来源于湖南。

（二）对万里茶道湖南段历史地位形成原因的分析

吴觉农曾于 1935 年就湖南外贸茶兴起的原因，太平天国后湖南成为汉口输俄茶市的主要产地进行了分析。他认为：湖南外贸茶兴起的主要的原因是广州的茶商无法满足英国茶商的需求，遂深入湖南传授红茶制作技术，将湖南培养为广州茶市的红茶供应基地。自汉口开埠之后，因俄商自行在内地设厂制茶，茶叶贸易中心内移至汉口。湖南因天时地利之便，迅速发展为汉口茶叶的主要供应区。

笔者完全赞同此观点。具体而言，湖南的"天时地利"主要包括以下因素：

第一，运输便捷。湖南紧邻汉口，"湘茶转运近捷"，湖南产茶区县将茶叶输送至汉口，全部是通过长江或其支流顺流而下，速度很快，运输成本很低。较之万里茶道的其他四个产茶省份，仅湖北省产茶区具有类似优势。万里茶道其余三省（江西、福建、安徽）所产之茶，均需逆长江水流才能运输至汉口。

第二，良好的茶业技术基础。前文已述，湖南省的两个最主要的产茶区县——安化、临湘均长期以来大力发展茶业，县境之内茶园遍地，大多数人以茶为生。在茶价合适的情况下，能迅速普及茶树种植，动员大量人力进行茶叶采摘，有足够的技术人员进行毛茶的制作。

第三，安化县的示范效应。安化自明代以来全境产茶。由前文已知，该一个县的产量就超过了湖南省的三分之一。其位置，是湖南段产茶区县中距离汉口最远的地方之一了。安化茶船一路顺着资江、湘江、洞庭湖、长江，最终到达了汉口。安化县大量的从业人员都因茶致富。在安化的示范效应之下，安化茶外运之汉口的沿途各县，只要是地貌属山地，适合种茶的，几乎都成了产茶区县。

刘颂华　武汉历史学院考古系博士

湖南省文化考古研究所

发表于《南方文物》2022.05

龙窖山茶在中国茶叶历史上的地位和贡献

龙窖山，属幕阜山余脉，位于湘鄂赣边界的接壤处。该山历史上称呼不一，巴陵（岳阳、临湘）人称药姑山、邑镇山、龙窖山；赤壁人称松峰山、芙蓉山；通城、崇阳人称药姑山。这里山高林密（主峰海拔为1261.6米），云雾缭绕，流水潺潺，是茶树生长的佳地。

龙窖山茶区，包括湖南省临湘市的羊楼司镇、文白乡、龙源乡、壁山乡、詹桥镇、忠防镇、五里乡、聂市镇、坦渡镇；湖北省赤壁市的赵李桥镇、羊楼洞镇、茶庵岭镇、新店镇；崇阳的桂花泉镇、石城镇、沙坪镇、肖岭镇；通城县的大坪乡和北港镇。该茶区是湘北、鄂南的主要产茶区，是中国黑茶，岳阳黄茶的重要产地。因龙窖山在不同县市有不同称呼，故龙窖山茶、药姑山茶、邑茶、松峰茶、芙蓉茶等均为龙窖山茶中的一品名茶。

一、龙窖山茶，是中国人工植茶的起源之茶

据瑶学专家考证：先秦时期（前221—206），瑶族先民举族南迁，越过云梦

古泽（如今称洞庭湖），徙居岳阳临湘龙窖山（瑶族历史上的早期千家峒）。瑶人入湘不久，即在龙窖山进行"斩败青山种落地，山山栉比皆是茶，朝脯伏腊皆仰比，累世凭持为生涯"的种茶为业，以茶为生的劳作。瑶民的《千家峒歌》唱道："爱吃香茶进山林，爱吃细鱼三江口……"。龙窖山既有神农尝百草活动之地的"百草园""神农撒籽种茶"和"药姑三仙""天大茶粉""以茶代酒"等鲜活动听的传说故事，又有先秦时期瑶民进入龙窖山开山种茶、以茶为生、非市盐茶不入城市之记载（北宋范致明《岳阳风土记》、南宋马子严《岳阳甲志》均有记载）。由此可见，龙窖山从瑶民吃茶、种茶起有两千多年的历史，开创了中国人工植茶之先河。

二、龙窖山茶，是中国因茶而立县之茶

唐末五代前岳州东北部的龙窖山地区就盛产茶叶，产量特别多，质量又好，并且有邑茶（邑镇山茶、龙窖山茶）进贡朝廷（《全省掌故备考》载："岳州，邑茶盛于唐，始贡于五代马殷。"）所以，马殷就割巴陵东北部单独设立朝廷直管的王朝场，专营贡茶和朝廷用于茶马交易之茶。北宋乐史《太平环宇记》载："后唐清泰三年（936），潭州节度使析巴陵东北部设置王朝场，以便人户输纳，出茶。"王朝场由朝廷直管，专门管理茶叶税收、经营的茶事。公元994年改称王朝县，两年后更名为临湘县。

三、龙窖山茶，是中国黄茶和中国青砖茶的起源之茶

龙窖山瑶民在秦代基本上将茶生吃或凉晒干后贮存起来作食物充饥饱肚和药用，到了汉代增加了饮用功能，唐代饮茶更为盛行。汉唐时期的龙窖山茶产区的加工方法是：山民将鲜叶采回后用开水冲泡或在沸水中翻捞杀青，汉代后期增加了炒制杀青。粗老叶作饼则热揉后渥堆，适度后凉、晒干再进行捣碎作饼。饼茶主要是团饼茶，但也有不同模具压制的方饼、长饼、圆柱、半圆柱（也称帽合茶）。饼茶做好后晾晒（或烘、烤）到一定程度再放置通风、干燥处慢慢干燥，让其自然氧化变黄、变黑、变红。细嫩的茶叶一般不压饼，热揉（闷黄）后解散凉、晒干（在慢干过程中有自然氧化变黄的过程）再贮藏。如今，临湘和岳阳部分乡村仍生产着全世界独一无二的洗水茶，其做法基本上是汉唐时期龙窖山茶的做法。即细嫩鲜叶用开水冲泡或在沸水中翻捞杀青，用手

热揉（闷黄）后洗水，再慢慢晾干，让其自然氧化变黄。汉唐时间散茶和饼茶的做法，实际是开水冲泡或沸水翻捞杀青（或锅炒杀青）后热揉，散茶直接慢慢干燥，饼茶则是捣碎作饼后慢慢干燥。现代的岳阳黄茶（君山银针、北港毛尖、龙窖山芽茶及岳阳与临湘农村的洗水茶）和湘北、鄂南的青砖茶基本上都是在古老的杀青、揉捻（含热揉）、闷黄、渥堆半发酵等技术因素启蒙的加工方法上发展起来的。可见，这2000多年前古老的龙窖山茶就是中国黄茶和中国青砖茶的起源之茶。

四、龙窖山茶，是中国历史上多个朝代的贡茶

据著名茶学专家王融初教授考证，我国共有56个历史贡茶，而龙窖山芽茶是中国历史上影响较大，持续时间较长的历史贡茶。《全省掌故备考》载：岳州，邑（邑镇山）茶盛于唐，始贡于五代马殷（民国王先谦编）。据隆庆《岳州府志》载："明洪武二十四（1391）年起，龙窖山芽茶因味厚于巴陵，岁贡十六斤。"贡茶时间持续521年（龙窖山芽茶现商品名为龙窖山牌高山雀舌。）

五、龙窖山茶，是毛泽东主席和中央首长爱喝之茶

新中国成立后，中央办公厅委托湖南省茶叶公司为毛泽东主席和中央首长定制招待贵宾和饮用茶，均由杨开智副经理等在临湘龙窖山茶区定制。1953年至1973年每年定制100斤送北京毛主席办公厅，并受到毛泽东主席高度盛赞：味道蛮好咧！

1953年由省农业厅、省茶叶公司调派来临湘参与临湘绿茶改制工作组（实际上又是毛泽东主席和中央首长用茶定制工作组），后又留临湘茶叶公司工作的老技师谌继祖1998年10月8日回忆，杨开智经理对他说："1953年我第一次送临湘龙窖茶给毛主席，在毛主席饮用后的第二天，朱老总和周总理到毛主席家作客（杨开智老人在场），毛主席拿着我送去的茶对朱老总和周总理说：这是我们湖南特产临湘茶，味道蛮好咧！二位品尝品尝！随即三位首长就开始了有说有笑的品尝品尝。"（见《茶叶通讯》1999年第1期42页和《关于杨开智经理在临湘定制毛主席和中央首长用茶的说明》证明材料。）

全国著名茶学专家，湖南农大朱先明教授 1999 年 11 月 6 日证明材料中明确阐述："毛主席和主席办公厅的同志们都喜欢喝临湘龙窖山茶，每年都要从临湘龙窖山买茶叶 100 斤左右送往北京。上述情况，原湖南省茶叶公司李朝镛总经理，也证明确有此事，情况属实，他就带过临湘龙窖山茶送北京毛主席办公厅。毛主席等中央领导喜爱喝龙窖茶属实，特此证明。"（见《湖南茶文化》第 227 页、《万里茶道临湘茶》第 283 页。）

六、龙窖山茶，是湖南民歌《挑担茶叶上北京》所唱之茶

2007 年 8 月 20 日，何培金先生（原岳阳市史志办主任）陪同湖南农大教授、省茶叶学会会长肖力争、岳阳市茶叶学会秘书长陈奇志老师采访了龙窖山茶区的木形村民间艺人袁延长（现代中国曲艺作家协会会员）老人，袁老即兴高唱了《挑担茶叶上北京》这首在龙窖山茶区广为传唱的湖南民歌。随即袁老就介绍着这首民歌产生的来龙去脉：1958 年临湘举行全县曲艺汇演，我登台演唱了临湘《卖茶歌》。歌词为：桑木扁担软溜溜，挑担茶叶卖岳州。茶佬检验连声夸，夸嫩夸香忙加价，临湘细茶赛天下；挑担茶叶卖长沙，茶庄门前把牌挂。牌上独指临湘茶，香嫩色美味道佳，优先过秤优算价；桑木扁担轻又轻，挑担细茶上北京，皇帝金笔批旨文："临湘茶叶列贡品，定数年年进朝廷。"1959 年湘潭专区文艺汇演，袁延长第二次登台演唱，此歌被评为优秀节目。1960 年冬至 1961 年春，袁延长参加湖南省文艺汇演，此歌获优秀节目。省歌舞剧团演员、临湘籍人士王长安及丈夫白诚仁，听了袁延长的演唱后，当即进行改编，将临湘《卖茶歌》改编为《挑担茶叶上北京》，歌词为：桑木扁担轻又轻，挑担茶叶上北京。送给亲人毛主席，您是人民大救星。喝了家乡"贡品"茶，万寿无疆永长春。袁延长先生撰写的《我是"挑担茶叶上北京"的第一传唱人》一文在 2001 年 7 月 26 日《临湘报》上刊登。

湘西古丈籍著名歌唱家、音乐家何继光，生前也曾高唱《挑担茶叶上北京》，并在 1963 年主办的第四届《上海之春》音乐会上以此歌和《洞庭鱼米乡》轰动上海乐坛。后来他到北京怀仁堂给毛主席等党和国家领导演唱受到好评。他演唱的《挑担茶叶上北京》就是王长安、白诚仁在袁延长演唱的临湘《卖茶歌》基础上改编而成的民歌。

湖南省茶叶研究所和湖南省茶叶学会合编的《彭继光文集》中彭继光（茶

叶老专家、研究员、教授）和湘西籍老乡何继光的一段对话叙述：我曾问他（即彭问何），为什么挑担茶叶出洞庭而不是出湘西古丈？他说，一是原词如此（临湘《卖茶歌》中是卖岳州、卖长沙、上北京）。二是湘、资、沅、澧汇入洞庭，洞庭心怀宽阔容纳百川。由此可见：《挑担茶叶上北京》歌词源于临湘龙窖山茶区的《卖茶歌》，歌中所唱的茶叶就是中央办公厅委托湖南省茶叶公司杨开智副经理、王志凯科长等同志在临湘龙窖山茶区定制点定制的龙窖毛尖茶。

廖小林 湖南省临湘市砖茶博物馆

彭毅华 湖南临湘高山茶叶研究所

第三节　万里茶道　独树一帜

万里茶道是继"丝绸之
路"之后，又一条连通欧亚，
沟通中蒙俄三国的重要国际
商道。它是处于世界从农耕
文明向科技文明过渡时期，
是东方文明、草原文明和西
方工业文明的交流与碰撞的
结果，也是中国茶叶历史发

万里茶道上的驼队

展的记载与见证。曾经一度辉煌，又曾经一度湮灭于历史长河之中。但它日益
受到重视，正在唤醒中蒙俄三国人民的共同记忆。

万里茶道上的驼队

以茶为媒，以路为带。历史上，来自中国的氤氲茶香，曾经过漫长商路飘
送到蒙古国和俄罗斯。这条以茶叶为主的重要国际贸易通道，就是被誉为"世
纪动脉"的万里茶道。它也被称作"茶叶之路""万里茶路"等。是明末清初由
晋商开辟的从中国福建起，到俄罗斯恰克图，再在俄罗斯境内继续延伸到圣彼
得堡的茶叶贸易路线，途经 200 多座城市，长达 13000 多公里，它是走向世界
的贸易路，亚欧融合的文化路，勇于开拓的精神路。

中国是茶叶的原产国，早在公元 16 世纪，我国已有茶叶出口的历史，到
17 世纪，中国的青砖茶在俄国和欧洲已经培养起一个稳定而庞大的消费市场。

17—18 世纪，"海上茶路"受阻，中俄茶叶贸易因新开辟的陆上茶路得以
不断发展。清雍正五年（1727），中俄《恰克图条约》的签订，确定了两国这
一地区的边界线，从此，单纯的商队贸易逐步过渡到商队与边境互市贸易的
并存。

　　由于中俄茶叶贸易的蓬勃发展,恰克图这个中俄边境沙丘小镇,逐渐变为大漠以北的商业"都会",盛极一时。茶叶成为中俄两个大国主要的进出口商品。到18世纪末,茶叶开始在民间盛行,成为人们的生活必需品,茶叶有清目醒神、消脂解胀之功能,对于以肉奶为主食的游牧民族来说,"宁可三日无食,不可一日无茶"。

　　早在五代十国时期,就将南方的巴陵县地"析出置王朝场,以便人户输纳、出茶。"将茶叶大规模输出至北方,汤显祖《茶马》诗云:"秦晋有茶贾,楚蜀多茶旗……黑茶一何美,羌马一何殊。"中南大学博士李博,也将南方的两湖茶划分为三大产区:一是以湖南石门县为中心的武陵山茶产区,二是以湖南安化县为中心的梅山茶产区,三是以湖南与湖北交界的龙窖山为中心的龙窖山茶产区。

　　据湖南《临湘县志》与湖北《蒲圻县志》载,清康熙、乾隆年间,晋商已开始往恰克图运送龙窖山青砖茶。1853年后因战乱,武夷山茶路中断,龙窖山茶区正式成为万里茶道晋商往俄运输两湖地区茶叶的重要起点,该茶产区以青砖茶最为闻名,米砖茶次之(定光平等,2004;陶德臣,2015),是湘北、鄂南集种、产、运、销为一体的重要茶源地。它不但提供了丰裕的茶叶贸易产品,同时,还提供了文化遗产的属性。不同地区和不同的国家、不同民族的商人,来到龙窖山茶产区,带来多元的文化、技术、信仰、审美以及生活方式,龙窖山茶产区在茶叶运输线路沿途的古镇、码头、茶坊、庙宇和教堂等可以感受到这些非物质文化与物质文化的交换成果和痕迹。

　　1762—1785年间,每年约有4600担红茶、3400担绿茶从中国输往俄国。到19世纪中叶,茶叶占到出口货值的95%,恰克图的茶叶贸易进入黄金阶段。在这里,中国提供的主要商品是茶叶,俄国提供的是棉织品和皮毛,中国实质上就是俄国的茶叶输出国。当时,来往于中俄两国的商队用骆驼和骡马载着用来交换的茶叶和皮毛,穿行在边境线上,"彼以皮来,我以茶往"。茶叶从中国南方山区的茶源地运到俄罗斯,一般需历时一年半载,漫长的运输过程,决定了最早输入俄国的茶叶是青砖茶。

　　青砖茶均来自湘北与鄂南,清乾隆年间,晋商从羊楼司、羊楼洞、聂家市为中心开始压制青砖茶和米砖茶,进行销售。《湖北省志贸易志》记载:1894—1937年,汉口出口青砖茶中95%销售给俄国,青砖茶多来源于汉口附近的产茶地区。不管是米砖茶还是青砖茶都受西伯利亚人喜爱，至今牧民地区仍保留着砖茶加盐、奶熬制成奶茶饮用的习俗（何晏文，1980）。但从事茶叶贸易的却是非产茶之地的山西商人，山西地处中原农业地区与北方游牧民族地区的中间地带。清咸丰《汾阳县志》载："晋省天寒地瘠，生物鲜少，人稠地狭，不过秫麦谷豆，此外，一切家常所需之物，皆成远省贩运而至。"在这种艰苦环境下，晋商以南北物质交流为主业，贩运茶糖于汉口，贩运丝绸于杭州，转而再将茶叶等货物"售于新疆，内外蒙和俄罗斯"等地。

晋商凭着诚实守信的经商理念，发展成为中国国内最具实力的"三大商帮"之一，他们以通往蒙古各地的商道、驿道为依托，深入漠北蒙古草原，开拓一条经商大道，以集团式的竞争实力，进入中俄边境贸易城——恰克图，并控制了西北地区漠北蒙古草原和西伯利亚的茶叶市场，甚至在俄罗斯腹地也占有一席之地。

晋商每年深入江南产茶区收购茶叶，并在当地投资办厂，加工制作砖茶，雇用成千上万农民种茶、采茶、加工，砖茶作坊成为兴盛江南的手工业。起初，晋商采购来源于福建武夷山的茶叶，咸丰年间，受太平天国兵灾影响，茶路一度中断数年，晋商改为采运"两湖茶"。以湖南安化和龙窖山茶区的临湘聂家市、羊楼司，湖北蒲圻羊楼洞等地为基地，就地加工成青砖茶，由水路经黄盖湖入长江，至汉口集散，溯汉水至樊城，然后舍舟登陆，改用驮队车运，经河南社旗，从洛阳渡黄河，过晋城、长治、太原、大同至张家口，进入内蒙古。在荒原沙漠中跋涉10000多公里，至中俄边境口岸恰克图，进入交易市场。俄商得茶后，再运至伊尔库茨克、乌拉尔，一直通往遥远的莫斯科和沙俄首都圣彼得堡，这就是我们所讲述的中俄"万里茶道"。

茶叶生产的兴盛与衰落，中俄蒙"万里茶道"的开辟与中断，不仅关系到晋商的滚滚茶源，更直接关系到临湘数十万茶农及其运输、加工等依赖者的生计，让他们得以逐步致富。此前，临湘种茶，仅为农户自给自足，并未形成产业。晋商大量介入后，茶叶产业迅猛发展，到清光绪末年（1908），全县茶园达24万亩（约为1.6万公顷），占临湘耕地总面积的60%左右，占农民总收入的80%左右。民国二十四年（1935），湖南省茶事调查资料说到当年临湘盛况，青砖茶的岁收入有400余万元。这确实是一笔可观的收入，无怪乎资料调查者感叹："以临湘弹丸之地，获此大宗收入，农村任务之活动，自不待言。"

2014 年，湖北省"重走中俄万里茶道"活动组调研认为，中俄万里茶道有两条最古老的主线路，一条是起于福建的武夷山，由江西河口走水路，向西北穿越赣、鄂两省，汇集汉口；一条是起于湖南安化，沿资江过洞庭，集结临湘至赤壁（蒲圻）的茶源，汇集汉口，由汉口集散，一路北穿豫、晋、冀，跨越蒙古草原，经乌兰巴托，抵达中俄边境恰克图，延伸到俄罗斯境内，最终到达圣彼得堡，全程约 1.3 万公里。

由此可见，临湘是万里茶道湖南段上的重要节点城市，龙窖山是"两湖茶"主要产茶区之一。

2012—2015 年，福建、江西、湖南、湖北、安徽、河南、河北、山西等八省和内蒙古自治区的文物部门，先后在湖北和福建的节点城市召开了多次"万里茶道文化遗产保护工作研讨会"，就"万里茶道"文化遗产保护，达成共识，启动将"万里茶道"申报"世界非物质文化遗产"。

2013 年 3 月，习近平主席访问俄罗斯时，在莫斯科国际关系学院发表演讲，高度评价"万里茶道"，将"万里茶道"和新世纪的"中俄油气管道"并称为联通中俄两国的"世纪动脉"。

[关联研读]

万里茶道话临湘

在神州大地北纬 30°，东经 114° 焦点位置上，镶嵌着一颗璀璨夺目的明珠。他，就是中蒙俄"万里茶道"（湖南段）上的一个重要节点，全国重点产茶县市之一，临湘。2012 年，中央电视台《北纬 30°·中国行·远方的家》栏目组曾经到临湘观光，拍摄报道龙窖山风光和民俗风情。

（一）

临湘是天然的产茶宝地。

临湘地处湘鄂交界，扼守"湘北门户"。境内"东南屏障"龙窖山，重峦叠嶂，云雾缭绕。向西北延伸的山地、丘岗，绵延两百多平方公里，占全县面积

60%，形成龙窖山茶区。这里气候温湿、雨量充沛、土壤肥沃，是天然的产茶宝地。

茶祖在湖南，种茶始临湘。先秦时期，瑶族先民"漂洋过海"进入龙窖山，"刀耕火种"，成为湖湘首代种茶人，"非市盐茶，不入城邑"。"爱吃香茶进山林，爱吃细鱼三江口"，脍炙人口的《千家峒歌》，唱出了龙窖山瑶胞原始生态的自信和豪放。

如今的龙窖山为"国家重点文物保护单位"。在瑶族先民遗存下来的堆石王国崇山峻岭中，在那断断续续的古道两旁，尚存一层层石头垒砌的梯式"古茶地"，一株株苍老而常青的"古茶树"。它们守护着这方历史记忆；民间尚存的一件件石缸、石盆、石碗、石杯，还散发着先人制茶、用茶的芳香；那一条条蜿蜒在林壑深处、峭壁之上的凿石古道，时隐时现，还保存着历史的印记。曾几何时，正是它们承载着骡马队列的铃铛，把源源不断的龙窖山茶，驮送到山下茶庄。

随着岁月的推移，龙窖山茶俗影响到大半个临湘。宋淳化五年（994），"临湘因茶设县"，成为千古自豪。

当你信步登上高峰，极目远眺，所见尽皆绿色。茶亩万顷，漫山遍野，不禁触景释怀，思绪万千。远在咸丰之初，从外来商人瞄准这块富庶热土起，临湘茶业就呈产业化、规模化的发展。茶之波澜，迅猛推进。民国二十二年（1933），临湘茶园面积达到20.1万亩，茶园规模之大，在湖南名列榜首。在龙窖山朱楼坡，茶商设店收购茶叶，经古道运往湖北羊楼洞、临湘羊楼司、聂家市，加工销售。兴旺时，收茶店铺达30多家，从业人员逾千。龙窖山这座取之不尽的茶源宝库，滋润着羊楼洞、羊楼司、聂家市三家"两湖"茶市，历经百年不衰。

（二）

临湘是我国最早的种茶大县，制茶、市茶、边销，国内"首开先河"。

临湘"青砖茶"，得自远古（距今约5000年），肇植于先秦两汉，兴于唐宋，贡始五代，盛于明清，延及民国。是敬贡千年的"帝王茶"；长供民族地区的"边销茶"；享誉中外的"友好茶"；万里茶道上的"品牌茶""功勋茶"。

古之记载，不胜枚举。唐德宗建中年间（780—783），首进西藏的"灉湖茶"，即为湖南最早的"临湘边销茶"。

明洪武二十四年（1391），罢造龙凤团茶，以芽茶以贡，龙窖山岁贡16斤。龙颜大悦，令延续520年之久。

清康熙至光绪年间，晋商和俄罗斯商人，在临湘羊楼司兴办茶庄，率先生产、制作"老青茶"、"方形片状青砖"、"米砖"和"细青茶"等黑茶，产品达1035吨，销往俄罗斯、恰克图，首开"黑茶"外销之先河。

清至民初，晋商南下进入羊楼洞、羊楼司、聂家市，"投行采办茶箱"，经营茶庄。制作"川"字品牌砖茶，畅销西北边区和蒙古、俄罗斯等国。届时，临湘茶庄发展到36家，外来晋商多时达300多人。

大漠中的运茶驼队

据钱承绪《华茶之研究》记载：民国二十二年、二十三年两年间，仅聂家市和羊楼司两处茶号，销售成品边销茶23400担，老青茶48662包（包重65斤），红茶37863箱。到1955年，临湘"老青茶"得到长足发展，"春采绿，夏采老"，边销茶产量大幅飙升。当年，制炒青茶12700担；老青茶57300担。半个多世纪以来，在"万里茶道"上经久不衰的边销茶，为临湘赢得了连连"殊荣"。

1978年，临湘年产青砖茶1400吨。被国家列为"商品边销茶基地县"之一。

1987年，临湘"中茶牌"茯砖，获商业部"优质产品"称号。

1992年，《临湘茶文化》参与第二届国际茶文化研讨会，论文由台湾"碧山岩"出版社出版。

2000年，永巨茶业被国家定为"边销茶生产及原料储备企业"。

2004年，入驻羊楼司的"岳阳三湘茶业"，被定为"国家边销茶定点厂家"。

2006年，永巨茶业"洞庭牌"黑茶（青砖），荣获国家"华茗杯"金奖。

2008年，临湘茶业被中国茶协授予"全国茶叶百强企业"；"春意牌"罗布麻茯砖，获得"国家专利"。

2009 年，临湘被中国茶协评为"全国重大节点产茶县"。

2010 年，国务院将临湘列入全国"茶叶优势区域产业县"。到 2013 年，临湘边销茶产量占全国份额的三分之一，年创汇 400 多万美元，黑茶出口全国第一位。国家工商总局为临湘颁发了"临湘黑茶"国家地理标志证书。

2015 年，中国茶协授予临湘"中国老青茶之乡""全国百强产茶县"荣誉称号。

"百年边销史，黑茶铸辉煌。"作为万里茶道南方重要节点之一的临湘，所处的地位和价值，非同一般。

（三）

临湘茶业规模盛大，市场兴旺，茶税乃全国之首。

元末明初，岳州知府和临湘县衙，分别在境内长江茶运航道上，设立了两家"茶贸管理机构""批验茶引所"，纳收茶叶税费和厘金，历时 80 余载。

临湘茶业规模之大，市场之兴，纳税之多，仅从如下纳税事例可见一斑。史料记载：光绪二十九年，时任羊楼司茶税委员胡耀煌，身患多种疾病，仍恪尽职守，半年时间，收得茶税银 2700 两，山厘金 2000 余两。

这与《清史稿·食货五》中记载的"他省每岁多者千余两，少者数百两或数十两"的情形对比，实为"天壤之别"。临湘茶叶产销之盛，税数之大，令人肃然。

（四）

临湘留下了多处"万里茶道遗产点"。今天，且借申遗东风，揭开尘封的历史，掀起她神秘的面纱。

聂市古镇（古称聂家市）：中国历史文化名镇；湖南省级文物保护单位；黄盖湖流域最具珍贵文物价值的千年茶镇；中蒙俄"万里茶道"的南方节点城市之一，湖南最大的茶叶市场。

明末清初，聂家市作为临湘茶叶外销集散地，全县三分之一的茶叶由此加工、外运。当年，晋商在聂市所设的茶庄、茶坊达到数十家，名号青砖茶庄 17 家。每逢茶市开称，茶商云集，茶堆满市，买卖声，不绝于耳。沿河码头上下承接，装茶船舶几可塞河。

在聂市现存古街上，保存完好的古建筑有"同德源茶庄""方兴发茶庄""方志盛茶庄""天主教堂"和几处码头。"同德源茶庄"建为茶博物馆，内存大量民间征集和出土的涉茶"官碑"、"茶契"、"茶饮"、制茶古器和民俗用具，玲珑满目，不计其数。临湘入选《万里茶道申遗八省联合展》的 22 件珍贵文物，就是借调如此。珍奇古董，于史可鉴，彰显聂市茶韵古风。

羊楼司古镇：处县东 17 公里，位于龙窖山区，与湖北蒲圻、通城交界，扼守湘、鄂之咽喉，成为湘北商品集散地。被誉为"中国竹艺之乡"，"湘北第一镇"。

龙窖山藉天然之灵气，主峰海拔 1261 米，群峦起伏，绵延七十二峰，气候温湿，雨量充沛，土地肥沃，无霜期长，具有良好的植茶条件，为"两湖茶"产地之一。现存古茶园、茶庄、茶道、桥梁遗址，比比皆是，是难得的历史茶文化宝库。龙窖山是湖南省 AAA 级风景名胜区，山中瑶族石堆文化遗址为"全国重点文物保护单位"。周边几十个丘陵山区村落，为茶叶主产区。茶园面积为全县的 1/6。

《临湘县志》记载：清康熙 — 光绪年间，山西和俄罗斯茶商，在羊楼司首开先河，制作砖茶。设有茶庄 11 家，首号为"天顺昌"茶庄，年加工砖茶 20 余万箱，贸易额达 30 余万银两。发源于龙窖山的潘河，为湘鄂界河经古镇流入新店，注入黄盖湖，是羊楼司水上茶运主要商道。临蒲两县，相岸而立，筑街为市，同经茶商，带来羊楼司茶业之繁荣。丰水季节，下码头一截埠头，大小驳船列岸，运茶车队沿河不断，挑夫、商贾喧闹不止。水运旺季过后，则由陆路用土车运茶至新店或聂市，因此茶市也是四季不衰。

民国七年（1918），粤汉铁路通车，尖山铺设有火车站，水运茶路被铁路取代，羊楼司茶贸发展更快。民国二十九年（1940），仅"天顺昌"一家茶庄制砖茶 45 万箱，贸易额达 70 万银圆。

解放后，羊楼司列为湖南边销茶生产重镇，随着经济的发展，古镇面貌日新月异。当年的茶庄、茶坊和洋人的"福音堂"等古建筑，在战乱和"文革"中几经拆毁，荡然无存。

临湘塔：湖南省重点文物保护单位。始建于清光绪七年（1881），塔身七级八方，高 33.4 米，傲立濒临长江的儒矶山头，形成"山、水、塔、洲、渡"天人一体的滨江风光，十分雄伟、气派。它既是临湘的一座镇江风水地标，也是万里茶道长江航运上一座永不消逝的航标。

　　一个多世纪来，临湘塔历尽沧桑，镇守儒矾山头，见证了一幕幕运茶船队勇闯惊涛骇浪的悲壮话剧。自大头矶至白马矶的长江航道上，因矶头众多，江面变窄，形成三道关口（俗称长江三把锁）。此段江水湍急，暗流纵横，不少商船在此船翻人亡。故此，在险段中的儒矶头修建临湘塔，以镇江避险。看到临湘塔，船队就会知道船即将到白马矶至大矶头险段，众人各就各位，奋力拼搏，迎风破浪，平安渡险 。

　　随着"万里茶道"的兴起，临湘茶业写下了其辉煌的历史篇章。

第二章
康熙年间　始产青砖

"茶祖在湖南，茶源始三湘"。临湘茶业、茶文化积淀丰厚，源远流长。《岳阳茶文化》载：公元827年—835年，龙窖山人将茶鲜叶蒸煮、捣碎、烘干制成"团饼茶"。清康熙年间，茶商开始仿效汉代的临湘山民，压制砖茶，迄今，300年史。

临湘青砖茶始于清康熙年间，兴于咸丰，盛于清末民初。据山西经济出版社出版的《晋商茶路》一书记载：清康熙年间（1662—1772），临湘聂家市和羊楼司所产老青茶即已驰名，最初踩制砖茶（帽盒茶）。到乾隆年间，晋商开始在羊楼司设庄，将临湘和咸宁的老青茶压制成方砖茶，销往蒙俄。

历史上，临湘青砖茶主销西北边省，边省少数民族嗜茶胜粮，食必煮茶，素有"宁可三日无粮，不可一日无茶""一日无茶则滞，三日无茶则病"之说。周顺倜《莼川竹枝词》自注中载：每岁西客于羊楼司、羊楼洞买茶。清道光《蒲圻县志·乡里志》载：其砖茶用白纸缄封，外粘红签。有"本号临制仙山名茶"等字样。自1689年，青砖茶外销俄国，销量与年俱增。

驼队

第一节 一六八九年 批量产青砖

据《莼浦随笔》载："闻自康熙年间，有山西估客至邑西乡芙蓉山购茶……所买皆为老茶，最粗者踩作砖茶。"起初，山西茶商在羊楼司压制的砖茶叫"帽盒茶"，每块重约 3.5 公斤。呈半圆柱形，装小篓、有如帽盒，故名。"帽盒茶"实为青砖的前身。

青砖茶品精，远销"买卖城"

临湘羊楼司、聂家市与蒲圻紧邻，与羊楼洞茶山相连（为龙窖山茶产区），且茶产甚丰，品质优良。几乎同时，羊楼洞茶叶生产技术迅速向羊楼司、聂家市、五里牌等地推进。康熙二十三年（1685），以利"帽盒茶"的运输装载、茶品改压方形砖茶，每块重 1—6 斤不等。按每箱所装块数，分为二四、二七、三六、三九、四八、六四等多种庄口。每种庄口都形成了它习惯性的销售市场。《茶讯》第三期载文《茶砖贸易今昔读》（作者王先环），古时的茶马政策就是用中土的茶换塞外的马。当时所称之茶便是砖茶。砖茶以鄂南的崇阳、蒲圻、通山以及湖南临湘等县之老青茶为原料，多集中在羊楼洞加工制造。此后，临湘聂家市、羊楼司和蒲圻、羊楼洞一样，开始了青砖茶的批量生产与销售。

据考证，临湘青砖茶的茶品形态经过多次演变。最早为晒干或不晒干的散叶茶，生煮羹饮。至唐代为蒸青团饼茶，捣碎煮饮，似膏若面，已无散茶的青

百年青砖黑茶

草气味。宋代,由蒸青团茶发展为炒青散茶,全叶冲泡。饼茶、散茶体积大且易霉变,又是南茶北调,长途运输,甚为不便。为便于贮藏、运输,至明代中叶,紧压茶则应运而生。即突破将茶叶用米浆粘合成饼状的工艺陈规,改为先将茶叶筛拣干净,再蒸汽加热,然后用脚踩成圆驼形的所谓"帽盒茶"(又称"工夫茶"),因以篓包装,又称"篓茶"。这种帽盒茶便是青砖茶的鼻祖,标志着茶叶加工,由家庭手工业开始,过渡到具有资本主义萌芽的手工工场。约从17世纪末起,开始用手工或简单的机械压制砖茶。砖茶与帽盒茶相比,有很大进步,结构紧密,表面光洁,规格一致,水分适量,贮运方便。

1689年,中俄签订《尼布楚条约》,中俄正式通商。临湘茶叶多由天津、张家口等地辗转输俄,尚无自由贸易。1727年,俄女皇加紫林派使臣来华,要求划界,扩大通商,签订《恰克图条约》。中俄于恰克图50俄里范围内各建一城,进行贸易。中方的叫买卖城,买卖城以茶叶贸易为主,晋商以砖茶与俄商交易。临湘青砖茶步入万里茶路,进入买卖城,由晋商转手输俄。据《中国近代对外贸易史资料》载:至清道光年间,晋商运销恰克图买卖城的临湘砖茶年均达到4667吨,临湘青砖茶得到极大的发展。到光绪初年(1875),俄商凭借特权,深入中国内地进行交易,在汉口设"阜昌"、"祈泰"、"顺丰"洋行,收购临湘、鄂南的老青茶,使用蒸气压力机18台,最多每年压制砖茶达25000吨,值银八九百万两。临湘老青茶由汉口大量输出中俄边界买卖城。清末(1910年),高达8765吨。

容闳访聂市 青砖首产地

临湘青砖茶的盛名,从文字记载看,与羊楼洞茶一样,最早见于中国近代名人容闳的《西学东渐记》。容闳(1828—1912),号纯甫,广东香山南屏镇人。1847年赴美留学,是中国最早的留学生。1854年学成回国,先后在广州美国公使馆、香港高等审判庭、上海海关翻译处和英商宝顺洋行等处任职。他曾两次专程考察临湘聂家市及其近邻蒲圻羊楼洞的砖茶生产。

他以炽热的爱国之心就聂家市、羊楼洞所产之茶与印度茶作了比较:前者系人工制造,后者系机器制法,终"夺我茶业利权"。"印茶烈而浓,华茶香而美,故美国、俄国及欧洲各国上流社会之善品茶者,皆嗜中国茶叶;唯劳动工人及寻常百姓,乃好印茶,味浓亦值廉也。"

　　容闳专程访问聂家市和羊楼洞之事，表明湖北省蒲圻县清代《莼浦随笔》《莼川竹枝词》刻本所载是比较可信的。早在清康熙年间，聂家市、羊楼司、羊楼洞一带确已开始生产青砖茶。看来湖南的第一片青砖茶，是临湘的聂家市生产出来的。到清咸丰之时，聂家市、羊楼司便是中外知名的黑茶（青砖）首产地（见《千年茶乡——聂家市》）。

8901 青砖茶

　　此后，民国二十四年（1935）年出版的《中国实业志·湖南省卷》和民国三十七年（1948）十一月出版的《湖南经济》，所载李健华《湖南之茶》一文，都曾不约而同地讲到"砖茶是临湘的特产"。并且具体记述了临湘砖茶生产的历史，及其砖茶生产的工艺。

　　临湘茶产区以羊楼司、聂家市两处出产丰富，最为有名。羊楼司居内山，聂家市处外山之边。临湘所产的茶叶分为三种：青茶（亦有称绿茶的）、红茶、黑茶（青砖茶）。此三种以黑茶最著名，大都用以压制茶砖或篓茶。此后，临湘青砖茶步入万里茶路，远销边省、北疆，在国内外市场上颇负盛名。

第二节　福建茶路断　晋商入湘来

万里茶道可以这样简单概括："上下两百年，南北上万里。"它从清康熙初年开创，到民国初期废弃，历时两百多年，开创者是山西祁县人。山西不产茶，晋人不远万里到南方经营茶业，远销西北边疆，故走出一条万里茶路来。万里茶道起点在福建，终点在恰克图，因太平天国起义战争的缘故，茶路中断，转移到"两湖"。

据《祁县志》载：最初，晋商主要采买浙江和福建的茶叶，采茶地区主要在福建武夷山区，茶市在福建省崇安县下梅镇。茶叶制品由产地陆运至江西省铅山县老河口，再水运至信江、鄱阳湖、长江至汉口。清咸丰年间（1851—1861），受太平天国起义战争之影响，南方茶叶市场和运销路线中断。远在汉北的山西常家商号，自知存货有限，有意延续销售时间，立即提升茶价，期盼战争平息后，商路重启。但战争并无短期结束的可能，迫使晋商非找到一处能替代武夷山之茶源地不可。由此，促成了晋商向"两湖"寻求茶源的发展之策。临湘一时成为最重要，最兴盛的万里茶路源头。

辗转龙窖山，茶旅展新颜

山西晋商慕名"两湖茶"而来，采茶重点转向湖北蒲圻县的羊楼洞、咸宁；蒲圻县与湖南临湘县交界处的羊楼司、聂家市（龙窖山茶产区）。他们在民间散收大量老青茶，就地加工成砖茶。加工后的砖茶先集中于汉口，由汉水运至襄樊，转唐河北上至河南省赊旗镇；由此改为驮运，继续北上，经洛阳过黄河、入太行山，越晋城、长治、出祁县子洪口；在鲁村换畜力大车，经太原、大同，至张家口或归化；再换骆驼至库伦、恰克图，全程约5000公里。水陆运转需三个月。茶叶品种主要是各类砖茶、红梅茶、米心茶和千两茶。至此，临湘青砖茶批量生产。

临湘地处湘东北，与湖北蒲圻、通城、崇阳三县毗邻，地处北纬

茶园

29°11′~29°52′，东经113°15′~113°45′。北临长江，西傍洞庭。境内东南屏障为幕阜山余脉龙窖山，主峰1261米，群峦起伏，云雾缭绕，向西北延伸，丘岗连绵。这里气候温和，雨量充沛，土壤肥沃，昼夜温差较大，非常适宜茶叶生长，是天然的产茶宝地，天赐了临湘产茶之灵气。

晋商心知，福建武夷山的茶质之所以很好，也是源于地处北纬30°左右这一地理优势。没想到临湘得天独厚的自然条件，竟是如此令人向往。正所谓："七十二峰秀，茶旅展新颜。"芸芸晋商，趋之若鹜。

从武夷山匆匆忙忙地赶过来的晋商，他们携着丰厚的资本，先进的种苗栽培技术和独特的制茶工艺，置办茶业，助推了临湘茶业的迅速兴起。特别是晋商那种"你产多少，我收多少"，如饥似渴的收纳胃口，确实把当地茶农给怔住了。只要有条件的地方，人们纷纷弃粮种茶，毁林植茶，屡见不鲜。以茶叶产销量推算，到清光绪之际，临湘全县耕地的40%—50%，均为茶园。在那些丘陵和湖区，连农户养家糊口的稻谷都已经退到了次要地位。晋商找到了"用武之地"，也给临湘茶业引入了勃勃生机。

山水茶梳妆 客商恋茶乡

晋商们清楚地记得，在武夷山转入湘鄂边界的茶旅途中，在高耸的山坡上，在清冽的溪水间，在峡谷的地带上，那一片片低矮的茶丛，仿佛是点缀在青山碧水间的一颗颗翠绿色的珠玉。让人们十分珍爱，它们融入大武夷的秀色之中，也成了整个风景画卷中，不可缺少的明色亮点。

可是眼下，在临湘，在蒲圻，所见到的则完全是另外一幅壮阔的景象。一座座高低不等的山丘、一条条宽窄各异的沟壑、一片片接缘蓝天的梯田上，都被密密麻麻的茶丛、茶带所覆盖。当你信步登上高峰，极目四眺，所见都是一种葱茏的新绿，满山遍野，无边无际，都是茶园，那种博大、深邃让人心旷神怡。远在咸丰之初，当晋商一脚踏上这块富地之始，他们无论从财力、经验以及商贾的气质上，就已大不同于武夷山早期的先辈们，而是凸显出天壤之别。那种小家碧玉似的渐进思维早已被浩大的事业心所湮灭。他们所追求的是一种产业化、规模化的发展。故而"两湖"茶山的确有着不同凡响的气魄。

看到临湘境内茶地发展的态势，晋商们心底荡漾着无法掩盖的兴奋和相识恨晚的发财欲望。同时，茶业的发展，带来了茶农的经济收入翻番，茶农也为找到了生产发展的路径，而欣喜若狂。

从经济角度核算：清中期，每公斤茶叶可以换 5 公斤至 7.5 公斤大米，以每亩产茶 45 公斤计算，可换大米 300 公斤至 500 公斤。而当时每亩稻田产量尚不足 200 公斤，结果是一亩茶可抵三亩稻，经济效益显而易见。在茶农增收的同时，地方经济也得到了相应的发展。据民国二十四年（1935），湖南茶事调查资料，说到清末民初临湘茶业的盛况，在砖茶畅销之时，岁入达 400 余万银圆。确实是一笔天文数字的收入，无怪资料调查者赞叹：以临湘弹丸之地，获此大宗茶叶收入，农民经济之活跃，自不待言。

为了取得茶农的信任，晋商不惜对茶农预付茶金，以示保证收购茶农的茶叶。同时，还千方百计引导茶农改进优良品种，教授育苗技术。用一系列的方法和手段来培植自己加工所需的充足茶源。事实证明，晋商的良苦用心收到了很好的效果。从史料记载中看，尽管临湘民间植茶历史悠久，但茶园未成规模，茶产微薄，仅为茶农自给自足，并未形成交易市场和产业。晋商入湘后，广泛动员山民植茶，茶业才迅速发展。到清光绪年间，全县茶园达到 24 万多亩（约 1.6 万公顷）。茶园占耕地面积的 60%，茶叶收入占到农民经济总收入的 80% 以上，临湘宜茶，是真正的湘鄂边界茶之源。

晋商入湘，开启了植茶新纪元，催生了临湘茶叶的迅猛发展，在临湘山山水水中，留下了美好的记忆。

在纷纭沓至的晋商居满临湘茶乡之时，有一位特殊的客商，先后两度到访聂市古茶镇，他就是中国留美大学生容闳。

清咸丰九年（1859），七月四日，美国耶鲁大学中国留学生英国宝顺公司代办容闳，在刚刚离开聂市不到半月之后，又第二次来到古镇，并径直住进了"悦来饭庄"。这个"不速之客"的二次到来，对饭庄冷老板来说，是天降财神。冷老板撷着山羊胡须，上街串下街，逢人就说："洋人来我饭店，蓬荜生辉、蓬荜生辉啊！"

容闳，原名光照，1828年出生于广东香山南屏镇（今属珠海），一个贫苦农民家里。7岁入英国传教士的教会学堂读书，13岁入马礼逊学校，1847年1月赴美国留学，考入美国耶鲁大学，成为中国最早的留美学生。1855年，毕业回国。此后九年间，因结识了英商宝顺公司经理事伯，很受器重。事伯拟任命他赴日本长崎，担任分公司买办，容闳不就，认为"此乃洋行中奴隶之首领"，而情愿作为公司代表，到内地代办茶叶收购。上任不久，故作茶产区实地考察。在汉口，他耳闻湖南临湘的聂家市，是黄盖湖畔濒临长江的砖茶集散地、茶叶多、质量好、运输方便。有很多山西、甘肃、江西的商人，在那里贩运砖茶。容闳对聂市"情有独钟"，一个月内两次溯江而上，闻茶而来。他说，"悦来饭庄"的冷老板，姓冷而不冷，热情好客，来到饭店，有归家的感觉。故两度住进了"悦来饭庄"。

这一次，容闳久住半月有余。他每天早起晚归，走进古街茶坊、茶庄，一家一店地仔仔细细了解收茶、制茶、拣茶、压砖、包装的情景；找茶工过细地询问茶叶生产、制作技术细节和流程。又跟着运茶的车队来到河边码头上，考察砖茶的装船、运输。为了详细了解出黄盖湖入长江的运茶路径，他和船工们一道乘船，夜渡黄盖湖运茶。并记录了茶商姚祉嘉的诗句："清风徐引夜开船，卧对湖光不欲眠；诗思入怀人在梦，轻舟逐水箭离弦。"

有一次，趁清晨天气凉爽，容闳来到河对岸的香花咀东冲茶园，在翠带之间，穿红着绿的茶姑和穿着汗巾背搭的汉子在茶垅中采茶。站在翠绿的茶岗，举目四望、漫山碧透。茂密的茶苑一排一排的，顺着起伏的山势，活像针织的翠绿色绒衣。清风中，茶树摇曳，散发出阵阵带露的芳香。远处传来阵阵茶歌：

　　　郎在高山做鸟叫，妹在茶园把手招；

　　　爹娘问妹招什么，风吹头发用手撩。

清心柔耳的茶歌，让容闳欲醉欲仙，流连忘返。直到太阳老高，容闳感到闷热难当，有些困倦了，他就去了九如桥头的何家茶铺子，品尝聂家市的香茶和凉粉。

晚上繁星满空，容闳仰在躺椅上，和冷老板聊天，述说一天所见所闻，流露出对茶乡的眷恋之情。容闳说，他在何家茶铺里，结识了端庄、贤惠的何姑娘。何姑娘给他泡了绿茶、红茶，还有自家饮用的

采摘茶叶

"洗水茶"。容闳饶有兴趣地说："聂市茶品真多，绿的、红的、炒的、水洗的。香醇浓悠，清心可口，浸润心脾。"

容闳的行囊里，装了几个又大又厚实的笔记本，密密麻麻地记满了他走村串户调查走访的情实。他在日记中写道："来聂市和羊楼洞两地考察，一月有余，收获颇丰，于黑茶之产地，制造及装运出口之方法。知之甚悉。"

1902年6月，容闳回到美国后，开始撰写《西学东渐记》，记述了他自1859年3月至9月30日在湘鄂茶产区从事茶业调查的纪实情况。他在书中写道："产茶之土地不同，茶之性质亦因之而异，我曾了解到印度茶之性质极烈，较中国茶味为浓，烈亦倍之。论叶之嫩，味之香，则华茶又胜过印茶一筹也。总之，印茶烈而浓，华茶香而醇。故美国、俄罗斯及欧洲各国上流社会善品茶香者，皆嗜中国茶叶。"

容闳千里迢迢，屡顾聂市，正是慕"青砖之名"而来。清康熙年间，聂市、羊楼司两地已开始成批生产青砖茶，在汉口这个东方茶港，临湘青砖茶已有了一些名声。到清咸丰年间，"临湘青砖"，涌入万里茶道，铸就了临湘青砖百年辉煌历史。聂市给了容闳满意的答卷，让容闳矢志走上了茶叶经营之道，后来成为万里茶道上赫赫有名的茶商。他用《西学东渐记》的故事，给了临湘茶乡以最珍贵的馈赠。容闳和临湘青砖一样，成为茶乡永恒的记忆。

在临湘业茶的山西茶商大军中，不乏文化人。他们带着智慧和资金在临湘制办茶庄，传道授业，以文会友，结下深深情缘，传为佳话。

康鉴三（1885—1964），山西榆次东贾村人。其祖父康印东，清咸丰年间的

贡生。其父也熟读"四书五经"，博古通今。受书香门第的熏陶，康鉴三自幼勤奋好学，饱读诗书，年少就考中"秀才"。后因生计，中年弃儒求贾。随南下晋商来湘，从事茶叶生产、销售。在"两湖"，往来于汉口、羊楼洞、羊楼司、聂家市等地。因才华出众，在聂家市任"天一香"和"义兴"两家茶庄的大掌柜、总经理，深谙"做人，从业"之道。自诩"两湖"是其第二故乡。

康鉴三很有才华，擅长诗词格律，写得一手好文章。他撰写的有关茶道和经营方略的书稿，很有独到的见解，引人注目。康鉴三来到聂市后，繁忙之余，常常到茶肆品茶，一来二往，结识了临湘聂市才子姚祉嘉。二人相见恨晚，情投意合，常为聂市秀丽山水所陶醉。泼墨挥毫，吟诵不已，成为"金蓝"之交。

姚祉嘉更是珍惜这份情缘，认为"以茶结缘"乃命中注定。便决意弃儒投贾，与康鉴三学做茶叶生意。康鉴三多愁善感，远离家乡，在外多年，心里也常常怀

以茶结友

念故乡。二人朝夕相处，姚祉嘉多有觉察。他在自著的《每自欺斋诗稿》中，曾写有《康君鉴三》一诗，以聊寄康鉴三之"情结临湘，常怀故土"之情怀，表白与君志同道合，伐木联翩的志向，获得康鉴三欣赏，诗曰：

青琴海上咏成连，借盖金交亦旧缘。大笔惯题湘水月，故乡遥望晋阳烟。

书编平准追前哲，荣入泮宫忆少年。侬亦弃儒求学贾，愿同伐木订联翩。

康鉴三弃儒求贾，慕名"临湘砖茶"而来。在临湘业茶，经越数年，而能坚守下来，常怀"惯题湘水月，遥望晋阳烟"之情怀。可见临湘茶市之丰盛，对晋商产生巨大的吸引。钟灵毓秀的临湘，让晋商文人情结临湘，流连忘返。

《聂市茶志》记载：康鉴三深厚的文化内涵和精明的从商才干，使"天一香"和"义兴"两个茶庄生意兴隆，蒸蒸日上。在临湘也留下了山西秀才之儒风。

第三节　临蒲龙窖山"两湖茶"之源

临湘地处湘东北，北临长江、西傍洞庭，地理位置、自然生态条件优越，是天然的产茶宝地。神奇的北纬 30°，赐予了临湘产茶的灵气，是天然的产茶宝地。龙窖山茶产区位于湘、鄂两省交界处，为幕阜山丘陵与江汉平原接触地带，主体山脉处于临湘市境内。山区云雾缭绕，雨量充沛，地表水源丰富，植被繁茂，七十二峰起伏，丘岗连绵二百多平方公里。各类型地貌交叉出现，高低悬殊，是较为典型的江南丘陵地貌，十分利于茶叶的生长，是湖南境内"三大茶产区"之一，也是两湖茶主要资源。

坐拥龙窖山，"两湖茶之源"

据《临湘县志》载：早在唐大和年间（827—835），龙窖山山民就开始了栽种茶树。尔后，在历代生产劳动中，悉心考研，植艺俞精。

众所周知，福建武夷山的茶资源丰富，茶质好，就是因为它地处北纬

龙窖山与武夷山宜茶环境对照表

自然环境	龙窖山茶地	武夷山茶地
海拔	500—1200 米	600—1000 米
纬度	北纬 29.6°	北纬 27.4°
土壤性质	酸性红壤	酸性红壤
年降水量	1500 毫米左右	1750 毫米左右
年均气温	16.4℃	18℃
年相对湿度	80%	80%—85%
年无霜期	258 天	253 天

30°。我们将龙窖山的地理位置和自然生态条件与武夷山对比，就会看到临湘宜茶的地理优势。

从地理位置、气候环境比较，两山十分接近，都非常适宜茶叶的种植与生长。因此，两地茶叶品质差异甚微。山西茶商在选择过程中，就经商的综合条件来分析地理环境和水运方便等因素，发现龙窖山还有优于武夷山的特点。同时，临湘龙窖山茶品与武夷山不相上下。因此，他们钟情于龙窖山这块湘鄂边界最佳茶源地。

临湘坐拥龙窖山，深谙茶之源。其深远的种茶、制茶、销茶历史世代铭传。临湘茶文化遗产极为丰富，有因茶而旺的古镇、老村、古茶庄、古码头、古驿道；有因茶俗而形成的人文环境，构成了民众生活的地域特色和文化景观。

武夷山茶路中断后，早在清咸丰之初，晋商就是瞄准了这块富庶的热土，络绎不绝于此，在这里贩运"两湖"茶产区茶叶。他们凭借龙窖山这座取之不尽的茶源宝库，培育和壮大了湖北羊楼洞、临湘羊楼司和聂家市"两湖"茶市，充盈着东方茶港——汉口，让临湘（龙窖山）茶产区成为万里茶道上的重要起点，成为鄂南、湘北集茶叶产、运、销为一体的重要茶源地。

人工植茶树，授人之以"渔"

临湘种茶虽历史悠远，但茶树的培植多为民间原始作法，难成规模。乡间茶树，多植于山坡、屋角、垅间陌上，可谓"极零星疏落之致"。整块茶地，殊不多见，即使少有之，亦是官豪之户吞并破落茶农地块，合并而成。此种茶园大都在山岗坡地之上，其倾斜度自四十度至七十多度不等；其高度在数千尺至数千丈不等。然，土壤大多为砂质，适宜茶树生长。但民间此种缺少培植的茶树，经采摘十多年后，即达枯死年龄，茶农只得将其枯株截除，待翌春再发新枝，一般两三年内无茶叶可采摘。

晋商入湘后，为了大力发展茶源，即在民间传授新型种植之法。民间茶户较多，有经营大户和先行育种求售者，悉于授理新法。久而久之，民间培植茶苗，两种方法习传成俗。其法一是在寒露节前，采摘茶籽，选其壮实之粒，置于空气畅通及温度适宜之地，覆以草禾，备作来年雨水节前播种。先挖地块，松细如末，畦而成形，匀而播之，覆新土其上，搭草棚庇荫，并于天旱之时，适时洒水，保持土壤湿润。幼苗出土后，三五几天，施以稀薄人粪肥料。每年夏、秋除蔓草1—2次。三年后茶苗便可移栽，此法为播种育苗。

其法二是扦插育苗。时在秋冬之际（农历九至十月间），于老茶树上取下壮韧之株，剪其中5、6寸长一段，上留1—2叶，作为扦插之苗本。先平整细碎畦地，下施基肥，上覆新土，择苗之良者，插入土中，每株相间2—3寸。畦地上支架草垫之类避日晒，并视地块干湿情况，适时浇水润之。此苗长至两年后，可以移栽。

新苗移栽时，先将油饼碎之，伴入火土灰、杂肥，在耕地时埋入土中，待其慢慢发酵，作为底肥；新苗移栽每株间隔三尺见方，并在根际之围施以稀薄人粪水，作为面肥。新苗成活后，每年中耕1—2次，将杂草除尽，埋入土中，作为绿肥。随着新苗长大成蔸，遂进行剪枝除害。

茶苗由老树截枝扦插者，三年后即可结合整枝成形，采摘茶叶；由茶籽播种育苗者，则需五年受益。

新法培植茶园，数年成风。辟荒植茶受益者，不断在亲朋好友之间传颂其受益之喜悦，并乐于助人教之植苗新法。临湘茶地增长迅速，带动产业之兴盛。人工植茶树，山岗遍茶园。到清末民初，临湘地域，茶园发展到20.3万亩。70%—80%的山民转产为茶农。

关于临湘植茶的历史，引戴啸洲先生所写的《湖北羊楼洞之茶叶》一文可鉴："前清咸丰年间，晋皖茶商来湘经商，该地为必经之地。茶商见该地适于种茶，遂指导土人、教栽培及制造方法。"此为两县（蒲圻、临湘）种茶之始。

又《临湘茶叶志》载："自古以来，山民以种茶为业。""七十二峰多种茶，山山梆比万千家；朝暮伏腊皆仰此，累世凭此为生涯。"这是茶农生活的真实写照。山民世代劳作，依赖着种茶获得的微薄收入，换取食物，来维持艰难的生计。

农家有茶山，源头活水来

有了丰富的茶源，茶产业年复一年，活水源源不断。凸显出强劲的发展态

势。茶乡自然就形成了相对稳定的集散地。其中主要的是临湘的羊楼司、聂家市和蒲圻的羊楼洞。下面以羊楼司为例，记述茶农的生产生活之缩影。

羊楼司西距临湘县邑 17 公里，与湖北蒲圻的羊楼洞接壤，龙窖山主体坐落在小镇境内。相传元朝时期，朝廷曾向南方推广牧羊技术，当地农民逐渐习惯养羊，带动了地方经济的发展，渐成驿站，兴为集镇。朝廷在此设司管理地方政务，因而得名"羊楼司"。得益于一条潘河依镇而过，带来小镇水路交通便捷。自古小镇上店铺林立，商贾云集，一条弯弯曲曲的沿河街道上，各行各业齐全。到清末民初，小镇因茶而兴，带来商业全盛，时有"小汉口"之称。

羊楼司镇周边十几个村落，均拥有良好的植茶条件，人工植茶的习俗在小镇村寨骤然兴起，带来精致茶园的猛增。据《临湘茶叶志》资料统计：清末民初，占全县 1/16 土地面积的羊楼司镇，茶园面积竟占到全县的 1/12。小镇的商贸自然是茶叶为主。

方圆两百多里的龙窖山区，四方八井普种茶树。富家大户祖传茶山有几百上千亩；一般贫民也有几块茶地。在甘港晏家、龙源黄花山、古龙岭上，茶苑梯地高入半天云里，可谓为"漫山遍野皆茶园"。有的人家在房前屋后、菜园角里，小径旁边，都栽上几个或十几个茶苑，供自家食用。

高山上的茶园，随山势平整为一层层三四尺宽的梯地，茶树栽在梯地边缘，以利水土保持。伴里一溜套种庄稼，像黄豆、绿豆、芝麻、苞谷、红薯，什么都种。作物收割后，下半年就翻挖茶苑地，把杂草埋下去生肥，让土壤疏松吸入水分（当地人称挖茶苑）。挖茶苑很讲究方法和时节，民间有口传要诀曰：

　　　挖茶苑冒得巧，上塞下拔又扯颈；

　　　七挖金，八挖银，九到十月是含情。

这季功夫也很辛苦，茶园多的，还要雇请短工，一挖就是个把月。清晨，山民们扛着角锄，锄把上挂个"竹茶筒"，装有五六斤浓茶，待山上解渴。有的人家茶山较远的，连中饭都带在茶山上吃，或由家中妇孺老幼送上山来。真是一幅古朴的"妇姑荷箪食，童稚携壶浆，举足意何往？丁壮在南岗"的茶山风景。翻地、下肥、摘茶、炒青、揉茶、晒茶、粗制毛茶、卖茶。一年到头，忙碌春、夏、秋三季，民间常有"家有一园茶，子子孙孙做狗爬"的口头禅。

羊楼司的茶叶还有"内山茶"和"外山茶"之分。在龙窖山朱楼坡、三仙坦，沿十字坳下甘港晏家、大港陈家、小港曾家、高峰麻市、王家冲、十里坑绵延几十里的岗峦上，至今还留有数万亩梯地形古茶园遗迹。在葱茏的山林中，残留有一尺多围的古茶树，这些都是上好的"内山茶"园。而再往北远一点的天井山、荆竹山、五尖山等地都是"外山茶"的范围了。清同治至民国期间，富甲一方的小港曾氏茶庄，家族沿袭二十四代种茶，贩茶，庄上有茶山数千亩。凭着"内山茶"的优势，在羊楼司街上开有茶庄三家。家族殷实，子孙崇文习武者辈出，成为方圆一境之名门望族。

茶业之兴盛，让羊楼司的山山水水无不浸染着茶的香韵，"茶树岭""茶基坳""茶叶坡""茶叶冲"等地名，让茶叶浸泡了几百年；"茶坊队""茶坊铺""茶家巷"在小镇一代一代耳熟能详，里面封存了几百年的茶故事、茶文化，几天几夜讲不完。在产茶山区村村寨寨，无论哪一户老百姓的家里，至今还保存着不少制作茶叶的工具和器物；揉茶的茶床，炒茶的茶灶、茶锅，晒茶的晒垫，蒸茶的蒸笼，采茶的茶篮，卖茶的鸡公车，茶袋茶篓，铡茶的铡刀，拣茶的盘箕，挖茶地的角锄，饮茶的竹茶筒……

茶叶一年采摘三季，春季只采芽茶（谷雨茶）；夏季采摘老青茶；秋季采自用的水洗茶。三季中以夏茶最旺，是压制青砖的旺季。茶忙历时二、三个月，到八月中秋边才能收场。茶农辛辛苦苦种茶，生活中也就离不开茶，少不了茶。民间用茶名目繁多，结婚新郎送"三早茶"；建房洒"奠基茶"；葬坟洒"入土茶"；请神接佛用"祭祀茶"；煎药用"药引茶"；会友要用"应酬茶"。茶叶加清泉，浸润着茶农"七彩浓情"之生活。

卖茶的活更是艰辛风险。山民依赖茶叶换起食物和日用品，维持生计。每到夏季，茶市开秤收茶，山民们将自制的粗毛茶收集起来，用竹篓装紧，连同其他山货，从山港中放排，出山销售。送至小镇和聂家市的茶庄。农家生产的毛茶特别精致，往往是上好的青砖原料，很受晋商青睐。

清早，排夫们起床，清洗手脸，敬拜山神、河仙和祖宗。然后草草吃些薯菜、粥糊，包了妻室蒸好的荞麦粑粑和换洗的衣服，结伙成伴，下港起排。扎排一般用完好的树木和楠竹，到了目的地，连同山货一并卖出，无须费力保存。有时伙伴一多，竹排队伍长约里把路，到河湾上排队见不到首尾。一路虽顺水而下，却要经过无数急流险滩，排夫们用号子声相互照应，共

渡难关。每每遇到竹排触岩，有排夫落水之情，众人奋力抢救，患难之时，总见兄弟之情。排队出山，需数日才能归来，一路艰辛，苦不堪言。排夫们总是遇难不畏难，过了一关又一关，越是艰险越向前。那种迎战惊涛骇浪的勇气和智慧以及无畏的乐观情怀将求财谋生，养家糊口的期盼，演绎得淋漓尽致。有排歌唱道：

> 过了鸡形山，出了鬼门关；
>
> 来到三渡港，放排水不响；
>
> 到了老鼠岩，荞粑拿出来噻；
>
> 出了簸箕滩，望见畈上的白米饭。

这饱含艰险和企盼的放排歌，排夫和子孙们世世代代传唱不息。年复一年，岁岁多有放排日，天天都有望郎人。排队出港两三日，妇人们总是三五成群到路边高处踮脚期盼，到村边土地庙前焚香祈求，望郎平安抱财而归。用血汗浸泡出来的茶叶，换回了人们的希望和生活的甜蜜。在古老的茶乡，逢年过节，细伢子也可穿上几件花布衣衫，吃上山外买回的"可口饼""棒棒糖"，妇女们还能插上珍珠吊坠的发簪子。唯有此，年复一年，安宁了茶乡，慰藉了茶农，沿袭了茶之情愁。

年复一年，年胜一年。"茶香醉茶乡，茶农日子旺。"

《临湘县志》载：清末，仅羊楼司镇就有大型茶厂七家，年加工砖茶20余万箱，贸易额达30余万银圆。

清末民初临湘各里、团茶园面积统计表

单位：亩

各里名称	所属各团	茶园面积	类别
县市上里	唐湾、省堂、新生、郑岭、李桥、三圣、樟坪、象骨、渣埠	1000	红茶
县市下里	五门、外堡、通济、望城、南村、路口	1500	红茶
交古上里	西塘、白杨	2500	青砖
交古下里	合盘、方山	2500	青砖
西井上里	桃林上、桃林下	2500	青砖
西井下里	林公	1000	青砖
王禾上里	柘桥、郑源、青山、中畈、间段	5000	青砖
王禾下里	桃李、崖岭、木岭、松杉、鲁源、雅团	10000	青砖
板桥上里	王坡、南团、石团、上东、下东	5000	青砖
板桥下里	土城、文白、龙源、横溪	40000	红茶青砖
楚冲上里	清平、撑旗、忠防、界头	7000	青砖
楚冲下里	头巾、大云、箩筐、沙滩、长坪、泥坪、毫头	46000	红茶青砖
晏竹上里	臣山、西坪、南溪、马头、北团	5000	红茶
晏竹下里	灰山、松泼、官石、山荆、黄泥、水田	10000	青砖
杨林上里	权桥、罗桥、善俗、中立、万善、爬儿	24000	红茶青砖
杨林下里	泾港、鸭栏、白荆、南庄、先远、聂市、金竹	18000	红茶青砖
冶湖上里	白马、吴杨、沅潭、赤面、土地、铁鈪	2000	青砖
冶湖下里	青山、东港、丁新、茅石、里仁、汤畈	2000	青砖
万库上里	茶河、巴茅、孔旗、磨盘、黄土、灯窝	8000	青砖
万库下里	明月、松坪、西沙、关石、万峰	10000	红茶青砖
合计	99团	203000	

第四节　毛茶压"青砖" 临蒲同根源

随着大量的投入和智力开发，湘鄂"两湖茶"闹得风生水起。为了不断提高茶叶产品的附加值，晋商与本土精英合股经营，智创宏业，发起了"毛茶"制青砖的技术革新。青砖茶的盛产，带来了临湘茶市上，前所未有的产业效益，见证了"清末民初，临蒲两县茶业发展鼎盛之期"。

"毛茶"压青砖 产值翻了番

晋人眼光长远，来临湘业茶有一套完整的方略。他们先是指导山民尝试人工栽植方法，培植丰产茶园。茶源丰盛后，又教授茶叶制作方法，先制"毛茶"，再压青砖，颇受山民欢迎。清康熙年间，在聂家市，羊楼司，就开始了夏秋两季制作老青茶，即粗制"毛茶"。初制方法，将采集的生叶放置锅里翻动炒热，见青叶渐软，随即取出，移至茶台上揉制（木制的茶台约丈二长，四尺宽，四周装有护栏）。揉茶时，两人一组，各扶住护栏，以脚跟用力揉茶。两人配合默契，动作一致，以至茶叶成团不散，油光发亮。然后放置墙角，稍许渥堆，次日入场晒至半干。此时连枝带叶，颇为粗松，需用铡刀切成寸段。再入锅加热，装入布袋再揉，茶至细软，然后复晒至全干，即成"毛茶"。毛茶制作工艺简便，容易掌握，不到两三年，在山区几乎家家户户都学会了初制"毛茶"。大户人家在上下几重的套屋里办起了粗制茶庄，家有茶台七八个，炒茶、制茶设备一应俱全，忙时雇用茶工几十人。"毛茶"加工的兴起，

带动了青砖的初制,激发了山民的种茶热情。很快,临蒲两地互助合作,互通互惠。聂家市、羊楼司、羊楼洞,茶业发展迅疾,产值接连翻番,成为湘鄂边界著名的茶叶生产、粗加工、运销集散地和青砖茶的首产地。

青砖生产,临湘蒲圻同根同源。据叶瑞庭《纯浦随笔》记载:"清康熙年间,有山西商客每岁至临湘羊楼司一带买茶,所买皆为老茶"。当地人称"黑茶",实际上是初制的"毛茶"。当时,羊楼司只有七家茶厂可以压制砖茶。年产毛茶堆积如山,无奈之下,晋商和茶庄老板们只得雇了车夫将压不完的毛茶送到距离九公里的羊楼洞茶庄,找老伙计帮忙,压制砖茶。有史料记载:"其砖茶白纸缄封,外贴红签,"并印有"本地监制仙品"字样。毛茶送到羊楼洞加工成砖茶后,并入"川"字品牌系列,统一外销。

临湘羊楼司与蒲圻羊楼洞,两地茶山相连,产茶甚丰,茶质优良。加之两地都是晋商指导的压制工艺技术,师徒如出一辙,茶叶品质也别无二样。于是,清咸丰、同治年间,羊楼司有一大部分生产的砖茶销售数额,仍然统计在湖北羊楼洞茶庄的数据之中。青砖茶的生产技术迅速在羊楼洞、羊楼司、聂家市展开,工艺设备也不断完善。三地成为"两湖"青砖茶的主产地。

车夫苦中乐 茶市旺湘鄂

在通往羊楼洞九公里的运茶山路上,鸡公车(线车)将铺路石板碾压出一条条深深的车辙。茶道两旁,到处残留着路人弃物和残渣垃圾。那丢弃的破烂草鞋,成了一道"障眼"的垃圾带。有文人写下了悲戚的《草鞋歌》:

> 少时青,老来黄,也曾田野透芬芳;
>
> 脱尽黄金成干草,捶捶打打结成双;
>
> 有耳不听凡间事,有鼻不能闻茶香;
>
> 过长街,穿短巷,抬官人,接新娘;
>
> 走平地,上山岗,挑柴担,背箩筐;
>
> 日行百里伤肚肠,无人带我回家乡;
>
> 等到破损不能用,抛别遗弃在路旁。

如今这条石板路早已不复存在,取而代之的是宽敞的柏油公路和鲜花盛开的花带。但虔诚的岁月,在人们的脑海里,如实地记录下了当年运茶车夫的艰辛和一个个风趣的故事。

茶农运茶山道

老人们回忆说：三伏酷暑天，人们习惯于晚上趁凉快，成群结队往羊楼洞送茶。车夫们赚钱贪多，装载的茶包五六个，堆在两边车帮上，密不透风。沉重的鸡公车在石板路上碾奏出"吱吱呀呀"的车轮进行曲，绵延几里，响彻空谷。车夫们一个个只穿了短裤，光着上身臂膀，夹在茶包中埋头推车，挥汗如雨。但时常有人从粗哑的喉咙里，断断续续地"蹦"出来有上句没下句的茶山情歌，伴随着车轮进行曲，回响在山谷之中。

夜来南风浑身爽，南风吹秧（莙）卖茶郎；

娇莲床上打个滚，麻钱花个精打光……

运茶的艰辛，克制不了车夫的放荡；茶乡的演进，推动了岁月沧桑。毛茶压制青砖，产销量空前未有，带来产业的兴旺和经济效益，给茶乡增添了勃勃生机。

在民国二十四年（1932）年出版的《中国实业志·湖南省卷》中和民国三十七年（1948）十一月出版的《湖南经济》，所载李健华《湖南之茶》一文中，都曾不约而同地讲到"砖茶是临湘的特产"。并且具体记述了临湘砖茶生产的历史，及其砖茶生产的工艺。由于聂家市产茶、制茶均占全县的大头，从某种程度上说，从聂家市茶产的记述，便可见临湘青砖业态之真谛。

《湖南之茶》记述，临湘茶产以羊楼司、聂家市两处出产丰富，最为有名。羊楼司居内山，聂家市处外山之边。临湘所产的茶叶分为三种：青茶（亦有称绿茶的）、红茶、黑茶（青砖茶）。此三种以黑茶最著名，大都用以压制茶砖或篓茶，在国内外市场上颇负盛名。汉邦茶商在羊楼司办厂，因质厚味浓，销路畅旺，产量逐日益增。最盛时年产达二十余万担。黑茶又称老茶，因为红茶仅用春季茶叶蹦制，而茶树夏季茶叶产量更多，即采用制成黑茶。黑茶分洒面、面茶及里茶三种，洒面、面茶为细茶，里茶为粗茶，混合而供，压制砖茶。或亦用里茶制成篓茶。清末民初，经营黑茶之茶厂林立，商权一向操诸山西人手中。清光绪年间至民国四年，为最发达时期，年产青砖茶四十余万担。届时，临湘已成为湘鄂边区青砖茶的盛产地。

第五节　茶香醉茶乡　礼仪待晋商

据《蒲圻县志》记载：清康熙年间（1662—1722），陕西商人率先在湘鄂边界业茶。临湘聂家市、羊楼司和湖北蒲圻、羊楼洞所产的老青茶即已驰名。《大清一统志·岳阳土产志》载："茶，诸县俱出，君山为上，临湘为多。"到乾隆年间，晋商也先后在羊楼司设庄，将临湘老青茶制成青砖，销往外蒙和俄罗斯。悠悠茶史，勾画出临湘山水茶韵，也凝结了晋商和临湘茶农间的款款浓情。正所谓："茶香醉了茶乡，刻骨铭心的是晋商。"

茶季采茶忙，茶歌醉茶乡

广栽茶树以后，茶乡60%—70%的男女劳力都从事茶业。特别是进入初夏，老青茶采摘的繁忙季节，妇女以其灵巧的双手成为摘茶主力军，而男子自然成了出力的"挑夫"。真可谓"漫山遍野皆红妆，斜眉睃眼挑茶郎。"如今回忆起那茶山上开园摘茶的场景，老人们捋着银须，兴趣无穷：先不说大户人家雇工几十百把人，上山摘茶跟打仗一样火热。单说那小户农家开园摘茶，更是独具互帮互助的"伙计"情调。茶季来了，在一个屋场里的几户人家，一般都是合伙帮工，这几天帮我摘完了，接下来几天去帮你。碰到几家茶园在一个山坡时，山山岭岭上也是聚了几十人，男的赤膊上阵，女的穿红着绿，阴阳搭档，好不热闹。请了人摘茶，老板都是想方设法，老酒腊肉招待茶工。有时还暗自和别人家攀比，生怕自家的"台子"不如别人，得罪了帮工的人。但是，那些邪皮带狗脸的汉子们，就是酒足饭饱后，还是要故意互相"捣败"老板的招待"场火"，搞出一出出恶作剧。他们吆起号子，一问一答地唱道：

大哥哪里来呀？ —— 茶山赚钱来；

钱好赚吧？ —— 哪有玩牌；

出工早吧？ —— 鸡叫头遍；

看见走吧？ —— 你扯我牵；

工夫重吧？　——牛作马练；

茶苑大啵？　——一胯夹半边；

茶好摘啵？　——一手三根；

山上人多啵？　——啊嗬喧天；

有茶喝么？　——坑里山泉；

台子好啵？　——酸菜里堆尖；

肉块里大啵？　——一嘴吹上天；

酒喝醉么？　——象野鸡乱窜；

钱好讨啵？　——鞋底拖穿；

老板娘好看啵？　——看哒还想看。

啊嗬，哇哈…——欠死我了！

汉子们尽情地嬉闹，妇女们笑得倒地十八滚，哪里还顾得上是在帮人家摘茶。等到别人茶篮已满，准备下山时，才慌了手脚。于是不分老嫩，不管茶苑摘干净冒摘干净，"抓山点水"胡乱一顿。然后蓬蓬松松地"装满"茶篮，也乐呵呵地下山。此时，也有人嘲弄地说："你三根茶叶荡呀荡，对得住酒肉满桌上啵。"年复一年，从东家到西家，这种恶作剧反复闹腾。众人都晓得是故意"捣败"东家的，老板也不在乎，只是暗暗加码，桌上的"台子"一年丰盛一年。茶坊里的茶叶堆积如山，炒锅杀青的、茶台上踩包的、晒场上翻茶叶的，茶工各职其事，一个个汗流浃背。帮工们天天酒醉醺醺，口无遮拦，忘乎所以，快乐似神仙。

当然，也还有茶山温柔的一幕：在绿水青山之畔，年适芳龄的一对对男女，躲在茶垅里谈情说爱，互递茶歌：

女：阿妹我生在龙窖山，清清茶香润心田；

男：妹采茶叶快如风，哥挑茶担荡在肩；

合：一路茶歌心相连。

山里的伢崽、妹子以勤劳相爱，以茶歌相恋。有一些就是在茶山上对歌，对起了心思，结成伴侣的。

清末，聂家市才子姚祉嘉，曾收集整理茶歌，生动地记述了采茶场景：

何处笙箫入耳闻；采茶乡里送歌声。

未成调板未成曲；别有清音更动情。

> 郎采茶兮山之巅；女采茶兮半山足。
>
> 山高上下不见人；风送茶歌两相属。

茶山绿了茶乡，活了茶农。时年，龙窖山茶区无山不绿，有地皆茶。茶庄上需要大量的劳力，直接带动了小镇就业的兴旺。有人说"晋人办茶庄，带活茶乡一方"，这话一点不假。那年头，家家户户种茶，靠山吃山不用说，单凭进茶庄做工的劳力就是好几千人。就说妇女吧，茶庄上雇有大量的拣茶女工，她们大都是经人介绍的附近农村妇女和姑娘。《临湘县志》载："山区百姓，皆以茶为业，茶庄里筛茶之男工，拣茶之女工众多，日夜歌笑于市，声如雷，汗如雨。"诗作者也有数篇纪实诗词，现录《拣茶竹枝词》，其曰：

> 小小年纪将破瓜，晨妆甫镜即离家；
>
> 此帮儿女多无事，强半生涯是拣茶。
>
> 贫女来自乡间多，呆气重重可奈何；
>
> 每笑不知什役贱，相逢也是唤哥哥。

拣茶女工之辛苦，在于中午饭没有着落。茶庄上一般情况下，不管中午伙食。女工们离家远的都是自带"包饭"，或中午不吃饭，喝点茶水解渴、充饥，晚上赶回家时，饿得"忧肠寡气"，才能呷上一顿饭菜。拣茶工资是根据各人拣茶的多少计酬，由茶庄老板支付，每10天或半个月结算一次。妇女们眼明手快，工多业熟，每月也挣得不少铜钱。那年头，农村妇

人能找到这样赚活钱的门路，还真是一种幸事。求人担保来镇上茶庄拣茶的女工成群结队。时称"山区务茶的园户多，田间栽禾的田户少"。不仅集镇上，就连山乡僻壤的贫家女孩，也能寻到一份茶工机缘。茶叶的确繁荣了各业，有一首描绘临湘客栈的民歌写道：

> 外箱茶店内客房，茶具香茗小榻床。
>
> 细细芬芳香满堂，只因晋商返茶乡。

茶业可谓兴盛。每年茶庄开市，小镇上人潮攒动，茶叶堆积如山，街上商贩叫卖声不绝于耳；乡间路上车推的、肩挑的、赶着驴马的卖茶队伍络绎不绝，"路上不断人，灶里不断火"的茶市情景，要延至秋后才得收场。

春迎"龙抬头"，秋送"凤摆尾"

晋商入湘，不仅开辟了茶叶之路，为临湘人民带来了滚滚财源，更金贵的是晋商与茶乡茶农结下了深厚的情缘。每年茶季到来，当地茶农对晋商入乡，有着热切的企盼。老人们毫不夸张地说："春来秋去迎送晋商，不亚于大户人家请亲家。"

在羊楼司中洲街上，林林总总的茶庄群中，除了一部分是晋商大贾投巨资自己建的茶厂外，其余大都是晋人租了当地殷实大户的房屋、铺面合伙办庄。这样，晋商在当地有了稳固的合作关系和立足之地。有的是祖孙几代人接力式的扎根在一个茶庄，成为房东老板的"老雇主"。晋商兴了业、赚了钱，房东的闲置房产也生了财，真正的"双赢"。晋商和小镇结下了不解之缘。他们就像"南飞的春燕"，不失时节，年年惠顾。茶庄房东老板感觉韬了晋人的光，感恩之心见于浓情相待。于是，每年"春迎秋送"两大礼节十分讲究。平时对晋商及其家人的招呼也是讲尽百般殷勤，事事处处应接不暇。年年岁岁，愈演愈浓，谓之春秋两季热闹非凡的盛典。

茶商进庄一般有四个程序。先是年前"启秉"。房东老板带上包封，配上几样山区土特产，亲自到山西茶商的住地，登门团年，启秉拜访，邀请茶商年后开春进庄；二是初春茶商"回召"。双方同意相邀之事，在春节后，茶商发书信给房东老板，信中拜年，回传佳音，表示今年行商意向定妥，并告知派"前差"入庄时日，让双方都吃下定心丸；三是"小进庄"。农历二月底或三月初，茶商派几个亲信伙计带上土特礼品和预购定金，来到茶坊和房东老板面商生意机宜，做开秤前的准备工作，俗称"打前站"；四是"大进庄"。小帮打前站后十天或半个月，茶商大队人马（有的带了家眷）来到茶坊，人马安顿，既拜访顾主，又落实各项开业事项，一切就绪，于清明节前鸣炮挂牌，谷雨开秤收青茶。

茶商进庄的迎奉，预兆着一年的生意兴隆，是一件极为庄重的大事，房东老板安排十分周到，礼节恭谦有加。先派人将茶庄里外打扫得干干净净，有的还将墙壁粉刷、裱糊，门楣上面贴上大红对联，祈求开张大吉，八方来财，万事如意。茶商带有家眷的则首选窗明几净的居室，配备全套的家具。大帮到庄时，敲锣打鼓，大放鞭炮，三眼铳齐响，热烈欢迎，以大宴款待。随后在茶庄最为庄严的正厅堂设"官牌"（麻将牌），招待商客，邀当地有头有脸的人士、太太陪茶商打牌。作陪者心照不宣，有意让茶商赢钱。房东老板则在一旁递茶捧水，张烟逢迎，不停地吟诵着自编的彩词："桌上赢钱，商场发财"，以讨茶商开心。陪人输了钱，归老板掏腰包。第二天，茶商休息到位，一个个神清气爽。房东老板又请戏班，设大宴，摆排场。一般请来当地名师主厨，邀请地方行政要员、头面人物、治安警员、名院艺女出席作陪。大宴过后，开锣唱戏。请戏班也很讲究，一般要请当地最大的戏班，名声最走红的角儿。谁请到大戏班、强戏班、名角儿，就说明谁有脸面，前来看戏的人就越多。每逢茶庄春迎茶商，要是同了"日基"，小镇就出现"抢戏班""抢行头"的闹剧。大戏班一来，邻居左右都将乡下的亲戚、朋友接来镇上看戏，大街小巷，热闹非凡。茶商受尽了风光，老板也出尽了风头。

一年下来，经营的辛辛苦苦不说，可喜的是生意兴隆，茶商赚得盆满钵满。秋分一过，茶市渐淡，中秋节后，茶商主动邀房东老板商议财事，将一年租金、佣金与老板如数结清，不做半分拖欠，有时还给些回馈，往往是处理得皆大欢喜，双方满意。茶商返晋前三天，房东老板照例设宴请客，

以礼相送，一如初春迎客之盛。谓之春迎"龙抬头"，秋送"凤摆尾"。

年复一年，茶商与房东老板生意双赢、情投意合，十分融洽。茶商讲诚信、房东重情义，相互依存，互利互赢。

茶市和谐的经营风尚，带来了临湘茶乡物阜民康的繁华，吸引着商晋涌来临湘办厂。清咸丰、同治到民国初期，先后在聂家市、羊楼司等地办起了茶庄和分号三十六家，著名的有：天顺长、长顺川、长裕川、大德川、隆盛元、长

盛川、兴隆茂、巨贞和、大涌玉、大德玉、大升玉、三玉川等。晋商乔家自投资金在聂家市和羊楼司办起大德诚、大德兴两家分号；著名茶商大盛川也在羊楼司清水源和横溪办起了分号"三玉川"，把收茶的触角直接伸到了龙窖山；茶商"长顺川"早期在福建武夷山，中期转入湖南安化，最后经不住诱惑，也赶来了临湘，在聂家市和羊楼司分别占了一席之地。

[**关联研读**]

三百晋商在聂市

相传，临湘茶业鼎盛时期，晋商有不下三百人在聂家市业茶。他们诚信为业，情谊待人，在聂家市留下了永恒的口碑。

"四川的猴子河南人玩，'两湖'茶叶山西人贩。"

"外箱茶店内客房，茶具香茗小榻床。"

"细细芬芳香满堂，只因晋商返茶乡。"

"十月里，小阳春，茶庄晋商出山林。"

"姐奴吔：郎又舍不得姐，姐又舍不得郎。"

"丢丢舍舍痛断肠。"

这是临湘聂市古镇，民间广泛流传的"口头谚语"和民歌。它们既反映了清末民初时期，临湘聂家市一带的茶叶靠晋商外销的事实；勾画出了聂市因茶而兴，对晋商的热忱欢迎和殷勤款待；同时也入木三分地揭示了晋商与当地茶女之间的相互爱恋和离别情愁。

晋商茶庄图

晋商在聂家市业茶，历经两百多年。清同治《蒲圻县志》载：清嘉庆二十年（1815），周顺倜作《莼川竹枝词》云："茶乡生计即山农、压作方砖白纸封。别有红笺书小字，西商监制自芙蓉。"词后有周顺倜自注："每岁西客（指山西茶商），至聂市，羊楼司，羊楼洞买茶，制茶，其砖茶用白纸缄封，外贴红签，外运销售。"既以"种茶为业，且有制作销售经营机制。"说明此时聂家市的茶市开始兴盛，对外产生了一定影响。从聂市出土的咸丰古茶碑看，其上明确载有外商到聂家市经营茶叶的情形。商行"籍隶广东、江西、山西"，到临湘县聂家市"投行采办茶箱，历有年所"。这就说明，到咸丰年间，晋人在聂家市经营茶业就已经有许多年了。

民国《湖南省实业志·各县茶庄一览表》中，所列同治年间，聂家市开办的17家茶庄中，在"邦别"栏内载明，由山西人独资兴办的茶庄就达9家。据老年人回忆，这些晋商多为山西平遥、榆次、太谷、渠县、临汾等地人，在聂家市有300多人。

晋商来聂家市业茶，一般是清明节前后，从山西老家出发，带着大批银两，来到聂家市收茶、制茶。为了充实茶源，他们还常常深入到羊楼司的龙窖山区，直接到深山茶区收购鲜叶。他们一心扑在茶叶生意上，每年要经过八、九个月的辛勤劳作，将茶叶制成一块块的砖茶。然后，包装贴签，远销外地。生产销售诚实守信，当家理财兢兢业业，茶压管理井井有条。年复一年，获利颇丰。

晋商在聂家市业茶，都能入乡随俗，循规蹈矩，从不胡作非为。他们严于律己，不请客送礼；不随便交朋结友；不走门串户；不攀龙附凤；不拉帮结派；不打牌赌博；不抽烟嗜酒；不惹是生非；不沾社会不良习气。生意红火的茶庄老板，就是去汉口大城市办事，也不花天酒地，大肆挥霍。

由于他们"严于律己，宽厚待人，讲商德，讲诚信。"当地人都热情地善待他们，尊称他们为"西客"。

在聂家市的晋商，很有经营才华。他们一个个相当精明，深谙商道要策，十分注重和当地茶号、商号搞好"合作互通"关系。哪怕不是经营茶叶的商行，他们也乐意携手合作。或租用你的房屋作"茶坊"，用以囤积茶叶；或让东家以"资产入股"，"合资经营"。房东负责收购茶叶，雇请和管理茶工，组织作坊生产；晋商负责加工、监质、验质和包装运销。诚信合作，互利双赢。

在生产经营管理上，晋商采用的方法是"定额记工，联产计酬"，充分调动各类工种的积极性。茶工工资差别较大，技术性强的，劳动强度大的，如作坊里的发酵、挖洞、翻堆、提色、装模、搬斗等重活，每天工资可达二、三块银圆；至于烘干、打筛、搬箩等轻松一些的活，每天工资只有一块多或两块银圆；拣茶女工全凭手疾眼快，以箩计件，按件计酬。手脚快的每天可拣得二三箩，挣得一千多文。茶工一日三班，按劳力强弱，男女老少合理搭配安排。晋商待人厚道，一般情况下，茶工只要入了茶坊门，都可以揽到一份适合自己的茶活。

在聂家市，晋商自己的精神文化生活也很充实。他们在忙碌之余，有时在茶坊大厅里听听留声机，唱几声"山西梆子"。晋剧《苏三起解》等名剧名曲，都是他们最爱听的家乡戏。有的还可以跟着哼几句京腔，《空城计》《打金枝》什么的。还有擅长诗词格律的，更乐于与当地儒商交友，或吟诗对联，或评书话史。

"人非草木，孰能无情。"在漫长的经营岁月中，晋商与聂家市茶女一同劳动，一同生活，一同创业，结下了深厚的情谊，留下了不少动人的爱情故事。有的终成眷属，繁衍了一代又一代晋商后裔，经营英才辈出，事业逐浪永恒。但大多因封建礼数的原因，演绎出"孔雀东南飞"的悲剧来。从聂市流传至今的民歌中，不难看出当年晋商与聂市茶女爱情受阻，难舍难分的离别情愁。

三百晋商在聂家市，创了百年茶业之辉煌，拓展临湘青砖之源。他们诚信仁义的商德，善良博爱的品行和勤劳拼搏的精神，在聂市成为有口皆碑的永恒忠义之师。

康熙品茗"也是铺"

清康熙皇帝，号玄烨（1654—1772），是个经文纬武，政绩辉煌的皇帝。"康熙盛世"就是对他 61 年政治生涯精彩华章的真实写照。康熙重视农业，深知南方农村多以茶业为生，故尤其关注茶业。康熙二十八年（1689），是他批准签订《尼布楚条约》，拉开中俄贸易之帷幕，开创了中俄茶叶互市之先河。让中俄茶商扫除了开辟"万里茶路"的绊脚石。康熙生活节俭，素来饮茶嗜于喝酒。在乡间微服私访，往往逢茶店必入。在临湘聂家市，还流传着一个妇孺皆知的，"康熙品茗也是铺"的故事哩！

"也是铺"位于聂市镇的权桥村。《临湘县地名志》载：此地曾只有几间民居小店，没有地名。相传，康熙皇帝巡访江南至此，（农家小店十分热情地招待他饮茶），曾称曰"这也是铺"而得名。

据同治《临相县志》载："清康熙二十七年（1688）八月至次年三月，临相境内一直没有下过透雨，春旱十分严重"。相传：康熙巡访江南一带，得知临湘旱情，十分牵挂，便带了小班人马，来到县治陆城询访民情。城邑虽没有十分明显的灾情，但也市场冷清，生意萧条。康熙无心于市，便催了随从，出城郊游。所到之处，春意萧然，田地干涸，无水种秧；地里茶苑欠雨水，少有嫩荪萌发。康熙见状，内心焦虑不安。

为使皇上开心，县令引领康熙游览"儒溪渔唱""马鞍落照""西湖莲芳""鱼梁晴岚""莲湖夜月"等临湘八景。康熙见这里依山傍水，风光绚丽，有"鱼梁拱于前；白马拥于后；长江横其北；莼湖绕其东"，倒也称得一方"风水宝地"。但眼下田地旱情，早使康熙无心观赏山水风光，内心深深叹息，便着县令引往茶区看看。

时近中午，康熙一行来到权家桥，只见一片片翠绿的茶园，延绵山岗；一群群乡村姑娘，正忙于茶丛中采摘"雨前"春茶；有挑夫挑着装茶的茶筐，穿于田垄。走近路边坐在石头上小憩的挑夫，康熙拈起一小朵茶叶细看，的确不如风调雨顺季节生长出来的嫩绿。"看来，今岁春茶不及以往啊！"

来到村子里，前方有一家小店，门前挑一个"茶"字。随从叫道"那里有家茶铺子！"康熙一听："走，去茶铺子看看。"闻声有客人而来，店家早已站立门楣一边，拱手相迎。进得店来，只见店铺窄小，柜台上摆了些酒瓶酒坛，依次有序；堂屋中存放一方桌，桌上摆有冷热两壶清茶。茶盘里几只老花茶杯，干净透亮，放置齐整。康熙人饥口渴，没等店家上茶，早已吩咐随从倒来一杯凉茶，他一仰头饮尽，连声称道："好凉茶，好凉爽，再来一杯！"随从迅即又来一杯，康熙饮下大半。店家见状，连忙递上一杯热茶："您慢着，您慢着，再尝尝这杯热茶吧！"

两杯凉茶下肚，康熙心中的不快，早已消去一半。便接过店家递过来的热茶,轻和地问:"这叫什么地方?"县令一听,忙凑上前去,小心地禀道:"这地方细小,不见经传,仅有几户人家,全靠山上竹木和茶业为生。就照门前溪流上的'权家桥'一起称呼着。因地处县治陆城进山之要道,来往车马商贾较多,就生出个茶店、饭铺什么的。"

康熙听了、沉思起来,心想:在这干旱之春,朕来到这偏僻的山村,真还难得碰上这样一个僻静、朴实的地方,竟有一家如此热情待人的茶店,为朕解了干渴之急,实为缘分啊!便意味深长而郑重其事地说:"千万别小看这里,店子虽小,也是铺啊!"

县令一听,这不是圣旨吗?忙摁下店家一起跪地,和随从们一道三呼万岁:"谢主隆恩。"皇上赐了铺名,地方必然兴盛。从此方圆百里传开了"也是铺"的故事。在山区通往聂家市小镇的古茶道上,"也是铺"年复一年,过客匆匆,人丁与生计也悄然兴旺起来了。

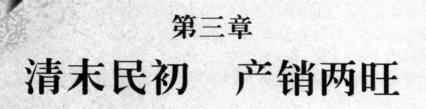

第三章

清末民初　产销两旺

纵观临湘茶史，临湘青砖茶是经过了多次演进而定形的。唐代以前是晒干或不晒干的散叶茶；唐代为蒸青"团饼茶"；宋代发展为炒青；明代中叶，紧压茶应运而生，先筛拣茶叶，再用蒸汽加热，然后压制成圆柱形的"帽盒茶"，这种"帽盒茶"便是青砖茶的前身。清康熙年间（1662—1722），临湘聂家市和羊楼司所产的老青茶即已驰名。当时，主要由陕商经营。到乾隆年间，晋商开始在羊楼司设庄，将临湘和湖北羊楼洞的老青茶制成青砖，销往蒙俄，临湘始产第一块青砖。1853 年，太平天国农民起义后，茶路中断，晋商入湘在临蒲两县交界处的龙窖山茶区采购"两湖茶"。"两湖茶"主要是指临湘聂家市、羊楼司与湖北羊楼洞加工的砖茶。

清咸丰年间，大批晋商来临湘办厂业茶，压制砖茶，兴办茶庄 40 家，年产砖茶逾万吨。其砖方形，故称方砖，也就是青砖。青砖大小规格多种，每块重 1—6 斤不等。每箱装的块数也不同，分二四、二七、三六、三九、四八、六四等六种装箱。临湘青砖进入大批量生产、销售的兴旺期。

青砖茶较之"帽盒茶"大有改进，其结构紧密，表面光洁，规格一致，水分适量，贮运方便。这就是临湘最早走万里茶道销往北疆的边销茶，又叫"两湖青砖茶"。

清咸丰年间，晋商在临湘聂家市、羊楼司开办"复泰川记"茶行，曾留下了珍贵的佐证资料。聂市镇东红村村民刘继钊和晋商女婿李炎和出示了保存多年的遗物和标记（如图）。这张"复泰川记·贡砖"标贴，就是晋商在聂市合作生产黑茶贡砖所用。历史上盛产青砖茶的聂市镇，不仅生产过一般川字号青砖茶，而且还生产过极品青砖茶"贡茶"。

据《中国实业志》载：清末至民初，晋商在临湘的聂家市、羊楼司、五里牌等地独资或合资兴办的茶庄有 40 家，其中名声较大的砖茶商号有："长裕川""兴隆茂""悦来德""三裕川""大涌玉"等，他们在龙窖山茶区设有茶叶收购店铺上百家，筹有本银 36 万两之多，每逢茶市开秤，茶堆满市，茶商云集，一片繁华景象。这些茶庄，年产青砖茶 5600 吨左右。清宣统二年（1910），临湘砖茶产销量达到 10247 吨，为临湘边销茶"鼎盛时期"。

民国二年（1913），粤汉铁路原计划经浏阳、平江去湖北，同盟会会员，岳阳县籍民国时期陆军少将李澄宇向民国政府递交《驳湘鄂铁路线改由最古大道书》，建议粤汉铁路改道理由有："临湘云溪、聂家市岁出茶价在二千万元之上。"民国政府采纳其建议，改道经长沙、岳阳、临湘到湖北。

第一节　临湘青砖　兴起原因

太平天国战争影响

　　清咸丰初年（1851），太平天国起义爆发，福建武夷山茶路受阻，茶叶生意中断。临湘因其偏僻、微小，不是太平军的主攻目标，而战乱影响较小，相对茶路更好。咸丰八年（1858），中英签订不平等的《天津条约》。与聂市一水相通的汉口，被增开为通商口岸，外国茶商相继在汉口设立洋行，争相收购"两湖茶"，促进了"两湖茶"市场迅速兴旺起来。机灵的晋商，携巨款入湘，纷纷到聂家市、羊楼司开店办厂，贩运"两湖茶"。据《汉口海关册》载：同治之年（1862），临湘砖茶贸易量上升到4382吨。（清末张寿波《最近汉口商业一斑》记载）清光绪三十四年（1908），临湘有茶庄40家。其中聂家市和白荆桥28家，羊楼司2家，云溪、横溪10家。到清宣统二年（1910），临湘红茶总销量1482吨，青砖总销量8765吨，两项共计10247吨，是临湘历史上茶叶产销情况最好的一年。这是因为太平天国战乱，中断了武夷山茶市、茶路，而临湘"因偏僻微小而得福"，捡了个"天下太平兴了茶市"的篓子。

临湘水陆交通便捷

　　临湘与福建武夷山对比，交通运输更加便捷。从武夷山运茶路线图看出：福建武夷山茶，由崇安县过分水关，进入江西省铅山县，在此装船顺信江下鄱阳湖，穿湖而过，出信江入长江，溯长江转汉水，达樊城（今湖北襄阳市），在老

河口起岸。然后由陆路北上恰克图。从武夷山到老河口，旱路100多公里，水路550多公里，水陆兼程共约700公里。

临湘茶（以聂家市茶埠为起点），茶以船载，经黄盖湖入长江，由汉水至樊城老河口上岸，全程水路不足200公里。此段运程中，较之武夷山要短500公里。在老河口上岸后，与武夷山茶一样同路，改用大车陆运，穿河南至山西大同，北上恰克图，然后进入东西两路分销。

由此可知，临湘聂家市茶运无旱路之劳，出门即在码头装船，直达老河口，中途不需几度装卸改包。仅水路一段，就比武夷山缩短了400—500公里。晋商是通过几次运茶，核算出聂家市去老河口的路程缩短、交通便捷，而节省了几成运茶成本。经商之人必定看中这一增收节支环节。这也是引来晋商趋之若鹜，来聂家市办厂、业茶，带动临湘茶庄风生水起，日益兴盛的主要原因之一。

临湘茶叶质量上乘

临湘茶商历来高度重视茶叶加工制造质量。茶庄老板在砖茶生产加工过程中，对茶工的操作规则，监督十分严谨，包括茶工的穿着、佩戴都有严格的规定。工厂内不许随地吐痰，不许吸烟，男工不许赤身露体，汗水到处滴洒；女工要包头巾，以免掉头发在茶中等等，生怕影响茶叶质量。地方官府、衙门，也十分重视茶市秩序的管理，有关砖茶压制和交易的规章制度，常以"地方法规"和"乡规民约"的方式，颁布于众，并刻碑立石。列于境内主要茶产地和商埠（聂家市出土了不少这样的官碑），用于规范茶市买卖和茶厂租房、加工劳作管理秩序，让茶市井井有条地生产加工和销售。这样，保证了在加工过程中，茶叶质量不受损。加之，龙窖山茶区茶叶的质地天生就是上品，因此，"两湖茶"的质量完全可以与武夷山茶媲美，这一点首先出自俄国商人的肯定。山西古籍出版社2006年出版的赵荣达著《晋商万里古茶路》一书，在第55页中写道：

太平天国农民起义阻断了武夷山的茶路，眼看着交货期限将至，茶货硬是送不出去，这可把晋商急坏了。无奈之下，晋商只得把现有的武夷山茶和湖南、湖北龙窖山一带收购的"两湖茶"，一同装运，充其数量，全往俄国运送上去。晋商正苦于如何回答俄商的责难时，情况却有了意想不到的转机。然来，俄国人在品尝了"两湖茶"后，觉得口味中意，竟连连称赞，要求晋商以后就专供这样的茶叶。晋商因祸得福、歪打正着，没想到临湘青砖茶在俄国畅销，财门洞开，让青砖茶在万里茶道上独树一帜。

聂市临汉地位特殊

临湘聂家市，处黄盖湖畔、紧靠长江、有水路直达汉口且距离很近。俄商也凭借此种优势，在汉口设厂、开店，找代理人经营。然后找茶叶产地商家合作，把茶叶生产直接扩展到聂家市、羊楼司、羊楼洞。太平天国战乱在湘鄂边界影响不是很大，社会相对安定。"两湖茶"的生产销售，不仅未受挫折，还日臻兴盛。引得晋商越来越多，直接在聂市古街、羊楼司茶区投资办厂，带动本地茶商也踊跃加盟，临湘砖茶业之发达，已为国内外茶商瞩目。

据《山西文史资料》《祁县的茶庄》记载：山西祁县的茶庄采茶地址，主要有三处，即湖北蒲圻的羊楼洞，蒲圻县与湖南交界的羊楼司和临湘县聂家市。采购数量，仅大玉川一家茶庄大约有 6000—8000 箱（每箱 260 斤）。清光绪二十三年（1897），国内不少地方茶叶产、购、销陷入困境。但由于有外国人在汉口和临湘经营，聂家市和羊楼司两处茶业依然长盛不衰，至民国中期达于鼎盛。民国二十一年（1932），湖南建设厅《建设月刊》资料统计：聂市年产红茶 3 万箱，黑茶 6 万箱，每砖重三斤，每箱重 108 斤。《中国实业志·湖南卷》载：当时，聂市有晋商独资茶庄 5 家，合资茶庄 12 家，合计 17 家。当地本土最大的茶商方志盛，在清光绪后期，还将茶厂分号办到了安化县。

（文／何莹莹）

第二节 晋商茶庄 百年呈祥

随着"两湖茶"的兴起,临湘茶市日渐兴旺,引来晋商陆续入湘,经商业茶。清光绪年间,临湘茶业步入鼎盛时期。在聂家市和羊楼司两处古镇上,晋商茶庄如雨后春笋,应运而生。可谓茶庄林立,茶市兴隆。据不完全统计,外客在临湘兴办茶庄达40家之多。在众多茶庄中,架势最大,名声最响的,要算晋商老板张稷的"天顺长"。以"天顺长"为例,剖析茶庄盛况,可见一斑。

张稷,字社安,山西榆次南关人,清同治八年(1869)出生,自幼天资聪颖,就读私塾。受祖辈崇尚商业的传统家风影响,少年启志务商。清光绪十七年(1891),22岁的张稷就离乡背井,随同晋商队伍来到湖南临湘经营茶叶。先期在聂家市和蒲圻羊楼洞与人合伙办茶庄,做了多年的账房先生。清光绪二十四年(1898),张稷有了一定的积蓄,便抽出自己的入伙股金,由蒲圻羊楼洞辗转临湘羊楼司,与本地人周新继合伙,在中洲街小板桥,创办"天顺长"茶庄分号。此时,中洲街上已有"长盛川""聚贞和""瑞和祥""义兴"等六七家茶庄,集镇上已初具茶市规模。"天顺长"因刚刚起步,名声微小,市场脆弱,在茶叶生产、销售方面,仍然依赖羊楼洞老牌"天顺长"名号,很快有了青砖压制能力。砖茶包装箱上仍印有"天顺洞茶"标记,加入羊楼洞"川"字系列销售。到了旺季,收"撒面"太多,压制不赢,就干脆运到羊楼洞老厂压制。在羊楼司通往羊楼洞的山冲里,茶庄老板们集资修了一条青石板小道,专供线车,(鸡公车)往羊楼洞运送茶叶。每天清早,车队趁凉出发,一天往返两趟,络绎不绝。年长月久,石板道上碾压出一道道深深的车辙。到民国五年(1916),"天顺长"发展成为羊楼司规模较大的青砖茶庄。据武汉档案馆保存的资料记载:民国九年,羊楼司"天顺长",压制青砖茶45万箱,获销售额7.75万元(大洋),均统计在蒲圻羊楼洞"天顺洞茶"之内。

民国十年(1921),张稷萌生了独家经营的想法,便与周新继分伙,一人买下"天顺长"茶庄。实行股东交换后,保留了原"天顺长"庄号和掌柜、作坊伙计诸人，投资4万大洋，独资兴办"天顺长"。时逢粤汉铁路通车，在距羊楼司中洲街1公里的尖山铺（现羊楼司镇政府所在地），设立了火车站。为了运输方便，张稷不惜周折，着意将"天顺长"迁址尖山。开头就碰到"地皮购置"困难，他托朋友出面，宴请国民党羊楼司保安大队副队长李祥茂，求其帮忙，在尖山铺靠近车站的街后，顺利买下30亩荒地，将"天顺长"迁至尖山铺，并就势将茶庄规模扩建了一倍。为了提升砖茶的压制质量，他又托人从汉口买回一台废旧火车头的蒸汽机，改装成蒸汽压力房。改善了茶叶压制环节，避免了茶砖压力不到位，受压面不均匀，而导致茶砖边角不齐，容易脱落的现象。从而，成倍地提高了压制效率和砖茶质量。新茶庄、新设备、带来了新的发展生机，张稷以略优价格收茶，送茶队伍长龙似的排列在"天顺长"作坊前，水泄不通。时称"天顺长"为羊楼司一带茶庄之"魁首"。

张稷只身在外创业，自然少了温暖家庭的照顾，其艰辛不言而喻。为了建立个温馨家庭，民国十三年，张稷迎娶了一名羊楼司本地淑女，填了二房。此女子来自乡户人家，忠厚、贤淑，待张稷十分殷勤周到。她为人大方、朴实、言语平和、谦恭，深得街巷左右妇孺老少的喜欢，人们称她"张太太"。只是她命运不济，入室一脉未生，膝下无一子女，与张稷相伴一生，形影相随。

有了巨资的张稷，为富施仁，乐善尚义。他不断地捐资于社会公益事业，带头修桥补路，扶贫济困，民间也是有口皆碑，在业界也享有较高的声誉。据汉口《山陕西会馆志》载：建馆期间，以在汉销售茶叶数额为依据，按比例对各茶庄派收捐银。"天顺长"茶庄一次捐出纹银4000多两，名列捐资榜首。此例也可看出，"天顺长"产业之大，销售量之多，在湘、鄂茶界影响之深远。

民国二十六年（1937），张稷将三儿张益恭自山西招来羊楼司，意欲让其早日掌管张家茶业，自己腾出手来，发展分号，壮大产业。民国二十八年（1939），他在聂市创办了"天顺长"分号，在汉口也办起了办事处。民国三十年（1941），又去湖南安化与胡璨、张合川等人合伙，创办了安化"天顺长"分号。至此，"天顺长"总号，派驻各处分号茶庄和办事处的管事先生和作坊伙计达20多人，形成了一个稳固的经营团队，和庞大的产、销体系。各分号茶庄的砖茶运至汉口聚集，统一销往张家口和蒙古国、俄罗斯等地。

几十年艰辛创业，不停地奔波劳碌，年近古稀的张稷，逐年积下了痨疾，终于在1959年一病不起，死后葬于羊楼司单家山，享年70岁。其二房张太太，一直生活在羊楼司集镇上茶坊巷里，享受政府每月 65 元抚恤金，直至 1965 年病故于羊楼司。张稷的远见卓识，让其子张益恭早早接下了产业，"天顺长"得以支撑下来。

张益恭（张稷的三儿子），生于民国七年（1918）。他秉承了父亲精于商道的天赋，少年精明能干，勤奋敬业。初到羊楼司，父亲让他协助掌柜，做账房先生。期间，他经常深入后院作坊，悉心洞察制茶情景，亲身体验劳作之苦。后又慢慢学习，掌握了压砖工艺和销售业务商规，全方位了解了茶庄的主要生产、经营、管理环节。民国二十九年，父亲让他接管"天顺长"，坐上了"掌门人"的位置。他深谙龙窖山茶区高山茶的优质，派员深入到朱楼坡、箭杆山等处设点收茶，占领了"内山茶"的主要茶源。加上茶庄内有父亲添置的先进设备，精细制作、管理，确保了"天顺长"砖茶的优质。羊楼司得天独厚的运输条件，稳固的人脉关系，让"天顺长"如虎添翼。民国三十年（1941），他扩建了茶坊 3000 平方米，形成了"前庄后厂"，集收购、压制、储存、销售一体化。每到茶季"天顺长"一开秤，尖山街上人潮攒动，车水马龙，拥挤不堪。来自江西、巴陵、山西的雇工、伙计，一拨一拨地来茶庄揽活。有的是多年的老雇主，加上本地拣茶女工，茶庄雇工多时达到四五百人。产业扩大，产品也成倍增长。据武汉商品检验局茶叶检验工作站，保存的资料记载：民国三十一年，"天顺长"产青砖 1970 箱，计 1063.8 公担，（还有红茶未计入），产量、产值为当年羊楼司茶庄之首。其时，龙窖山方圆二百里，茶村栉比，茶园遍布，事茶山民逾万人。"路上不断人，灶里不断火"的情景，要延续到深秋，才徐徐落幕。茶市的兴盛，带来羊楼司半个多世纪的繁荣，时有"小汉口"之称。

民国二十七年（1939）七月，为滞阻日军南侵铁蹄，国军在羊楼司实施了"焦土抗战"策略，一场大火将中洲街上的茶庄、商铺焚烧殆尽，百年兴盛茶市毁于一旦。言曰不让其落于侵略者之手。由于李祥茂等国民党地方武装"蛇头"出面作保，位于尖山铺的"天顺长"幸免火灾，得以保存下来。"天长顺"捡了个"独家经营的篓子"，后来放肆做了好几年红火生意。这也是张稷广交朋友，仁义道德，而得"天时、地利、人和"，保住了自家产业，也给后人留下了创业的和谐环境。

解放后，1952 年，"三反"，"五反"运动兴起，随着民族资本和工商业社会主义改造，"天顺长"并入临湘县供销合作社茶厂联营处，成为"公有制"经济。张益恭丢下刚出生的女儿，回了山西老家。

1982 年，张益恭承受了三十年的牵挂，投寄了一百多封书信，与当年在"天顺长"做木工的王师傅沟通，帮助他找到临湘县相关部门，落实了资产补偿政策，找到了当年丢弃在羊楼司的亲生女儿。

"天顺长"起于清末同治，兴于民国早期，幸免于抗战国难，终于新中国成立之初。它倾注了张稷父子两代人的智慧和心血；见证了临湘茶业百年辉煌青史；接受了工商业社会主义改造；为新中国临湘茶业的发展贡献了一份基业。成为临湘青砖茶之源弥足珍贵的一颗明珠。

附：清末民初外来客商经办茶庄统计表

茶庄名称	地点	帮别	设立年月	组织性质	制茶种类
太和生	聂家市		同治年间	合资	毛红
德盛和	聂家市		民国元年	合资	毛红
瑞生祥	聂家市		民国二十三年	合资	毛红
兴盛祥	聂家市		民国八年	合资	毛红
方源顺	聂家市		民国五年	合资	红茶
义新仁	聂家市		民国二十三年	合资	红茶
何裕成	聂家市		民国二十三年	合资	红茶
福丰	聂家市		民国二十三年	合资	红茶
三湘永	聂家市		民国二十三年	合资	红茶
福丰	羊楼司		民国二十三年	合资	红茶
大涌玉	聂家市		同治年间	独资	黑茶
新记	聂家市		民国二十一年	合资	黑茶
顺记	聂家市		民国二十一年	合资	黑茶
巨贞和	聂家市		同治年间	独资	黑茶
晋裕川	聂家市		民国二十二年	独资	黑茶

续表

茶庄名称	地 点	帮 别	设立年月	组织性质	制茶种类
顺记	羊楼司	湖南	民国二十一年	合资	黑茶
恬记	羊楼司	湖南	民国二十年	合资	黑茶
瑞和祥	羊楼司	湖南	民国二十年	合资	黑茶
长盛川	羊楼司	山西	民国二十二年	合资	黑茶
德泰	羊楼司	湖南	民国二十一年	合资	黑茶
谦丰和	滩头	湖南	民国二十二年	合资	黑茶
春生利	滩头	湖南	民国二十二年	合资	黑茶
德昌祥	云溪	湖南	民国二十二年	合资	黑茶
德泰隆	五里牌	湖南	民国二十一年	合资	黑茶
怡和	五里牌	湖南	民国二十一年	合资	黑茶
德裕昌	五里牌	湖南	民国二十一年	合资	黑茶
春生利	五里牌	湖南	民国二十一年	合资	黑茶
阜昌	五里牌	湖南	民国二十一年	合资	黑茶
和记	清水源	湖南	民国二十一年	合资	黑茶
义兴	白里畈	山西	民国二十一年	合资	黑茶
义记	桃林	湖南	民国二十二年	合资	黑茶
三晋川	桃林	山西	民国二十二年	合资	黑茶
大涌玉	横溪	山西	同治年间	聂家市分庄	黑茶
晋裕川	横溪	山西	民国二十二年	聂家市分庄	黑茶
义兴	横溪	山西	国民十八年	聂家市分庄	黑茶
怡和	横溪	山西	民国二十二年	聂家市分庄	黑茶

第三节 本土茶业 亦有豪杰

百年沧桑"方志盛"

茶市的兴起，带动地方经济繁荣。本土不少经商志士，纷纷入股，兴办茶庄。在林林总总的茶庄之列，有60%以上是本土商人经办的。据统计，在聂家市、羊楼司、五里牌、云溪等地，本地人经办的茶庄、茶坊，达到80多家。其中，规模较大，有名有号的达46家。生意经年不衰，多成老字号，涌现不少经商豪杰。

"方志盛"曾是聂市古镇上闻名遐迩的砖茶商号。它以茶叶生意为主，兼营其他商业，经历了方西甫（父亲）、方少甫（兄长）、方永炳（弟弟）三代掌门人的艰辛创业，历时一百多年。盛时拥有五家大茶行，八个大商铺，一个钱庄，一座矿山和二百多亩田地。

岁月荏苒，一百多年过去了，和聂市老街上其他茶行、商号一样，随着改朝换代的历史滚滚洪流，"方志盛"早已不复存在。但在聂市人的心目中，它是本土人创业的典范；是临湘茶史上的一座丰碑；更是为富施仁、从善积德、济世救贫的楷模。

方西甫（方少甫、方永炳的父亲），是"方志盛"商号的创始人。清道光三年（1823），方西甫出生在聂家市荆竹山下一个贫困的佃户家里。清道光十一年（1831），一次天灾，父母双双离世，8岁的方西甫随着哥哥艰难度日。十五岁的哥哥方东甫，带着弟弟佃种大户的两亩薄地，苦心耕耘，维持生计。方东甫18岁那年，讨了个外地逃灾而来的女子，成了个家。道光十八年（1838），十六岁的方西甫，见家境艰难，不是求生长久之计，便尊得兄嫂同意，一担箩筐，走村串户，开始了他的小货郎生涯。他在田野小道上唱道："过去我是放牛娃呀，每天要受财主的骂呀！今天我是小货郎呀，挑担磨肩为着我的家呀！"

西甫一副货郎担子，小本薄利，苦心经营，到了年底，也赚得了一些可观的小钱。他心里盘算着，这比种田打土坨还是强多了。他把借来的本息还了，除下来年一家人的开销，还略有剩余。兄嫂意欲与西甫成家，西甫说：而今小本生意刚刚起步，哪有闲钱做"佐礼"，成家的事先搁置再说吧！不料，1842年，一场"天花瘟疫"，夺走了兄嫂和三个侄子"一家五口"的生命。西甫含泪安葬了兄嫂和侄子们后，全部积蓄掏空，落得个空室独居，形影相随，精神挫伤巨大。一天，他昏倒在路旁，被卖柴回家的吴爹救回家中，一碗稀粥将他灌醒过来。西甫细说了自己的身世，才知吴爹就是早有心意将其大女许配给自己的岳父大人。西甫喜从天降，诚恳地诉说道："只是听媒人说过，岳父姓吴，未曾谋面，没想到竟是面前的救命恩人，真是前世姻缘。"西甫人老实，相逢何必不相怜。于是，跪地叩拜了岳父大人。清道光二十三年（1843）九月，西甫与吴爹大女成亲，婚后夫妻相敬如宾。

清道光二十八年（1848），西甫不再是挑着货担走村串户的货郎了。他在聂市老街上买了一个铺面，请了账房先生，自己上长沙、下武汉，两头穿梭地进货，十分勤奋，生意做得红红火火。吴氏生下三个男孩，一家小日子也顺风如意。咸丰三年（1853），吴氏猝死在一个冬夜，好好的妻子突然离去，西甫又一次面临痛失亲人而精神崩溃的边缘。

一天清早，岳父托人请来西甫说事："大女命不好，丢下你们走了。二女也因早早丧夫，在家寡居了三年。我担心的是你和几个孩子冒人照顾，如你能和二女挽亲，结成连理，我就放心了。"西甫百般依从岳父，1853年秋，西甫和岳父二女成婚。到1859年，二妻给西甫先后生下五个子女，加上前妻所生的三个，西甫膝下共有八个子女。八娃是个男孩，取名"永炳"。

二妻生就一幅"旺夫相"。在二妻的辅助下，西甫的生意更加红火了。在聂市街上挂起了"方志盛"的招牌，开起了"大盛""协和""长春源"三个茶庄，以砖茶制作和运销为主。请了十几个伙计打点店铺，自己跑茶叶收购和运销，生意越做越大。他大义经商、为人正直、心地善良，对茶工的照顾也十分周到。地方上修桥、铺路，他带头出钱，扶贫济困从不落后。每逢年节，他都送物资，送鱼肉给贫困的街邻，受到妇孺老少的交口称赞。

有一年，因朝政腐败，洋人闹华。乡下贫困农民也纷纷起义，大闹土豪富户，索要钱财。一家山西茶庄的翟老板，半夜把一口箱子搬到西甫家里，对他说："请你帮我保管一段时间，我回山西避避灾难。"西甫不知箱子里装的是什么东西，问也不问，看也不看，就将箱子藏在自家阁楼上。第二年秋，翟老板从山西回到聂市，西甫将箱子"完璧归赵"，交还翟老板。老板见箱子原封未动，不胜感激，当面将西甫挽留，打开箱子，要将里面的金银财宝分与西甫一半。西甫一听，坚决不从。相互推让再三，翟老板执意说："兄弟，不是你为我保管，可能我是分文都留不下来呀，老弟，你就收下为兄一点心意吧！"西甫见翟老板是诚心让财，就得了个三分之一。西甫一下发了大财，在聂市和羊楼司又新开了五家茶庄。至此，"方志盛"商号在湘鄂边界名噪一时。

清光绪十一年（1886），方西甫的八娃方永炳二十六岁中了秀才，街坊邻居都给方家送恭贺。西甫迎进送出，好不兴奋，结果大笑三声，无疾而终，享年62岁。

清光绪十九年（1893），方永炳中举人，不久出任安徽婺源知县，赴县治上任去了。方家产业就由老七方少甫掌管。方少甫既是"方志盛"的承先启后、发扬光大者，也是"方志盛"由盛转衰的肇始人。起初，方少甫也能励精图治，兢兢业业，不辞劳苦。为了壮大茶庄生意，他住茶坊，下乡村收茶叶；上长沙，跑汉口汇通资金；走北疆押运茶货；像父亲一样，事无巨细，件件亲躬，到点到位。在信中还时时叮嘱八弟方永炳说："老八，你要好好当官，当清官，莫当赃官，要当老百姓喜欢的官，莫当留骂名的官。我经商赚了钱，分一半给你，保管你有钱用。"在少甫的努力下，聂市和羊楼司两地"方志盛"发展到八大铺面，十一家茶坊，置下了两百多担田地，在荆竹山下，还为弟弟方永炳修建了一栋别墅。"方志盛"成了聂家市、羊楼司两古镇上赫赫有名的"本地头等商号"。

可是后来，方少甫抵挡不住大城市纸醉金迷、灯红酒绿的诱惑，产生了贪图享乐，好逸恶劳的不良习气。还只有四十七、八岁，家里就请了管家，自己当起了撒手老板。茶庄里百事不问，在外面玩疯了心，有家不回，住汉口、歇长沙。一味花天酒地，嫖赌逍遥，不事家业。还花巨资续买了青楼妓女为妾。因此，"方志盛"的生意连走下坡。生意不旺，雇请的员工"坐吃山空"，账房入不敷出，常常以家产抵押债务。方家兄弟们看在眼里，痛在心里。

清光绪三十一年（1905），八弟方永炳任和州知府，借晋京面圣之机，请假回搁别了十四年的聂市老家探亲。正值"方志盛"生意每况愈下之时，见八弟衣锦还乡，方少甫便以身体欠佳，一个人操持不了"方志盛"的产业为由，提出分家。其他兄弟早已有担心方少甫败尽家业的想法，便一应附和。方永炳在街上也听到不少有关七兄的微言，家里生意不旺的说法，又见兄长们一致同意，也就将分家之事应允下来。只是担心长兄和五兄两人膝下无子，今后老了，养老无着落，便提出多分给两位无子女关照的兄长一份家业，得到众兄弟同意，就将方志盛的产业以"六份"而肢解了。从此，方永炳获得了一份"方志盛"的产业。他一边为官，一边雇人打点店铺和茶庄，后来，成为"方志盛"铸就辉煌的继承人。

方永炳，号旦初（1859—1931），因在兄弟中排行第八，又官为知府、知州，人称"八老爷"。清光绪十一年（1885）中秀才，十九年中举人，两年后出任婺源知县；二十七年（1901），任六安知州；三十一年（1905），任三品和州知府。宣统年间，因长子妙生参与反清起义，恐受牵连，借故辞官，回乡闲居。民国时期，先后任天津杨柳青，河南老河口厘卡。后由谭延闿推荐任四川泸州知府。

方永炳为官清廉，政绩斐然，每在一处离职赴新任时，民众都制作"万人伞"，热烈相送。南北兵混战时期，有一次，一伙北兵来到聂家市抢劫，方家也被洗劫一空。当得知所抢茶行为方永炳家时，士兵们立即将财物全部归还，并自动列队，下跪叩头，以求恕免。原来，官居厘卡是处"肥缺"，而方永炳廉洁自律，拒贪拒贿，两袖清风，乡人有口皆碑，将士们也早有耳闻。他们自己犯下不明不白之罪，而惶恐不安，于是，遂即悔改。

方永炳在外为官，十分关心家乡的发展。在婺源任知县时，见该地油茶结实多，出油率高，就来信要求自家带头种植油茶。家人写信，告知桃林忠防一带出产一种怪石，他托人取样，送外地化验，当鉴定为铅锌矿后，便筹集资金，招募工人，成立起"宝成"公司，第一个开发临湘桃林铅梓矿。山西茶商在临湘业茶，县内茶叶种植，产销发展很快，他提议兄弟，将父亲留下来的遗产，以入股形式，合伙支持自己办茶行，扩大茶叶收购加工产业，将"方志盛"的产业规模翻了几番。先后在临湘、岳阳、长沙、通城、蒲圻、汉口开设茶庄分号30多家，其他商号、钱庄多处，还雇请了精通业务的山西、江西老板，开发了不少精致茶品。年产青砖茶六七千担，砖茶运销内蒙古、新疆、广州和南洋诸岛。茶品质量受到海内、外客商的好评。"方志盛"再度兴起，成为聂家市本地茶商之魁首。

他热心家乡公益事业。告老回乡后，见聂市河上大桥年久失修，就卖掉一个药铺和妻媳的金银首饰，凑足资金，去天津购买钢材，架起了铁桥。看到聂市街上泥溜路滑，不成街样，又自己出钱，从外地购回条石，把长约2000多米的街面铺上了石板。此外，还自费修建了聂家市通往羊楼司、源潭和长安各地多座桥梁。

他热爱农村、关心农民。晚年居家时，遇到多家佃户交不起租子，他一口承诺，不交或少交。有些诚守信用的佃户，将谷子送到了方家，他都安排酒足饭饱后，要交租者把谷子挑回去了。

民国二十年（1931），方永炳不幸病逝，悲恸聂市一方。如今，往事逝去百年，人们谈到"方志盛"都啧啧称赞。

几代"方志盛"人的努力，创立了"方志盛"的业绩，创造了不朽的"方志盛"精神。以方永炳为代表的"方志盛"人，为官清廉，造福一方，舍己为人，热心为公，把"方志盛"的精神和企业文化，物化到聂市的公务事理，物化到人民群众的目光道法中。如今，"方志盛"茶庄虽不复存在，但它为青砖之源临湘的光辉茶史留下了永垂的色彩和记忆。"方志盛"砖茶的香韵和"方志盛"人艰苦创业，前赴后继，矢志不渝的创业精神，为官助困济贫，造福乡梓的高风亮节，永远留在了聂市这块沃土之中。人们对沧桑变幻的历史不无感叹，但更多的是怀念和敬佩聂市先贤——方志盛人，为临湘茶业的兴盛谱写"百年青砖流韵"。

世代接力 茶业兴盛

在茶庄林立的集镇上，高手云聚，不足为奇。然而，在羊楼司的大山区，穷乡僻壤，山村无市，能走出一家赫赫有名的大茶庄，别具一格，独创宏业。令羊楼司茶庄群雄，啧啧称赞。

明末清初，曾氏迁湘一世祖曾鲁能，由江西吉安府永丰县龙乡仙雀里迁徙，一路寻寻觅觅，来到羊楼司小港冲，被这里的山清水秀所打动。于是，扎根安家、伐木为庐、辟地种茶。初始，鲁能公以酿酒为业，逐步发家，遂图茶业，自辟和置买茶山多处，创下了曾氏小港冲茶业之根基。至成化丙午年，鲁能公病故，曾氏茶业由第三世勤孝公继承。

曾氏族谱记载：清咸丰初年，有山西商客来羊楼洞、羊楼司办茶庄，龙窖山茶业兴起。小港冲一带山民以种茶为生，开始人工培植茶园，曾氏茶业随之日渐兴旺起来。到十一世祖曾纪豪手上，家族已有茶园千亩、良田百担。曾纪豪在小港冲首开茶庄，雇请山西客商收茶制茶。他建起了600多平方米，"三进四堂屋"的"曾氏茶庄"。从龙窖山，沿十字坳到小港曾家的古道上，运茶的挑夫和客商络绎不绝。曾氏茶庄成了这条古道上，茶叶收购站和中伙铺。到十四世祖曾锡巩当家，成为曾氏家族杰出传人。曾氏茶庄进入鼎盛时期。

曾锡巩生于清嘉庆末年（1820—1895），为曾氏第十四世祖，邑庠生（秀才）。他自幼聪颖好学，心性仁慈，亲族睦邻。其弟曾锡爵，生于道光甲午年（1834），太学生。兄弟二人虽学问纯粹，却不恋仕途，一心在家经营茶庄，在前辈积累的基业上，一步一步发家致富。咸丰庚申年（1860），不料曾锡爵26岁英年早逝。曾锡巩失去得力助手，一人力挺家业。到咸丰中叶，曾氏茶庄拥有茶山二千多亩，良田三百多担。在羊楼司街上"下码头"，开有三个砖茶厂和两个仓库，生意丰盈、日进斗金。于是大兴土木，废旧立新，着手修建第三届"曾氏茶庄"。

据曾氏族谱记载：曾锡巩重建的新茶庄，为小港冲一绝，面积达1600平方米，为左右两栋并排连体。"四进三天井"，为典型的清代湘鄂风格民居。可惜右边一栋毁于20世纪50年代。现存左边一栋，保存完好。现由曾氏第二十九世后裔曾次华先生居住。2013年，临湘市人民政府公布为"文物保护单位"。

茶庄整体十分气派，正门墙面高约三丈，下堂（前厅）和中堂之间，镶嵌一号天井；中堂和上堂之间，又嵌二号天井；上堂和后堂之间再嵌三号天井；四进堂屋一堂比一堂高1尺左右，呈"步步高"四个阶梯地势。三个天井清一色石板铺就，整齐规划，但各尽微妙之处。天降暴雨，虽四水归池，但天井积水不溢，雨住即干，不留污浊。沿三个天井两边，侧室、大小厢房、阁楼和过道一应俱全。

茶庄建筑工艺十分考究，屋檐高达10余米，分上、下两层，清一色磨制青砖，磁灰砌墙，青瓦盖顶，青砖铺地。外山肩墙为马鞍峰火墙，墙头飞檐翘角，处处墙体石柱转角，十分坚实。室内木石结构上，雕梁画栋、工艺精湛。各类故事、古典、龙凤、麒麟、花鸟、纹饰、栩栩如生。"三雕"（木雕、砖雕、石雕）工艺堪称一绝，融汇了明、清建筑雕饰工艺之精华。其结构严谨，造型虚实相称，精致大方，既"纤细繁密"，又"风格典雅"。曾锡巩平素广交好友，

曾氏茶作坊

前后厅堂内，文人墨客的贺匾、条屏、画轴，装饰得玲珑满目。正所谓："鹦鹉会唱歌；厅堂四壁画；画中必藏典；典意兆吉祥。"巍巍华堂将儒家文化艺术和佛家空灵境界，绝妙地合二为一，兰韵雅风，相得益彰。

茶庄结构合理适用，正屋为主人居室，封闭式回廊上，东西两扇侧门一关，内、外隔离，外宅不可入内室。外宅六间横堂屋，是炒茶、制茶的作坊；有大小三十多间正、偏房，为账房、储仓、客室和茶工住所及伙房。这里实为茶庄主体，门前一个硕大的禾场专供晒茶。

每到茶季（五、六、七、八四个月），茶庄便雇来江西、巴陵、山西的茶商和茶工，进庄采茶、制茶。设下炒茶灶火十几处，揉茶场台七、八个。作坊内人声喧和，茶工分三班六伙，昼夜制茶。人曰："路上不断人，灶里不熄火"热闹、忙碌非凡。在东边横堂屋内，有一口常年不干的水井，条石正方相砌，井水清澈见底，冬暖夏凉。庄上一百多号茶工生活饮用、洗涮，一年四季，从不干涸。老人说："人旺、财旺、水也旺。"

曾氏茶庄兴盛一百多年，除了有曾纪豪、曾锡巩这样精于商道、勤俭持家的代代精英一脉相传外，还有一位忠孝节义的贤媳陈氏，为曾氏家族茶业的兴盛，倾注了毕生青春和聪慧贤淑。陈氏女未婚先丧夫（曾锡爵26岁病故），未曾嫁娶，情愿进入曾家侍母节孝，终身不嫁，无怨无悔。受到光绪皇帝钦赐"旌表节孝"金匾,将其懿德风范,昭示于天下。陈氏女在曾家实为"贤内助",她诚信待客、善抚茶工,赢得了过往客商和茶工的交口称赞。为茶庄争得了用钱买不来的声誉。老人相传,好多客商,年年来小港收茶,坐等曾氏生意,有的是几代人成为曾家的"老顾主"。与其说是做茶叶生意,更主要的是期望多多享受到陈氏热情周到的殷勤款待,目睹陈氏的忠义品德、和善芳容,而不愿离去。

曾锡巩掌管茶庄四十多年,曾家可谓"腰缠万贯,富甲一方"。但他乐善好施、造福乡梓,慷慨大方,帮困济贫,不辞义举。咸丰、同治年间,他带头捐资在小港冲先后修桥 7 座,捐纹银、大洋数以万计。

清光绪七年(1881),台湾屡遭风灾,民不聊生。兵备道刘璈回临湘募捐赈灾,曾锡巩捐巨资,以助刘璈恢复生产、自救,深情厚谊让刘将军终生不忘(见《刘璈评传》所载)。

曾锡巩博学多才、广交世友,上至贤人达贵、下至庶民百姓,他都乐于相交,有求助者上门,他更是不敢懈怠。富家山里有个租户,小儿得了"痧症",半夜上门求助,曾锡巩即从账房取纹银十两送与。并差两名茶工,用木椅成轿,连夜将病儿送往羊楼司就诊。小儿得救后、租户长跪谢恩。曾锡巩劝他不起来,只好对着跪下,叩头以谢。

从曾府遗存下来的书画墨宝中,可以看出:当年贵为湖南全省督学的陆宝宗,两江总督曾国荃等名流,均为曾府致交。

1895 年,曾锡巩病故,享年 75 岁。茶庄在临蒲两县请来百名礼生,举庄动哀,做了七天丧事,湘鄂名流纷纷进山庄吊唁。曾氏族谱记载:致哀者逾千人。

1938 年,日本侵略军入侵临湘,羊楼司茶业毁于侵略者铁蹄之下。和其他晋商茶庄一样,小港曾氏茶庄也结束了它的辉煌。祖祖辈辈用血汗积累的产业,毁于一旦。日本侵略者欠下了中华民族永生不忘的罪债。

曾氏家族"和睦族邻、勤俭持家、助人济困、博学多才、谦虚谨慎"的传统家风和祖训,代代传承下来。半个世纪以来,山村发生了翻天覆地的变化,它将龙窖山下来的各路涓涓茶源,汇集于茶庄,压制成砖,成就了小港冲一百多年的砖茶史。解放后,曾氏茶庄,几经政府修缮,矗立于小港冲古建筑群,成为万里茶道临湘节点上的青砖源头,本土茶商创业永恒的丰碑。

附:清末民初临湘聂家市本地茶庄一览表

地点	茶庄名称	经理	设立年间	组织性质	茶类	产量	备注
聂家市	太和生		同治年间	合资	红茶	700 箱	担为成品边销茶
聂家市	方源顺		民国五年	合资	红茶	500 箱	包为青茶砖
聂家市	德顺和		民国六年	合资	红茶	400 箱	箱为红茶
聂家市	兴盛祥		民国八年	合资	红茶	600 箱	
聂家市	顺记		民国二十一年	合资	黑茶	3000 担	
聂家市	悦来德		民国二十三年	合资	黑茶	4300 箱	
聂家市	瑞生祥		民国二十三年	合资	红茶	300 箱	
聂家市	义新仁		民国二十三年	合资	红茶	300 箱	
聂家市	何裕成		民国二十三年	合资	红茶	100 箱	
聂家市	福顺		民国二十三年	合资	红茶	780 箱	
聂家市	三湘水		民国二十三年	合资	红茶	120 箱	
聂家市	文康	甘资生	民国二十二年	合资	黑茶	3000 箱	
聂家市	德和	何丹林	民国二十三年	合资	黑茶	5200 箱	
聂家市	兴记	邱庚生	民国二十二年	合资	黑茶	5100 包	
聂家市	聚兴顺	许子常	民国二十三年	合资	黑茶	7200 箱	
聂家市	福丰	饶智泉	民国二十三年	合资	黑茶	9700 包	
聂梅甫							
聂家市	复泰川	段 叶	民国二十三年	合资	黑茶	未详	
聂家市	荣庆		民国二十三年	合资	黑茶	288 箱	
聂家市	兴隆茂		民国二十三年	合资	黑茶	1389 箱	

清末民初临湘其他地点本地茶庄一览表

地点	茶庄名称	经理	设立年间	组织性质	茶类	产量	备注
横溪	义顺		民国十八年	分庄	黑茶	不祥	
横溪	怡和		民国二十二年	分庄	黑茶	不祥	
五里牌	德泰隆		民国二十二年	合资	黑茶	不祥	
五里牌	怡和		民国二十一年	合资	黑茶	不祥	
五里牌	德裕昌		民国二十一年	合资	黑茶	不祥	
五里牌	春生利		民国二十一年	合资	黑茶	不祥	
五里牌	阜昌		民国二十一年	合资	黑茶	不祥	
清水源	和记		民国二十一年	合资	黑茶	不祥	
白里畈	义兴		民国二十一年	合资	黑茶	不祥	
桃林	义记		民国二十二年	合资	黑茶	不祥	
滩头	谦丰和		民国二十二年	合资	黑茶	不祥	
滩头	春生利		民国二十二年	合资	黑茶	不祥	
云溪	德昌祥		民国二十二年	合资	黑茶	不祥	

清末民初临湘羊楼司本地茶庄一览表

地点	茶庄名称	经理	设立年间	组织性质	茶类	产量	备注
羊楼司	怡和	葛庸卿	民国二十年	合资	黑茶	6000担	每包重65斤
羊楼司	瑞和祥	徐顺卿	民国二十年	合资	黑茶	3000担	担成为边销茶
羊楼司	德泰		民国二十一年	合资	黑茶	未详	箱为红茶
羊楼司	顺记	畅茂园	民国二十一年	合资	黑茶	4000担	
羊楼司	兴记	饶智泉	民国二十一年	合资	黑茶	5000担	
羊楼司	悦来德	许玉洁	民国二十一年	合资	黑茶	4300箱	
羊楼司	源远强	葛秀夫	民国二十一年	合资	黑茶	6000箱	
羊楼司	周记	周兴	民国二十一年	合资	黑茶	未详	
羊楼司	曾记	曾锡巩	民国二十二年	合资	黑茶	未详	
羊楼司	杨记	杨天申 杨象成 杨维舟	民国二十二年	合资	黑茶	未详	
羊楼司	福丰		民国二十三年	合资	红茶	600箱	

第四节　史料佐证　茶丰税盈

　　2020年6月下旬，万里茶道（中国）协作体副秘书长、湖北省三峡大学教授刘锦程先生一行来临湘调研，特意带来了他在日本考察时发现的有关羊楼司茶史资料，为临湘羊楼司在清末民初茶业发展情景，提出了一份国外珍贵的佐证。

　　日本东亚同文会编纂和发行的《支那省别会誌》第九卷（湖北省）第三节《羊楼司的砖茶业》一文中，详细记载了羊楼司茶源丰富、茶庄字号、茶砖压制、产品包装、运销路径等情形。通过对原文翻译、解读，凸显出清末民初，羊楼司茶业发展盛况和历史贡献。

　　日本人文中"一片广阔土地的羊楼司"是指湖南、湖北两省边界区域，（如今临湘市羊楼司镇中洲居委会和一河之隔的赤壁市赵李桥镇廖坪村羊楼司村民小组的所在地。）这里是临蒲两县边界"犬牙交错"的地域，一条界河将集镇"一分为二"。界河上一座木质"武岳桥"相连，两省边民杂居，相处和睦，生活习俗相同，没有湖南、湖北之分。清末民初，这里因茶而兴，集镇上，一条不长不短的青石板街，半边称临湘、半边曰蒲圻。每到收茶季节，镇上热闹非凡，茶叶交易带来了其他商务的繁荣，素有"小汉口"之称。如今，中洲居委会还有一个居民组就住在"蒲圻街上"。（这里要特别说明的是：日本人的志书是根据清康熙前，还没有划分湖南与湖北时的行政区域而记述的。所以，将羊楼司记入湖北省之内。）

　　在《羊楼司的砖茶业》一节中，文章明确了四个要点：

1. 羊楼司在羊楼洞西南二十五里处，是一片广阔的土地，是和羊楼洞齐名的茶叶产地。此地有大型茶砖加工厂，茶庄字号分别为："大德生""长盛川""天顺长""巨盛川""三玉川""大涌玉""大川新"等。这些茶庄名号与我市史料记载中，晋商在湘业茶的茶庄资料完全吻合。

2. 茶叶原料供应丰沛，产业发展非常容易。羊楼司境内的龙窖山是湖南三大茶区之一，山区方圆几百里盛产茶叶，为我省著名的优质"内山茶"，主要供羊楼司、聂家市、羊楼洞两县三处茶庄压制边销砖茶之源。如今，龙窖山至两地茶庄的茶马古道虽残缺不全，但多处保存完好。

3. 仰仗铁路运输，交通便捷，晋商乐选于此。民国三年（1914），粤汉铁路通车，在羊楼司戈壁岭设有小火车站，专供茶叶运输。民国七年（1918），火车站迁至羊楼司尖山铺，茶叶从铁路直接运送汉口，由汉口中转出口，羊楼司成为山区茶运的集散地。因此，晋商乐选羊楼司办茶庄。是年，晋商张稷不惜重金，将"天顺昌"茶庄从中洲街上迁到尖山铺，创建了"天顺昌"总号，就是乐选尖山铺铁路运输优势。

4. 茶砖质量上乘，包装出口十分讲究。羊楼司的外销茶砖，一律用木箱装运，木箱大、小不等。茶箱的原材料是从福建或宁波采购的黄色、白色枫木制成，外面再用彩印包装，印上品牌标记。木箱内还设置一层从英国进口的薄锡板。这样，里外三层，对茶叶有防潮和保质作用。

从日本《誌》书可见，清末民初期间，临湘（羊楼司）的茶业旺盛，不仅边外销量大，而且加工、包装考究，茶质上乘，在万里茶道上，占有重大份额和十分突出的地位。

范志明《岳阳风土记》载：临湘县本巴陵故地，唐清泰置王朝场，以便人户输纳、出茶。皇朝淳化三年升为县治，至道二年改曰临湘。临湘因茶叶贸易设县，更是为了茶叶贸易税制管理。

元至正二十七年（1367）至明景泰元年（1450），临湘县分别在长江城陵矶设立"临湘批验茶引所"，在下游鸭栏矶设"鸭栏矶批验茶引所"，征稽长江上过往船只的茶税，以充国库。

随着茶产业的迅速发展，湖南省地方经济逐渐活跃起来，茶税为地方财政收入拓展了税收渠道。

清中期，官府开始在地方上设"茶厘局"，以充军饷。咸丰六年（1856），湖南当局奉清廷之命，在长沙设立盐茶总局，坐收盐茶厘金税。每箱茶收税银四钱五分，税率为20.7%。咸丰十一年（1861），聂市茶商"祥茂安"，禀请政府整治聂市购茶、拣茶、运茶秩序，就是抓住"厘金"来做的文章："际此军需紧急之时，商民虽报效情殷，而贸易艰难，厘金亦无自而出。"岳州知府丁宝桢有求必应，当即颁行石刻布告，也正是着眼于"厘金"一事。"查所禀各情属实，扰乱商贾、妨碍厘金，应即指陈弊端，严行禁革，合行示喻"。同治五年（1866），临湘县衙在聂家市下街设立茶税专局，向聂市河上的茶船收取厘金，最多年份，"岁入茶税四十万两"。据《临湘商会报告》载：1897年，厘金税率达到24.5%。但是，因为战乱，生产受到影响，在全国各地茶税征收并不是很多。据《清史稿·食货五》载："除江浙额引由各关征收，无定额外，他省每岁多者千余两，少只数百两或数十两。即陕、甘、四川，号为边引，亦不满十万金。"

虽然全国茶税征收形势不好，但是，湖南临湘的茶税在清末民初仍然较为可观。

闻乐韶《清托口厘金局专办委员胡耀煌》一文记载：宣统二年（1910），胡耀煌出任羊楼司茶税委员时，已五十八岁，身患眼疾、手臂麻木、晕眩等多种疾病。三月至羊楼司，旅中衣物、金戒指、银钱被盗一空。又因馆舍食物不洁，大痢逾月。愈后复患便血、吐血之症，勉强支持至秋后，收得茶税银二千七百余两，山厘金二千余串，于秋后解款至布政司交差。

胡耀煌，光绪二十九年（1903），癸卯恩科进士，益阳人，是胡林翼的族侄和胡林翼之孙胡定臣的老师。曾经在岳阳范围从事过巴陵学务、羊楼司茶税委员、临湘堤款专员等差事。他在羊楼司半年时间，身患多种疾病，居然还收到了茶税银二千七百余两，这是向各茶庄收取的茶税；另收山厘金二千余串，也合约二千两银子，这是向羊楼司山区茶农收取的厘金，合并约五千两，直接交省布政司。这与《清史稿·食货五》里面记载的"他省每岁多者千余两，少只数百两或数十两"，相比真是天壤之别。清朝，一个七品县级官员每年的俸金才四十五两银子。这说明当时临湘茶叶，无论是种植还是生产经营，都是很具规模的。

1921年第25期《江苏实业月志》上登载的,《湖北茶业之近况》一文里面有关湖南临湘茶叶税收情况。民国五年（1916）春,湖北官府决定将羊楼洞茶税局改名为"湖北茶税局",并"奉准改组,定位常设机关"。

过辛店税卡

总局设于蒲圻县属羊楼洞,经征本地及湖南羊楼司运有地方之茶税。

新店分卡,设于蒲圻县境新店镇,离总局陆路三十里,与湖南临湘县只一水之隔。经征湖南羊楼司之茶税,及羊楼洞山西帮所制各种黑茶砖税。

从上述资料可以看出:湖北茶税局裁撤内地三个茶税卡子,设立与临湘紧邻嘉鱼长江边的两个分卡和黄盖湖内湖河流新店分卡,主要是查验和征收湖南,特别是临湘的茶税。

第一,湖南茶税是征收的主要来源,这里明白无误写出来了。"总局设于蒲圻县属羊楼洞,经征本地及湖南羊楼司运有地方之茶税"。同时文章中提到,当地茶叶生产销售已经不景气,"查光绪初年,蒲圻红茶装运有十余家,历年逐渐逸减,不及从前十分之一。茶业之衰于此可见",所以三个内地税卡裁撤。

第二,临湘羊楼司当时还有征收茶税机构。所以,"湖南羊楼司红茶箱已在湘省完税,则给红茶税票向新卡呈验,不再重征"。

第三,临湘的聂市、白荆桥的茶叶只由当地征收了厘金,还要在湖北纳茶税。"凡湖南聂家市、白荆桥等处出口之茶经过该卡,有湘厘票呈验者,概行抽收正税一道"。

临湘在后唐清泰三年（936）因茶设县,历史上一直是产茶大县。从明洪武二十四年（1391）,到清末宣统二年（1910）,境内龙窖山芽茶纳贡长达520年之久。清末民初,湖南省政府直接在临湘羊楼司设茶税委员,征收茶税较多,湖北明确针对湖南临湘设立多处茶税查验、征收机构,进一步印证了清末民初,临湘的茶叶生产和对外销售,都是十分繁荣兴旺的历史事实。

《岳阳茶文化》载:民国六年（1917）《汉口茶商复俄员之详情》载:青砖茶设羊楼洞、聂家市、咸宁等处,汉口有兴商公司,开办六十余年之久。

附：清末民初临湘茶庄产茶数量初步统计（表一）

年代	资料来源	茶叶产量	所属茶庄	红茶	砖茶	备注
宋代	《宋会要辑稿》《茶法》	12.5 万斤	巴陵、平江、临湘、华容			岳州501240斤
乾隆年间	《晋商茶路》	40 万公斤	三玉川、巨盛川		帽合茶	
光绪初年	《临湘县志》	15000 箱	聂家市茶庄	红茶		
光绪初年	《临湘县志》	20 万箱	羊楼司砖茶厂		砖茶	
光绪年间	《祁县的茶庄》	6000—8000箱	大玉川		砖茶	每箱260斤
光绪年间	《临湘县志》	30 万担	临湘县域	红茶	砖茶	
光绪二十一年	《汉口山陕西会馆志》	39600 箱	巨贞和		砖茶	
光绪二十一年	《汉口山陕西会馆志》	116810 箱	长盛川		砖茶	
光绪二十一年	《汉口山陕西会馆志》	335990 箱	大玉川		砖茶	
1901 年	日本《中国经济全书》	67632 箱（33816 关担）	聂家市（38732）云溪 28900	红茶		
1908 年	汉口茶叶公所调查统计	65012 箱（1973 吨）	聂家市 44088、云溪 17826、羊楼司 3098	红茶		
1910 年	《最近汉口商业一斑》	10247 吨	临湘县域	红茶	砖茶	红茶1482吨、砖茶8765吨
1910 年	《湖南实业志》	48998 箱（1482 吨）	聂家市 3563 箱、云溪 9343 箱、羊楼司 4016 箱	红茶		
1910 年	《湖南实业志》	144920 关担（8765 吨）	临湘县域		砖茶	
民国十七年	《湖南实业志》	12.72 万关担（7696 吨）	临湘县域		砖茶、帽合茶	

清末民初临湘茶庄产茶数量初步统计（表二）

年代	资料来源	茶叶产量	所属茶庄	红茶	砖茶	备注
民国二十一年	湖南《建设月刊》	9万箱	聂家市：红茶3万箱、砖茶6万箱	红茶	砖茶	
民国二十二年	湖南《建设月刊》	12563箱（380吨）	聂家市	红茶		
民国二十三年	湖南《建设月刊》	39400箱（1191吨）	聂家市、羊楼司	红茶		
1950年	《临湘县志》	2449.45吨	临湘县域	红茶	砖茶	
1951年—1988年	《临湘县志》	160663吨	临湘县域	红茶	砖茶	年均4228吨

[关联研读]

公有制度优越 临湘茶业复兴

　　1937年，因日本侵略军的践踏，11月，山西太原沦陷后，晋商对临湘聂家市的茶庄，抽走资金，召回人员。临湘遭受战乱，灾难深重。国民政府实施"焦土抗战"战略，临湘多地茶庄焚毁殆尽。茶业开始走下坡路，茶市一年比一年淡化。民国末期，国民政府腐败极致，只顾压榨老百姓的血汗，何谈恢复发展茶叶生产，没有了茶市，茶地也开始荒废，茶农入不敷出，日子苦不堪言。

　　"一唱雄鸡天下白，驱散乌云见太阳。"1949年，历史翻开了新的一页。

　　1949年7月，临湘刚刚解放，中共临湘县委、县人民政府就号召茶农积极恢复生产，采制秋老茶，当年生产老青茶4万担。湖南《商业月报》第22卷《临湘茶之调查》载：湘省茶叶产量，临湘素居第一，其制作及运输以羊楼司、聂家市两处最盛，其次为云溪、五里牌、横溪，清水源等处。1951年3月，中国茶业公司湖南省分公司，在临湘、岳阳设立茶叶贷款站，发放老青茶生产贷款。共组织了1548个生产小组，受贷茶农25843户，贷放茶量为20605公担，金额16.48万元。

　　1952年，上级部门确定临湘为老青茶生产区，不再生产红茶。省农林厅派员驻临湘茶叶生产工作组,协助县政府指导全县茶叶生产。据年终总结报告载:当年,全县组织茶农生产小组 425 个,茶叶生产互助组 75 个,发放茶叶贷款 90044 万元,解决了茶农块少资金的

困难。一年内垦复荒芜茶园 6650 亩,整理改造老茶园 5 万亩。全县茶园面积,由解放初期的 4.5 万亩,扩大到 5.7 万亩;茶叶产量由 4 万担增加到了 5.8 万多担。1953 年,湖南省人民政府根据临湘历年产老青茶的习惯,决定:由湖南省农林厅、中南区茶叶公司和湖南省茶叶公司共派干部 34 名,另从江西省雇请技工 13 名,分配到全县各产茶乡,指导茶叶改制技术,全力恢复和推广夏秋采制老青茶,压制砖茶,供应边销,茶农的生产积极性高涨。这一年,临湘采制炒青茶 12700 担;采制老青茶 57300 担。第一个五年计划期间,政府为了鼓励茶农垦复荒芜茶园,决定免征新垦复茶园的 3 年茶叶税。全县先后垦复荒芜茶园 2.8 万亩,扩建新式茶园 1750 亩。历来不产茶的白羊田、长塘两乡,也开始发展新式茶园。临湘历产老茶,但民间没有蓄籽留种的习惯,扩建新式茶园出现了缺少种籽的困难。1965 年,县人民委员会指示各公社、农林场,“要以种籽繁殖为主,采取种籽、扦插、压条、移植野生茶苗相结合的办法,扩建新式茶园”。并决定在四五年内,将现有茶园轮流替种一次。规定 1965 年,留种 1.2 万亩,收购茶籽 800 担。1966 年,产茶籽 6000 担,调县 2500 担。为了鼓励茶农蓄种采果的积极性,除按省人民委员会提高茶籽收购价(茶籽每市担 30 至 35 元,茶果每担 11 至 13 元)收购外,临湘县人民委员会,还决定给公社调县的茶籽每担奖售化肥(氮肥)500 斤,稻谷 500 斤。还规定各农林场和机关单位的茶园,在三五年内要全部留种,不产老青茶。据中共临湘县委多种经营办公室,1966 年 12 月调查统计;1965 年冬至 1966 年初,全县建立县、社、队专业茶场 72 个,固定专业茶农劳力 1427 个。发展新式茶园 3000 多亩,

管理老茶园 7200 多亩，使临湘茶叶生产发展，跃上了一个新的台阶。

1965 年，临湘县聂市公社国庆大队谢家生产队，开始试行机械制茶，取得了很好的效果，妥善解决了粮茶争劳力矛盾，又提高了茶叶产品的质量。

茶叶生产历受政府重视，自 1952 年起，国家农业部、贸易部明文指示，要做好茶叶贷款的发放工作。以后历时多年，基层主管茶叶收购单位，都在冬、春茶园培植时，向茶农发放贷款，或预付收购定金。1954 年，粮食实行统购统销后，国家增拨专用粮食供应茶农。1956

老式茶园

年，规定按交售茶叶数量奖售粮食指标。全国供销合作总社和粮食部规定，每交售一市担外销绿茶，供应粮食 32 市斤；交售一市担边销茶及老青茶，供应粮食 16 市斤。1958 年，农业部又增拨茶叶专用化肥，强调"专肥专用，加强茶园培育"。1961 年，又拨出专用布票奖励茶农。1962 年，市场香烟供应紧张时，国务院又拨出专用香烟奖励茶农。1963 年，湖南省人民委员会决定，改过去按交售茶叶数量发放奖售物资，为按销售金额发放奖售物资。每交售 100 元茶叶，奖售粮食 35 市斤，化肥 80 市斤，布票 20 尺，香烟两条。历时多年，虽奖售物资的数量有所变动，但奖励制度一直没有终止。临湘县委、县政府，每年都要召开专门会议，下发文件，颁发茶叶开园和封园时的布告，采取多种措施，落实上级精神。

据县统计局统计，1949 年，临湘茶叶多由私商采购，收购红茶、老青茶 4 万担。1950 年，中国茶叶公司湖北省羊楼洞茶厂，在聂市、羊楼司、云溪和城关等地，设站收购老青茶 5000 多担。地方国营建设茶厂，收购 4000 多担。

78.5%的茶叶被私商收购运销西北、东北各地。1951年，以县建设茶厂为领导，与私商组成联营处，在聂家市、羊楼司分设五个加工厂，接受中茶湖南省公司委托，加工青砖茶。至次年底，共加工青砖茶30073箱，砖片茶（细茶原料加工）7204471担。其余原料调往羊楼洞茶厂及汉口、天津、济南、蚌埠等地，计16690担。1952年，临湘划为老青茶区，不再生产红茶，茶叶移交县供销合作社收购。1953年，改为绿茶产区，收购绿茶18400担，调运长沙茶厂加工出口绿茶。收购老青茶6000担，调赵李桥茶厂。1953年，临湘县改春季生产绿茶，调长沙茶厂，夏秋生产老青茶，部分调陕西泾阳制造茯砖茶，部分调赵李桥茶厂加工青砖茶。1956年初，临湘县成立农产品采购局，茶叶业务由采购局经营，下属各站收购。1957年，因采购局机构撤销，所属业务又移交供销合作社。茶叶由县社所属的农产品公司经营，各基层供销合作社收销。1959年，湖南

省益阳茶厂建成投产，临湘所产老青茶主要调运益阳茶厂，少量调赵李桥茶厂。1968年，临湘茶厂建设中，临湘老青茶由临湘茶厂验收，大部分仍调拨益阳茶厂。1969年，临湘茶厂建成投产后，全部老青茶由临湘茶厂制造普通砖茶，开始压制青砖。

20世纪60、70年代，随着农村人民公社集体经济的发展，各地又开始恢复茶叶生产。临湘县城建起了"现代化的砖茶厂"。各大公社供销社广泛动员和扶持生产队，新开茶园集体种茶，加工毛茶送县茶砖厂压制砖茶。县政府按茶叶销售额合理配置，每年给茶农茶叶销售奖励粮食指标和化肥指标。每年三月就将茶叶预购定金按时足额发放到生产队，茶农的种茶积极性又开始回升。龙窖山区的生产大队和生产队，开始恢复和培植集体茶园。据不完全统计，全县茶园恢复发展到63200亩。其中，新式精作茶园2万多亩。公社又出现了昔日茶市之繁华景象。每到夏收毛茶，送茶的队伍长达数里。再不是鸡公车和肩担背驮了，替代的运输工具是手扶拖拉机和人力胶轮板车，有的大队还开来了

解放牌汽车。生产队的茶坊里也发生了根本的变化，再不是完全的手炒脚揉，引进了炒茶机，揉茶机和电烘干机，安装了烘干房，有条件的地方基本实现了半机械化操作。到七十年代末，茶叶恢复发展成为集体经济的支柱产业，带来了茶农的大幅度增收。临湘的聂市镇、羊楼司镇等地迎来了"中国茶叶之乡"美誉。镇上退休老干部贺爹回忆说：我在公社里抓了大半辈子多种经营，我清楚地记得，在茶区的生产队，年终决算，每个劳动日价值可达到1块3角钱到1块5角钱，高的甚至达到1块8角。但在不产茶的其他生产队，一个劳动日价值则在2角钱到3角钱不等，有的甚至更少。化肥上高山，减轻了茶农挑家肥上山的劳动强度，也大大提高了劳动效率。粮食指标的奖励，缓解了山区少粮的困难。预购定金的发放，解决了茶农年初培植茶园资金不足的燃眉之急。党和政府的惠农政策，助推了茶叶生产的发展和茶农增收，出现了山区产茶生产队比粮区生产队富裕的现象。

20世纪80年代初期，农村开始实行田土责任制，山林，茶地都划归村民私有经营管理。随着城市经济改革的大潮兴起，吸引了大批农村青壮年劳力外出务工，进城经商。农村田地，茶园又开始出现荒芜，夏茶产量逐年下降，唯有永巨茶业立于潮头，将青砖生产一直坚持下来。各类春茶又开始走俏，留守在家的年迈茶农，带着孩童自采"雨前茶"，卖给有制茶技艺的个体老板，制作炒青和毛尖。提篮小卖，虽上市不多，但价格不菲。

跨入21世纪，随着经济、社会的不断发展，新农村建设带来茶区新的发展机遇。开发龙窖山旅游休闲观光事业，带来了山区日新月异的变化。茶农基本放弃了自己的茶山管理和采摘，参加集体经济组织——合作社，多种经营形式，发展山区茶叶经济，让茶农们先后脱贫致富，走上了小康生活的幸福之路。有一伙退休老干部，忽而忆起明清时期龙窖山茶叶"岁贡朝廷"的辉煌历史，便筹集资金，引入高科技茶艺，在龙窖山开发高山云雾茶，

办起了茶业合作社，引来当地茶农投资入股。山区游路边上，挂起了"皇上钦定，岁贡十六斤"的醒目招牌。初始，小厂小打小闹，名牌产品不多，也引得了不少旅游观光者的青睐。在崇山峻岭和景区的周边，零零星星地又出现了一块块绿茵绒绒的茶地。

临湘茶业，起于清初，兴于咸丰，盛于同治至民国，衰于民末，恢复发展于21世纪，历经沧桑三百多年。它曾富甲一方，造福一方，养育了一方庶民，自留青史在人间。

在临湘市委、市政府"乡村振兴"的伟大战略决策指引下，市域经济"支柱产业"如雨后春笋，层出不穷。临湘有着厚重的茶文化底蕴和植茶的根基，振兴茶产业，任重而道远，前景十分灿烂。在市委、市政府产业化战略决策的指引下，临湘必将再度写下光辉成就的茶旅新篇章。

注：文中资料来源于省、市、县志书，文献、古籍，和坊间走访采集的资料，老人述说，民间典故，经整理编撰成稿，并非"正史"。有不完整或谬误之处，请谅解。

第四章

工艺独特　茶中一杰

　　临湘青砖制作工艺是以"冷发酵渥大堆"和"红黑茶科学拼配"为核心技艺，其原料是老青茶。因压制茶品形状似砖，技艺为临湘人所创，故称"临湘青砖茶"。

第一节　工序严谨　工艺独特

　　传承与发展之路，创造和完善了青砖茶独特的"十大手工制作工序，"综述为"杀青、踩制、渥堆、成大堆（冷发酵）、开洞、筛分、拼配、气蒸、压制、烘干。"其中，核心技艺是独创的"成大堆开洞冷发酵"和"红黑茶科学秘法拼配"。其操作方式以手工为主，传承方式是宗亲内的口授心传。

　　1. 杀青：在隔墙靠壁砌一柴火灶，灶上斜装一口大铁锅，锅底灶内烧大火。待铁锅烧至发红，茶叶下锅前适当喷水，以利增加水蒸气。茶叶下锅后，不断翻炒，其手法极快，注重把热气逼在茶叶之中，使茶叶迅速萎软。一般是以炒锅的温度和翻炒的时间来把握"杀青"的火候，见茶叶柔软气足时，立即出锅。

　　2. 踩制：杀青出锅的茶叶，置于木制的茶台上踩制。每二人一班，各出左、右脚，在茶台上用足来回踩踩。要求配合默契，节奏一致，否则茶叶揉不成团。踩至茶叶油光发亮，手感柔软时即可。然后，将其抖散，曝之以日。俟其干燥，收回再炒。然后，装入特制的布袋，扎紧成包，行二次足踩，谓之"踩包"。一人踩一包，踩踩后再曝之以日。至此，茶叶经过"两炒、两踩、两晒，"已成粗制"毛茶"。

3. 渥堆（俗称发酵）：先将毛茶分层洒水踩堆，堆高两米以上，四周削齐踩实。洒水必须均匀适量，然后堆上覆以篾折或油布，以避免水分过快蒸发。数天之后，待茶叶色泽和堆内温度达到一定程度以后，（一般堆温在大于或等于60℃），进行第一次翻堆，将茶叶抖松降

温。将顶部及四周未发酵到位的茶叶，翻至堆内继续发酵。几天后再度翻堆，如此反复。待茶叶的色泽达到青褐色后，再进行翻堆去湿，使茶叶中的多酚类化合物在湿热的作用下发生变化，让茶叶达到一定的干燥程度。

4. 成大堆：茶叶成堆的高度可达 5 米左右，层层踩实压紧。一般以几十吨、上百吨的茶叶成大堆均可，堆越大越好，确保成大堆中的温度、湿度、高度、密度，以利后段开洞。

5. 开洞：成大堆约 2 个月后，即可开洞通风。底部开出相同深度和宽度的"纵横洞"；朝上垂直开"天窗"洞。洞高一般为 2.5 米，宽 0.8 米。堆的顶部纵横开沟，洞与沟之间的距离为两米左右。打洞开沟的目的是使茶叶加快通风干燥。通常，茶叶成堆打洞陈化 5—6 个月，即 180 天左右，茶叶的纯正和滋味便可达到工艺要求。

6. 筛分：用不同型号（密度）的网筛或风选机，将茶叶分出粗细，除去杂质、粗梗等物。然后，切成适度大小、长短，使其达到相应标准要求。筛分的步骤较为繁杂，通常，先进筛分车间，通过破碎解块；然后进入滚筒筛，将细茶、细沙、杂质筛出；再进风选机，剔除粗重杂物及粗、老、大梗等。接着，茶料进

入切茶机，将茶叶切成规定要求后，最后进入平圆筛，将未切到的茶叶筛出。

7.拼配：茶师凭"手摸、眼观、鼻嗅、舌舔、口尝"等独特的秘法，对不同茶质的黑茶中，按比例的大小，成分的多少，层次的厚薄，拼配一至两成的红茶入内，形成青砖原材料。拼配时，认真翻拌，必须确保层次均匀，拼配的原料即为半成品。

8.汽蒸：汽蒸是给拼配后半成品茶叶加温，使茶叶更加柔润，具有黏结性。先将蒸笼放置可盛水加热的蒸锅内，将拼配好的面茶、底茶分别倒入蒸笼，开始加温蒸茶。汽蒸时间约50—60分钟不等（视火力大小而定），要求茶叶蒸透、蒸匀、杀灭有害细菌，溢出异杂气味亦可。

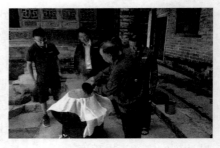

9.压制：将汽蒸出笼的茶叶，按底茶、里茶、面茶的入模顺序，放入特制的斗模中紧压，（一般为手工压和气压），压制成定型标准的砖状。砖面要求平整、光洁、棱角分明，砖体厚薄一致。压制前，先根据设计重量，将入模茶叶过秤（俗称"打吊"），通过压制成形，冷却一个小时后出模。刚出模的茶砖，通过修剪、称重、表面质量检测，合格的进入烘干房。

10.烘干：在密制的烘干房间，将茶砖堆放整齐，分层码好，片距间隙一般为25厘米左右，层数为十层左右。茶砖码好后，开始供气升温，升至60—70℃为止。烘至砖茶水分 ≦ 12%，此时，烘房内热气袭人，茶香扑鼻。烘干期限自供气升温至停止烘干，约为10天左右。

11.包装：包装虽不算制作技艺，但也是产品出厂前一道不可或缺的程序，且十分讲究。合格品即可行包装、打包入库，外包装原为篾篓，现多为纸箱。内包装仅一层牛皮纸，上印商标、专利证号等字样。红、绿、黄三色，既原始古朴，又价格低廉。

第二节 特征特性 凸显价值

临湘青砖茶的三大工艺特点，保证了其产品具有砖面光滑、棱角齐整、色泽青褐，压制纹理清晰，砖内无各色霉变的品质特征。

其一：选料优质。临湘境内的黄土壤，种植的茶叶微量元素特别丰富，是优质茶品的首选原料。龙窖山茶产区的茶叶，素为贡品，明代以始，历贡朝廷500多年，就是因其质量上乘，而受到历朝历代的青睐。临湘青砖全部选用龙窖山茶区的老青茶做原料。

其二：冷堆发酵，原生态工艺自成一家。临湘青砖独有的"冷发酵"技艺，系宗族百年心血积累，自成一家，只在族亲中口授心传。茶师根据茶叶"三渥三翻"后的成色，成大堆自然发酵5—6个月，这是青砖茶质量保障的关键技术环节。其中打"丰字洞"、"开天窗"和纵横通风沟，可谓独家经验秘籍。

其三：红黑拼配，原创性技法令人叫绝。青砖茶师全凭视觉、嗅觉、味觉、触觉、经验，对红黑茶拼配参数做出判定。此拼配技法独家原创，是独领风骚的青砖制作秘诀。

十道工序形成完整的青砖制作技艺，工序严谨，将产品压制过程中的时间、空间、气温、湿度、成色一环扣一环，随形渐进，确保产品的质量。独特的工艺和品位，使临湘青砖茶品端质优，堪称茶中一杰。

其制作加工设备的粗细兼备和操作程序的规范化，更加凸显了青砖制作的精细和无微不至的技术要求。

【压制设备】

▲人力螺旋手摇铁压机：此种压机分机身、螺旋压板及套箱三部分，机身由生铁翻砂，铸铁成倒"V"字形。下装铁座螺旋轴，系钢铁制成，直径二、三寸，双头螺丝上接手摇云盘，下装铁板，此压机洽套于机身两侧之拖板内。套

箱亦系生铁铸成，长一四五寸，宽八又八分之一寸，高九又四分之一寸，系供灌入预蒸软之茶叶紧压之用。其右侧装升降攀手，可使铁箱升高4.6寸，以使压茶时下嵌木榍。

▲木榍：以干血稠木制成，木框长17.3寸，宽11寸，高六又八分之五寸，两端紧箍铁箍，以免开裂。压茶时，嵌套于压机铁箱之下。其中，空部分长一十三又八分之七寸，宽七又二分之一寸，高3.6寸，洽与套箱中空部分相等。上下两缘之中部凿一缺口，以便嵌入铁夹板，夹紧砖茶。每一部压机，需木榍三百套，方能循环应用。

▲花板、底板：均用干血稠木制成，长宽与木榍之中空部分相等，板厚各一寸，花板上精刻商标及花纹，并载明1、2、3、4字号，以便分别压制天、地、人、和各字砖茶。底板之底边中部，凿设有小槽，以便插入铁夹板，紧夹砖茶。民国三十一年七月，改用生铁底板，务使砖面光泽，字体亦改用阳文，以免压成之茶砖装箱后，砖身字迹摩擦而不显明。

▲铁夹板、扯码铁尖：铁夹板以熟铁制成，上下两片长15寸，宽2寸、厚0.3寸，两端中部凿有铁口，以便嵌插扯码闩紧夹板。扯码用倒丁字形，长4.4寸、宽0.6米、厚0.2米，上端开一长方形小孔，长1.2寸，宽0.2寸，以便闩入铁尖。铁尖长三寸，两端宽窄不一，甲端宽一寸，乙端宽0.1寸，厚与扯码长方形小孔相密合。

▲退砖机：系一种手摇云盘退砖机，除螺旋轴以钢铁制成外，其余各部均以生铁铸成。分螺旋、云盘、顶盘三部，构造简单，其形式与压机相似。惟云盘小于压机，云盘中部有长15寸、直径一寸之螺旋轴。手摇一端装云盘，出砖一端装圆形旋转铁质顶盘，整个机身装置于六脚长方桌上。

▲蒸灶：蒸灶高46寸，长74寸，宽56寸，中嵌川黄锅，锅口直径24寸，距灶面二尺。四周砌青砖，内涂水泥，以免锅水外溢。灶上设汽门板，中凿长方形汽孔，长26寸。锅下中部置铁炉桥，为熟铁制条七根。灶后以青砖砌成方形烟囱，高32尺，下设风道，高20寸。

▲蒸茶甑：用杉木制成，置于川黄锅汽门板上，长40寸，宽21寸，高42寸。内设曲折汽道，中配抽屉十四个（另备交换抽屉四十个）。左边七个，每层分为二格，俾分蒸洒底、洒面之茶叶。右边七个作蒸包心之用，屉底装置八分之五寸木条八根，以便盛放夏布巾茶包，使锅内蒸汽易于透过。

▲夏布巾：蒸茶用之夏布巾，以粗糙夏布制成，分蒸包心及洒底、洒面两种，盛包者长32寸，宽27寸，盛洒、二面者，长21.6寸，宽11.6寸。

▲茶秤：称茶用市秤，置于天平架上，以便随时称茶。

【压砖手续】

▲称茶：秤上依照规定每块茶砖定量，包心重三斤四两，洒底洒面各净重三两，共净重四市斤。称出包心及洒二面后，各倾于夏布巾上，分置之篾盘内，由提茶工送至蒸甑房正面茶桌上，以便装入抽屉。

▲蒸茶：俟锅水蒸至沸点，蒸茶技工将夏布巾盛包心与洒二面茶叶，分别装入抽屉内，再依蒸甑抽屉之排列，由上而下，顺次套入蒸甑，蒸至相当程度，即行抽出。将另装妥茶包放置抽屉，依次送至蒸甑。蒸甑温度常保持87℃左右，蒸茶时间平均须三分钟至五分钟不等。通常，"天地"茶叶品质较优，需时较短；"人和"茶叶品质较逊，需时较长。唯以节气火力等不同，致所需蒸茶时间常有差异。

▲压茶：每部压机需技工四人。第一人立于压机右侧，专司提起铁箱，并接送蒸软之茶叶；第二人立于压机正面，专司装木榍，放底板，灌茶盖，在铁夹板上套扯码；第三人立于压机后面，专司耙平茶叶，及套扯码等工作。茶叶装箱后，司螺旋升降之技工，迅将压机头放下，前后左右四人，即各持长20寸、口径二寸之檀木棍，插入手摇云盘孔内，尽力向左旋转，使砖茶紧压至相当程度。然后，第二人并与第四人各将铁尖闩入铁扯码，以铁锤锤紧。第三人将螺旋轴摇起，第一人提起铁箱，第四人将木榍取出，交搬运工送至退砖室。

▲退砖：压成之砖茶，顺次陈列于退砖室。经六小时之冷却后，先将铁尖退出，取出铁夹板及底板，然后将木榍送至退砖机上，将花板靠近圆形铁盘，摇动云盘，使螺旋向前推进，将砖茶徐徐退出。（砖退出后，即切齐送入烘房，烘房温度由常温渐增至约60℃以上。）

▲包砖：由烘房取出砖片，刷去尘埃，内层包以折裱纸及内单（即仿单），外包印有商标之皮纸，再装箱。

▲装箱：木箱系枫木箱。以猪油、豆腐、光油与牛皮膏调制成混合物，于木箱内外刷匀一层（如用灰面、米汤、会生霉或生虫，恐影响砖片），再清缝，于木箱之间隙处，就箱内侧用皮纸糊裱闭之；再就箱之门外边及外底，用皮纸

糊裱；然后刷面浆，皮纸上加裱商标纸（俗称花纸）。烘干或晒干后，再刷面浆一层。如遇天雨，需用燃炭火烘干之。再刷以光油，箱内再施线，标入皮纸，施满不露木板，即行置入。砖茶每箱二十七斤（俗称二七式大箱，另有一种小箱，只装十二斤，谓之一二式）。再复拣采一二片，装上枫箱盖，（预先亦刷底、清缝、裱皮纸等）钉妥再清缝，裱刷上油。

▲包篾：篾工先以箬叶两大张闭满木箱，再将篾条紧密围织在木箱外，内外两层，而免水湿浸入。

清代，聂市压制青砖茶工艺、工具，与民国年间相似，仅压制工具有些不同。民国元年以前，是先用脚踩进行预压，然后用类似今天压制豆制品的工具进行压制。抗战前，在兴隆茂茶行遗存的一台手工木质压机：系用砖石砌成、木框卡住重近万斤的大礅；礅上置一活动轴，连接压砖的杠杆。杠杆前粗约两尺围，尾粗约一尺围，长两丈多，伴礅处有一与茶砖大小相等的木楔，用以压紧茶砖。其杆由八人操作，一人在前端调整木楔位置，以利准确压砖；一人在尾端按需要左右摆动杠杆，六人专司下压或提升杠杆。从民国元年起，停止使用木制压机，改用人力螺旋手摇铁压机。

独特的工艺是生产出独特茶品的核心要素。制作流程提炼出临湘青砖茶"三大特性"：

其一：色泽互补，红黑汤色相宜。红黑茶拼配后，将黑茶的深褐、红茶的橙红，融合而成金黄透亮的汤色。即为养眼爽目的中性琥珀色。

其二：香色互补，陈香淡醇相宜。红黑茶拼配后，将红茶的突兀高醇和黑茶的陈香厚重，融为一体。让青砖冲泡开来，其香醇淡适中，余香袅袅。

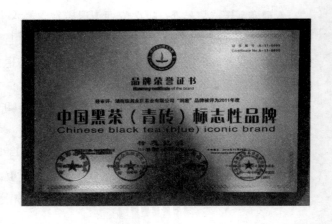

其三：口感互补，甘涩润滑相宜。红茶入口香甜，黑茶入口苦涩，经过隐次显优的科学拼配，其味甘甜清爽，余味绵长。

临湘青砖历经百年沧桑变幻，随着产业的发展、市场的拓展，成为绿色产业、生态产业、健康产业、官民产业，形成了其独特的历史文化价值、社会经济价值和养生保健价值。

1.临湘青砖承载了千年茶旅文明。临湘茶史历久弥新，自两汉时期，古瑶人将种茶植入临湘；唐时临湘广泛种茶；到宋代因茶设立临湘县；清代制作黑茶，始创青砖，步入万里茶道。临湘青砖继往开来，承载了华夏千年茶之源脉，它历经沧桑，博采众长，方成一体，可谓"临湘青砖乞古今"。

2.临湘青砖见证了"万里茶道"之辉煌。清·咸丰年间，临湘青砖大批量步入边销茶市。经黄盖湖入长江，到汉口，转陆运，跨越数省到北疆，至恰克图，畅销"万里茶道"沿线地域。以其形美、质优独树一帜，成为"中俄万里茶道"上，销量最大的砖茶。

3.临湘青砖开创了"临湘茶贸未来繁荣之路"。临湘青砖独特的"冷发酵"和"科学拼配"秘法，提升了青砖茶特有的品质和品位，吸引着五湖四海的商贾来临湘制销青砖茶。"万里茶道"的复兴，助推临湘青砖步入"一带一路"的繁荣之旅。

4.临湘青砖的价值延伸，催生了"临湘茶医养游"新业态的形成，凸显出"青砖养生和药用价值"，成为当地茶旅融合的网红旅游产品。

第三节　品质功能　保健养生

青砖茶是中国黑茶家族中的重要成员之一。以老青茶做原料，经渥堆、发酵压制而成的青砖茶，其主要产地在湖南临湘市和湖北咸宁市的赤壁市，至今已有 100 多年的历史。青砖茶外形为长方砖形，色泽青褐，汤色红黄，浓酽馨香，滋味醇正。越来越多的消费者被青砖茶独特的口感风味和保健养生功效所吸引。

在传统的青砖茶销售区，人们离不开青砖茶。不仅因为它可以生津止渴，更因其有消食去腻、降脂瘦身、御寒提神、杀菌止泻、调理肠胃等独特功能。近年来，越来越多的青砖茶消费者，一直在寻求一种温和的、安全的、轻松愉悦的保健养生方式。他们长期饮用青砖茶后，身体代谢机能得到了明显的改善，健康状况得到了明显的提升。

为了从现代科学角度诠释临湘青砖茶的保健养生功能，国家植物功能成分利用工程技术研究中心，教育部茶学重点实验室，清华大学中药现代化研究中心等科研单位，以永巨茶叶"洞庭青砖茶"系列产品为研究对象。采用HPLCL、LC-MS、GC-MS、ICP-MS 等现代先进分析手段，系统分析临湘青砖茶的儿茶素组成，生物碱组成、氨基酸组成、有机酸组成等十种主要无机元素。系统地评价了青砖茶的降血脂、减肥、降血糖、降尿酸、抵御酒精性肝损伤、调整肠胃、抗辐射、抗衰老等保健养生功效。从细胞生物学和分子生物学水平上，揭示了青砖茶独特的保健养生价值及科学机理。结果表明，临湘青砖茶具有较丰富的而协调的茶多酚、儿茶素和氨基酸组成，咖啡因、可可碱、茶碱含量适宜；丰富的水浸出物，协调的酚氨比，丰富的有机酸和糖类物质，造就了临湘青砖茶清醇回甘的滋味特征。临湘青砖茶中主要元素组成协调，具有锌、硒、锰、镁含量相对较高，铁、铝、铅、氟含量相对较低的元素分布特征，为诸多保健养生功能的发挥，奠定了元素基础。

采用 UPLC·Q/TOF 分析临湘青砖茶中的化学物质组成，共分离鉴定了 86

种化生物，其中负离子模式下鉴定 51 种，正离子。模式下鉴定 35 种。有 14 种化学成分为青砖茶中首次检出。这些物质大多是老青茶原料在特定的温度、湿度、氧气条件下渥堆发酵，通过微生物酶促作用与温热作用相互协同，促使茶叶中的多酚类、黄酮类、蛋白质类、氨基酸类、有机酸类、糖类物质发生氧化、聚合、水解转化而形成的。主要包括儿茶素衍生物、酚酸类衍生物、黄酮苷类、原花青素衍生物、糖类衍生物等。它们与老青茶中的多酚类、氨基酸、生物碱、糖类物质等共同形成了青砖茶独特的化学物质组学特征、品质、风味特征及功能物质组成，为临湘青砖茶的保健养生功能的发挥奠定了物质基础。

临湘青砖茶的保健养生功能

1. 临湘青砖茶具有显著的降血脂作用

通过细胞模型和高脂动物模型研究发现，青砖茶可激活低密度脂蛋白受体（LDLR）。通过改善肝脏及细胞的代谢功能，提高肝脏的抗氧化活力，有效降低高脂小鼠血液中总胆固醇（TC）、总甘油三酯（TC）、低密度脂蛋白（LDL）水平，升高高密度脂蛋白（HDL）的水平，起到明显的降血脂效果。因此，常饮临湘永巨青砖茶可以平衡由于饮食、生活、工作、生理年龄等因素引起的肝脏代谢紊乱，调节血液脂肪代谢水平，有效预防高脂血症和脂肪肝。

2. 临湘青砖茶具有显著的减肥作用

在高脂动物模型中和细胞模型中，青砖茶可以通过有效抑制前脂肪细胞的分化、缩小脂肪细胞体积、抑制脂肪酶和淀粉酶活性、降低脂肪和淀粉食物的利用率，调控瘦素水平及糖脂代谢相关基因的表达水平，达到有效调控能量代谢与脂肪代谢，控制体重增长，表现出显著的减肥瘦身效果。因此，常饮临湘永巨青砖茶，可以有效预防由于高脂食物过量摄入引起的肥胖、加速脂肪分解、部分抑制脂肪合成，调节脂肪代谢，起到减肥塑身的效果。

3. 临湘青砖茶具有明显的降血糖作用

通过化学药诱导的高血糖动物模型研究发现，青砖茶可通过有效调控高血糖小鼠的胰岛素代谢水平、调控糖代谢与糖运转相关基因的表达水平，降低血清中血糖的浓度，降低餐后血糖升高的水平，减轻高血糖小鼠的临床病理学指标的不利变化，具有显著的调降血糖效果。因此、常饮临湘永巨青砖茶，可以有效调节人体糖代谢，预防高血糖症和糖尿病的发生。

4.临湘青砖茶可有效抵御过量饮酒引起酒精性肝损伤

在酒精灌胃小鼠模型中，通过小鼠肝组织外观、组织与细胞切片的电镜观察，和血清生理生化指标检测发现，青砖茶能有效提升小鼠抵御酒精引起的氧化性肝损伤的能力，修复酒精引起的肝脏代谢机能紊乱，减轻过量饮酒引起的肝脏病变，防护酒精性肝损伤，预防酒精性脂肪肝。青砖茶不同饮用时间，对酒精引起肝损伤的作用效果研究表明，不论饮酒前，饮酒中，还是饮酒后喝青砖茶，都具有不同程度的抵御或修复效果，且表现为饮酒前的效果最好，饮酒中其次，饮酒后再次。因此，经常饮酒人群长期饮用临湘永巨青砖茶，可以有效预防和修复由于过量饮酒引起的肝脏损伤，减轻过量饮酒带来的身体不适症状。

5.临湘青砖茶可有效降低血尿酸水平，具有预防和改善痛风的作用

通过氧嗪酸钾诱导高血尿酸动物模型研究发现，尽管青砖茶没有化学药物（别嘌呤醇）那么快速有效地降低血尿酸水平，但可以有效降低小鼠腺苷脱氨酶和黄嘌呤氧化酶活性，调控动物的蛋白质代谢和嘌呤代谢，表现出明显的降低尿酸作用，且高剂量表现效果尤为突出。因此，常饮临湘永巨青砖茶，可以预防由于长期大量食用海鲜，饮用啤酒，引起的高血尿酸，预防和减轻痛风症状，但饮茶剂量加大一些，会有更明显的效果。

6.临湘青砖茶可有效平衡肠道微生物菌群，具有显著的调理肠胃作用

通过小鼠饲喂实验发现，青砖茶可以有效增加肠道中双歧杆菌，乳酸菌等有益菌的数量，减少大肠杆菌、沙门氏杆菌、金色葡萄球菌等有害菌的数量，起到平衡肠道微生物菌群分布，有效调理胃肠道的消化、代谢、吸收和排泄机能，可有效改善便秘和腹泻症状，且陈年青砖茶的效果更明显。因此，对于胃肠道功能不佳人群，坚持饮用临湘永巨青砖茶，可以有效改善和修复消化吸收功能，预防胃肠道疾病，增强体质。

7.临湘青砖茶具有显著的抗辐射作用，可有效抵御紫外辐射、预防皮肤细胞光老化

通过对皮肤成纤维细胞 L929 受紫外辐射后的电镜观察，以及流式细胞仪检测发现，青砖茶能有效清除紫外辐射产生的过量自由基，增强皮肤细胞的抗氧化力，对紫外辐射引起的皮肤细胞损伤具有较好的保护作用。皮肤光老化是紫外辐射引起皮肤细胞衰老的现象，大鼠皮肤紫外线 UVB 辐射试验研究表明，青砖茶可有效抵御紫外线 UVB 对皮肤细胞的损伤，

预防和修复皮肤的光老化。因此，常饮临湘永巨青砖茶，可以有效抵御手机、电脑、电视、微波、紫外线、家庭装修材料等，现代生活辐射，引起的皮肤细胞损伤，和大脑神经细胞衰老。

8. 临湘青砖茶具有显著的抗衰老作用

通过细胞模型研究和衰老生理指标分析发现，青砖茶能有效清除过量的氧自由基，阻止羰基应激导致的羰 – 氨交联反应，抑制细胞内毒性羰基的生成，有效抑制皮肤色素沉积（黄褐斑、雀斑等），和老年色素荧光物质（老年斑）的形成；可以有效降低由于自由基攻击引起的蛋白质变性，以及由于毒性羰基化合物诱导的神经细胞损伤，有效增强皮肤细胞及脑神经细胞的活力与增殖能力，起到明显的抗衰老作用。通过秀丽线虫的氧化应激模型研究发现，永巨青砖茶能增强秀丽线虫抵御氧化应激的能力，有效延长秀丽线虫在氧化应激条件下的存活时间，表现出有效的抗衰老延年作用。由此可见，常饮临湘永巨青砖茶，可以抵御衰老，延年益寿。

（注：此节内容均来自《省级非遗项目申报书》）

关于青砖茶的保健养生功效认证

传承发展，源远流长

临湘青砖制作技艺，自青砖鼻祖祥茂安起，历经两百多年的传承，至今已是第九代传承人登上青砖艺坛，现有茶师 56 人。形成了"临湘青砖"庞大的传承体系和完善的工艺流程。电视连续剧《乔家大院》利用永巨青砖茶作为剧中主要道具，在多处情节中的特写镜头，给观众留下了深刻的印象。中央电视台远方的家《北纬 30°》栏目组来聂市古镇拍摄节目，对永巨茶业做了专题报道。2021 年 7 月，临湘青砖制作技艺经临湘市人民政府申报，已获批录入湖南省非物质文化遗产代表性项目名录。

如今，第八代为师，第九代为徒，师徒携手，同心合力，推动青砖产业高质量发展，各类技术专利证书雪片似的飞来。

临湘青砖茶制作技艺专利证书

临湘青砖茶专利明细表							
申请号	专利名	申请人	申请人地址	专利类型	申请人类型	地区	申请日期
2006 年 8 月							
2005300488356	紧压茶（圆角）	湖南省临湘永巨茶业有限公司	湖南临湘市聂市镇建新路 8 号	外观设计	企业	临湘市	2005/9/8
2006 年 8 月							
2005300488337	标贴（献哈达精粹紧压茶）	湖南省临湘永巨茶业有限公司	湖南临湘市聂市镇建新路 8 号	外观设计	企业	临湘市	2005/9/8
2005 年 9 月							
2005300488341	标贴（茶字紧压茶）	湖南省临湘永巨茶业有限公司	湖南临湘市聂市镇建新路 8 号	外观设计	企业	临湘市	2006/6/14

临湘青砖茶专利明细表							
申请号	专利名	申请人	申请人地址	专利类型	申请人类型	地区	申请日期
2008 年 9 月							
2007200654114	紧压茶模具	湖南省临湘永巨茶业有限公司	湖南临湘市聂市镇建新路 8 号	实用新型	企业	临湘市	2007/12/8
2011 年 6 月							
2010206189391	直通上压下卸紧压茶模具	湖南省临湘永巨茶业有限公司	湖南临湘市聂市镇建新路 8 号	实用新型	企业	临湘市	2010/6/15
2012 年 10 月							
2012302512769	手提包装袋（青砖茶）	湖南省临湘永巨茶业有限公司	湖南临湘市聂市镇建新路 8 号	外观设计	企业	临湘市	2012/6/15
2012 年 12 月							
2012202872839	直通上压下卸单次数块紧压茶模具	湖南省临湘永巨茶业有限公司	湖南临湘市聂市镇建新路 8 号	实用新型	企业	临湘市	2012/6/19
2012 年 10 月							
2013302512773	紧压茶（巧克力型）	湖南省临湘永巨茶业有限公司	湖南临湘市聂市镇建新路 8 号	外观设计	企业	临湘市	2012/6/15
2012 年 10 月							
2012202512824	内盒包装（精品青砖茶）	湖南省临湘永巨茶业有限公司	湖南临湘市聂市镇建新路 8 号	外观设计	企业	临湘市	2012/6/15

续表

临湘青砖茶专利明细表							
申请号	专利名	申请人	申请人地址	专利类型	申请人类型	地区	申请日期
2012 年 10 月							
2012302512754	茶叶筒（青砖茶）	湖南省临湘永巨茶业有限公司	湖南临湘市聂市镇建新路 8 号	外观设计	企业	临湘市	2012/6/15
2012 年 10 月							
2012302556540	外盒包装（精品青砖茶）	湖南省临湘永巨茶业有限公司	湖南临湘市聂市镇建新路 8 号	外观设计	企业	临湘市	2012/6/18
2016 年 2 月							
2015303875941	茶砖	湖南省临湘永巨茶业有限公司	湖南临湘市聂市镇建新路 8 号	外观设计	企业	临湘市	2015/10/8
2016 年 2 月							
2015303875424	茶砖模具	湖南省临湘永巨茶业有限公司	湖南临湘市聂市镇建新路 8 号	外观设计	企业	临湘市	2015/10/8
2016 年 12 月							
201620370379x	一种青砖茶茶砖结构	湖南省临湘永巨茶业有限公司	湖南临湘市聂市镇建新路 8 号	实用新型	企业	临湘市	2016/4/27
2016 年 12 月							
2016203712765	一种封闭式风选震动茶叶发酵装置	湖南省临湘永巨茶业有限公司	湖南临湘市聂市镇建新路 8 号	实用新型	企业	临湘市	2016/4/27

临湘青砖茶专利明细表							
申请号	专利名	申请人	申请人地址	专利类型	申请人类型	地区	申请日期
2016 年 12 月							
2016207312888	一种保健茶的熏蒸炉	湖南省临湘永巨茶业有限公司	湖南临湘市聂市镇建新路 8 号	实用新型	企业	临湘市	2016/4/27
2016 年 12 月							
201620368822x	一种封闭式温湿控制发酵装置	湖南省临湘永巨茶业有限公司	湖南临湘市聂市镇建新路 8 号	实用新型	企业	临湘市	2016/4/27
2016 年 6 月							
2010105542766	紧压黄砖茶	湖南省临湘永巨茶业有限公司	湖南临湘市聂市镇建新路 8 号	发明专利	企业	临湘市	2010/11/23
2019 年 11 月							
2018302369024	包装袋（速溶青砖茶）	湖南省临湘永巨茶业有限公司	湖南临湘市聂市镇建新路 8 号	外观设计	企业	临湘市	2018/5/22

外观设计专利名：茶砖

外观设计专利名：茶砖模具

外观设计专利名：茶砖

实用新型专利名：
一种封闭式温湿控制发酵装置

实用新型专利名：
一种保健茶的熏蒸炉

实用新型专利名：一种封闭式风
选震动茶叶发酵装置

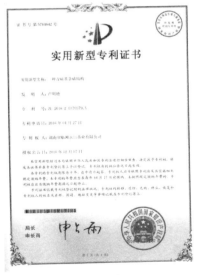

实用新型专利名：
一种青砖茶茶砖结构

外观设计专利名：
包装袋（速溶青砖茶）

作为"临湘青砖"现代产业化的龙头茶企——"临湘永巨茶业有限公司",前身就是1865年,晋商创建于聂市镇的"永巨茶坊",是第一块"临湘青砖茶"的生产厂家。抗战时期因战乱停产。1984年,恢复重建"临湘永巨茶厂",重启"临湘青砖茶"的生产和销售,研发出了一系列青砖品牌。聂市古镇和"永巨茶业",成为万里茶道上的重要节点。今日的永巨茶业,经过30年发展,继承和发扬光大了昔日的"永巨精神""永巨产业"。名列"中国茶业百强企业""国家边销茶定点生产企业""湖南省唯一的青砖生产企业"。拥有"临湘黑茶"地理标志证明商标。黑茶出口量连续十年中国排名第一。年产茶叶2万多吨,实现产值5亿多元。"临湘黑茶"被评为国家地理标志产品。"洞庭黑茶"被评为中国驰名商标。"永巨茶业"为临湘青砖茶的始创、兴盛和发展创下了历史性的辉煌,是临湘茶史上一面光辉灿烂的旗帜。

临湘青砖茶继往开来,源远流长。以其独特的工艺、独有的保健养生功能和传承、发展的辉煌伟业,成为茶中一杰。

第五章

茶道悠悠　源流万里

　　"万里茶道"南起武夷山，北至恰克图，途经福建省、江西省、湖南省、湖北省、安徽省、河南省、河北省、内蒙古自治区。它贯穿大江南北，连接中、蒙、俄，直指圣彼得堡、莫斯科，全程13000多公里。湖南临湘因坐拥南方三大茶产地之一的龙窖山，生产誉满神州的"两湖茶"，聂市古镇成为"两湖茶"的集散地，茶品畅销北疆及蒙俄，而成为"万里茶道"上的重要节点城市。

　　寻根溯源，茶道悠悠，青史永垂。临湘青砖茶最早步入万里茶路，它由阡陌小径，横绝长江黄河，纵穿大漠边关，源流万里。其质量之优，畅销量之大，影响之深远，在"万里茶道"上独树一帜。

第一节 中俄茶路 起点考证

清初、中期，湘、鄂、闽均为中俄茶叶之路的起点

清代初、中期，"丝绸之路"衰弱，"中俄茶叶之路"兴起。它横跨亚欧大陆，南起江南（湘、鄂、闽），北越长城，贯穿蒙古，直指中俄边境贸易城恰克图，再转经俄国境内，并延伸至欧洲腹地，圣彼得堡、莫斯科。中俄商人"彼以皮来，我以

茶往"，茶马互市，贸易繁荣。在悠远的茶路上，数以万计的骆驼和骡马穿梭运输，车水马龙，驼铃马啸之声，飘散于旷野，数里可闻。中俄茶叶之路上，中国境内的商人主要是山西人（晋商），俄国境内的商人主要是俄罗斯人（俄商）。

据清·武夷山衷干的《茶事杂咏》载：清初，茶叶均由西客经营，由江西转河南运销关外，西客者，山西商人也。每家资本二三十万至百万，货物往返，络绎不绝。在福建武夷山茶红火的同时，湖南临湘、安化和湖北蒲圻的黑茶已戴着"两湖茶"的桂冠，开始踏上了万里茶路。

清康熙二十八年（1689），中俄《尼布楚条约》签订后，俄国政府和私商组织商队，从张家口、蒙古国等地采买我国的茶叶，运回俄国供民众食用。但没有护照，清政府对入境人数及出境茶叶数量均有限制，所以贸易有限。清雍正五年（1727），中俄《恰克图互市界约》签订后，中俄双方茶叶贸易地点迁至俄属恰克图，设置"一地两城"，俄方称"恰克图"，中方称"买卖城"。

清代湖北蒲圻刊刻的叶瑞庭《纯蒲随笔》载：

闻自康熙年间,有山西估客至邑西芙蓉山(龙窖山北麓),峒(指羊楼洞)人迎之,代客收茶取佣……所买皆老茶,最粗者踩成砖茶,号称芙蓉山仙品,即"黑茶也"(湖南黑茶茯茶网)。

又据清道光元年(1821)的《蒲圻县志》载:清嘉庆年间,周顺倜《莼川竹枝词》云:

> 茶香生计即山农,压作方砖白纸封;
>
> 别有红笺书小字,西商监制自芙蓉。

作者自注:每岁西客(指山西茶商)至羊楼司、羊楼洞买茶,其砖茶以白纸缄封,外贴红签。

湖南临湘与湖北蒲圻,系山川土地紧连一起的黑茶产区。此前,两地早有茶叶外销,皆为散装,体积庞大,运输不便。清康熙二十三年(1685)起,开始压制砖茶,其砖方形,故称方砖,即现在的青砖。清道光十八年(1839),临湘县走"万里茶道"销往国内西北各地及蒙古、俄国的砖茶总量达3600吨。

清代后期,湘鄂仍为中俄茶叶之路的起点

咸丰初年(1851),因太平天国起义爆发,中俄茶叶之路的起点迅速收缩,至1853年,武夷山茶路完全中断。晋商在国际贸易中诚实守信,为兑现订单,改采买"两湖茶"。2003年,《寻根》杂志第四期,刘晓航《汉口与中俄茶叶之路》一文中,有准确而详细的记述。最初,晋商主要采买浙江和福建的茶叶。清咸丰年间,由于受太平天国起义的影响,武夷山茶路中断,茶商们改采"两湖茶",以湖南安化、临湘的聂家市、羊楼司和湖北蒲圻的羊楼洞、崇阳、咸宁为主,就地加工成砖茶。茶砖先集中到汉口,再由汉口水运到襄樊及河南唐河、社旗,而后上岸以骡马驮运北上。经洛阳,过黄河,达晋城、长治、太原、大同至骆家口。或从玉右的杀虎口,入内蒙古的归化(今呼和浩特),再由旅蒙茶商改用驼队,在荒原沙漠中跋涉,至中俄边境口岸恰克图进行交易。俄商们将茶叶贩运至雅尔库兹克、乌拉尔、秋明,一直通向遥远的圣彼得堡和莫斯科,全程13000多公里。

所以说,1853年以后,中俄茶叶之路有所收缩,起点改为湖南安化和湘鄂之交的临湘与蒲圻等地。中俄茶叶之路起点的收缩,改为两湖茶之源(龙窖山茶产区),主要原因有三点。1.太平天国战争影响;2.临蒲水陆交通便捷;3."湖

茶"质量上乘。

"两湖茶"主要是指临湘聂家市、羊楼司与蒲圻羊楼洞加工的砖茶，也就是临湘最早销往北疆的"边销茶"。

昔日，"临湘青砖"沿着万里茶道，足迹踏遍了大江南北，在宁夏、甘肃、青海、内蒙古、新疆等地的边疆草原和蒙古、俄罗斯等国家留下了永恒的辉煌。"临湘青砖"以其量大质优，在万里茶道上占有一定的销售市场，享有重要的历史地位。它雄辩地证明了，无论是清初中俄茶路的兴起，还是民末万里茶道的衰落，临湘始终是中俄万里茶道上南方起点之一，实实在在的青砖茶之源头。如今，在党的民族政策的指引下，"临湘青砖"肩负着"新时代"的历史使命，承担着祖国 30% 以上边销茶的市场份额，以茶叶大国骄子的担当，在新的万里茶道上，谱写出一曲曲民族团结、和谐、繁荣、发展的新乐章。

第二节　不积跬步　无以至千里

路是无所谓有，无所谓无的。走的人多了，便就有了路。古人云："不积跬步，无以至千里；不积小流，无以成江海。"就是这个道理。世间一切事物，由小到大，由短到长，由衰到盛，由弱到强，无一不在这个哲理当中。

当然，这里所说的路，是古时乡间人迹罕至的小径，并非现代城乡柏油路、城际间的高速公路、高速铁路。现代之路，全凭高科技手段，机械化凿山填壑，钢筋混凝土架桥，一蹴而就。短的则几天，

几十天，几个月造就；长的一年，几年，十几年竣工。然后气势宏伟地展现在世人面前，车水马龙，呼啸声不绝于耳。这些是社会发展，时代演进带来的现代产物，是"高、新、尖"的话题。

然而，当我们把遐想的思绪牵回到19世纪末（清末民初），临湘青砖茶由初兴到鼎盛时期，我们就会自然而然地联想到：那么多的茶叶，是怎么运出去的？是啊，世间原本就没有现成的茶道，成千上万吨的茶品，要走出大山，走出河、湖、港、汊，走出那与世隔绝的旮旯，输出的商旅之路，是何等的艰难啊！在茫茫林海的龙窖山茶区，在丘岗连绵的山重水复间，在河湖交织的滩头湿地，原本就没有什么像样的路，或者说，根本就没有可行之路。是人们用

双脚踩出了无数条阡陌小径，从张家延伸到李家，由王家连接到赵家，纵横交错，结如蛛网，渐成乡间小道。它们源于不同的茶山角落，跋山涉水，汇集于羊楼司茶庄、驿站；聂家市水运码头。从心底的灰暗，走向眼前的光亮，带着茶山的梦想，走向茶市的希望。年长月久，一代又一代，一队又一队，千军万马，后人寻着前人的足迹，山区连着集市的财路，驼踪接踵，踏平坎坷，源头小径，终成大道。一路一路驼队啊，直指中俄边境，矢志不渝，勇往直前。茶道越走越远；越走越宽；越走越沉；越走越神奇；越走越辉煌。"不积跬步，无以至千里啊！"这就是我们世世代代，寻寻觅觅，披荆斩棘，前赴后继形成的万里茶道之源头和终归啊！

岁月的回眸，总是令人陶醉。多少次梦萦茶乡，在那莺飞泉鸣的龙窖山中，弯弯曲曲的古道上，山峦间还不时传来清脆悦耳的驼铃声；在那摩崖峭壁悬挂的栈道上，铁蹄撞击着腐朽的木板，发出沉闷的节奏，让人至今还一阵阵心惊胆寒；在那偏僻、干燥的响山铺石道上，一伙伙佝偻着身躯，汗流浃背的车夫，推拉着一辆辆沉重的鸡公车，正循着深深的车辙，碾压前行，车轮不堪重负，发出吱吱呀呀悲欢的进行曲；在那黄盖湖宽旷清澈的航道上，轻舟往返如织，船夫们正仰天嚎着茶歌，惊得一串串白鹭扑向蓝天……

多么美妙的茶旅春秋啊！青青茶之源，汇成了悠悠茶之道，串起了一幅幅茶运的山水画，弹奏出一曲曲山水缠绵的茶之神韵。茶和汗水浸染的小径上，刻下了艰辛，酿造着梦想，承载着财富，憧憬着美景……茶，这天赐的灵物，带给了临湘山的灵动；水的灵气；人的灵性。这一切皆因于茶之源，有于茶之情，盛于茶之风。勤劳朴实的临湘人民，深谙"不积跬步，无以至千里"这一物化了的人生哲理，将其生龙活虎的运用到卖茶求生的实践中，世世代代繁衍接力，让龙窖山茶之源头的阡陌小径，终将横绝江河，贯穿亚欧，形成万里之躯，而载入中俄茶叶贸易之光辉史册。

历史沧桑，岁月留痕。如今，茶马古道虽断断续续，残缺不全，但它雄姿依旧，风骨犹存，永远不失那举世无双、历久弥新的经世风韵。

（文／何莹莹）

125

第三节　阡陌纵横　茶道悠悠

据临湘茶史资料考证：临湘境内的古茶道大致归为六条：一是由龙窖山的五花山→马颈→古塘→朱楼坡→十字岭→羊楼洞；二是由龙窖山的黄花山→高冲鲁家→晏家山→小港田庄→羊楼司；三是由文白友爱→清水源→横溪→如斯→聂家市；四是由通城北港→詹家桥→雁峰关→响山铺一小源→白塘→聂家市；五是由白石园→大小木岭→五尖山→荆竹山→聂家市；六是由羊楼司黄泥洞→撑旗岭→竹山里→易家桥→聂家市。

六条古茶路均发源于偏远的产茶山区，到达茶叶交易的聚集地，羊楼司、聂家市，纵横交织成为临湘"内山茶"和"外山茶"输出之网络。它们或隐匿于崇山峻岭间；或攀爬于悬崖峭壁上；或横渡于江河湖港里；或蜿蜒在阡陌原野中。时为水渍泥泞，滑溜蹒跚；时为铿锵石板，车辙深沉；时为木架铺设，摇晃悬心；时为悬岩阶梯，举步穿云；时为舟楫连帆，清波沉影。正所谓"路漫漫，其修远兮"。

悠悠茶道上，誉满神州的临湘青砖茶，源源不断地运往大漠边关。一路驼铃，一路艰辛，日复一日，年复一年。茶道越走越远，车辙越碾越深。晨起，驼队迎着朝阳，穿行在万籁俱寂的林中小径，偶尔凭一尊石碑，指明疑惑的路，从而坚定前行；日落，驼队送走晚霞，小憩于驿道客栈，聚会三五成群的茶旅伙计，畅饮调侃。于是山道上还驼铃声幽转，小镇上却荡漾着惆怅与欢颜。清泉滋润了干渴若火的喉咙；红薯饭填饱了饥肠辘辘的饿汉。酒足饭饱之后，忘不了给负重的骡马添一把夜草，备战明日的远征。出山的茶道，路上不断人；热闹小镇，灶里不断火。"相逢何必曾相识，寒暄皆尽肺腑言。"忘记了艰辛，忘记了疲乏，大家互祝平安，抱财而归，期盼明年再见面。

俗话说："百川归海，汇集江河：阡陌纵横，终归阳关。""万里茶道"就是以其细如蛛网的分支细节，汇成滚滚铁流，其势一往无前，历尽艰辛行万里。

时至 21 世纪的今天，我们追寻昔日古道的驼铃声，寻声找回那石级、栈道上的美好记忆，并非陶醉于先辈创业的诗与画，情与爱。刻骨铭心的是：茶道悠悠，功德永垂，为世界源源不断地输送着茶之源，留下了万千珍奇和尘封的瑰璋。面对时代的呼唤，我们要萌动珍爱之心，伸出保护之手，不负历史使命，传承和保护好万里茶道重要节点和历史文化遗存。让"临湘青砖"之涓涓源头，汇入"茶旅融合"之滔滔洪流，助力"一带一路"伟大倡议的实施，做出更大的贡献。

茶马古道

撑旗岭茶马古道　　　　　　　　　　龙窖山茶马古道

朱楼坡至崇阳茶马古道　　　　　　白羊田羊古岭茶马古道

古塘至朱楼坡茶马古道　　　　　　朱楼坡至羊楼洞茶马古道

朱楼坡至羊楼司茶马古道　　　　　　鹰嘴岩至古塘茶马古道

古道残存

石板巷中的车辙

纤夫路

聂家市船运茶场景

码头运

第四节　山水记忆　岁月留痕

　　响山铺地处临湘忠防镇与五里牌乡交界处，响山古道原为临湘境内茶山出茶的一条南北通道。地理位置：东经 113° 29′ 50″，北纬 29° 23′ 12″。一座百十户人家的烟火村庄蜿蜒坐落在火山岩浆形成的旗鼓山与狮子山中间。狮子山酷似一头雄狮卧于村庄的北端，故名狮子山。如有人站在狮子山下，发出呼叫时，山体同时回响一阵阵回音，这种奇特的自然现象，人们认为是狮子山自身发出的声音，故将狮子山又名为"响山"，而沿袭下来。老人们说：狮子是百兽之王，有着强劲雄健的生命力，能带给地方繁荣与福祉。南来北往的商贾，爱经于此，祈望沾上兽王之福气。故此，响山铺茶道的繁荣让响山铺响亮了一百多年。

　　据李正乾（77 岁）老人回忆：早在清代，响山铺古道就是"两湖茶"的运输命脉。龙窖山中的崇阳、通城及詹桥、贺畈、云山方向的茶叶，经雁峰关（詹桥）、紫合垅（忠防）、八坊（大竹山）运至响山铺，行中伙打捎（午餐及小憩）。再由孔家（五里）、花桥（五里）、鸿鹤岭（五里）、白塘（松峰）运达聂家市的茶庄。响山铺正处在这条茶道的中间位置，聪明的响山人抢抓了这一机遇，就在响山铺上建起一里多路长的街巷，设有饭铺、酒肆、杂货铺、槽坊、铁匠铺、药铺、裁缝铺等三十多家铺面。供茶道上挑茶叶的、打线车的、赶马帮的运茶大军打捎、歇脚，纾解一些燃眉之急。即便只呷一杯冷酒，啃两根麻花，喝一杯凉茶，也可以缓解饥渴，消除途中的疲劳。

　　响山铺对面是一群火山岩浆形成的山体，古茶道必经此地。在旗鼓山中间的乌龟山脊上，运茶大军在峭壁上凿有一条长约 42 米的石道，石道上断断续续地留下了 36 米长的线车车辙。此段石道险峻，一边是切壁，一边是崖坡，路面仅三尺多宽，稍有不慎，茶车触碰到绝壁上，就有翻车伤人的危险。由于山顶路窄拥挤难行，运茶大军又在乌龟山峭壁下边，凿出一条石道，弯曲延伸一百多米，现残存 77 米车辙。来到乌龟山上，南来北往两条石道上，车队分为

响山铺乌龟山脚的石道车辙

响山铺乌龟山顶的凿石栈道

两队，并列行驶在狭窄的山道上，又在乌龟山前方汇合，蔚为壮观。这就是有名的响山铺"循环石道"，虽一面临渊，但总体上平缓了很多。

下了乌龟山，车道合二为一汇合在响山铺村边，来到响山小港之上，眼前呈现一步跳石桥。为了解决人们淌水之苦，这座40多踏的跳石桥，饱经风霜，修了又垮，垮了又修。挑夫可踏石过河，但推拉线车的茶农还得赤脚淌水。过得河来，茶农一个个精疲力竭，渴求歇脚之时，便闻到了响山铺客栈里飘来的茶郁饭香。

切壁上的"循环石道"和溪水上的"跳水桥"，固然是古茶道上的观奇，它的存在，毕竟也是古代交通史上艰难的缩影和劳动人民智慧的结晶。然而，古茶道上更为"神奇""惊险"之处，则要算摩崖"栈道"了。

栈道是指沿着悬崖峭壁，或傍水而行的山崖，修建的一种通道。栈道是古时交通运输路线上，一种特殊的道路形式。它集险、奇、特于一身，凝聚了古时能工巧匠的超凡智慧，给人们留下了深刻的印记。据现存资料考证，在我国南方山区，特别是古茶道、商道上，普遍存在古栈道的现象。

古时候，为了解决人畜出山通行，在交通闭塞的山区，开山修路，涉水架桥，因设备条件有限，施工十分困难。当通道延伸到无路可行的绝境时，人们只能选择在峭壁上，或傍水的山崖上，凿石修路，或架设栈道，来连通两头的山道。一般情况下，架设栈道虽是工程艰难，但毕竟可以缩短很长的交通距离。故此，古人才不畏千艰万难，凿石修栈道，创下了古栈道的辉煌历史。古兵书"三十六计"中的"明修栈道，暗度陈仓"，就是利用了这一概念，才让对方容易受骗的。

修建古栈道，一般有如下三种方式：

古栈道

一是无立柱式。直接在峭壁上横向打洞，往洞中插入木材或石材，以作横梁，再从横梁上架设直木，然后在直木上铺设木板或石板，形成路面。无立柱式的栈道，横梁安排要比较密集一些，大约 1—1.5 米之间，安放一根横梁。而且，横梁插入山崖要深一些，这样横梁才坚固、牢靠，不易松动。无立柱式栈道较为简单。但横梁承受着全部负载压力，要十分讲究、注重栈道的承载力。

二是斜柱式。在无立柱式的基础上，为了安全起见，在安好的横梁下方石壁上，再凿一个斜洞，斜着插入一根支柱，支撑着横梁的外端。斜柱支撑作用很大，给栈道横梁形成两个支撑点，均衡了横梁的压力。一般在没有条件立直柱的情况下，才使用斜柱方式。

古栈道

响山跳石桥

三是凿石成道。在稍有一定斜面的石壁上，顺着山势走向，直接凿出一条平面石道。路面虽不很宽，但基础稳固，无须再架设梁架、支撑等。因此，只要稍微有条件凿道的，人们就不会选择打眼架梁的方式。凿石修成的通道，也是悬崖栈道的一种形式，它坚固耐用，长年风雨侵蚀，毫发无损。至今尚存完整栈道中，大都是古石道的原型。

　　据实地考察，龙窖山中古茶道上，发现多处古栈道痕迹。石壁上留有碗口粗的圆眼，圆眼都打在一个水平线上，间距约 1—2 米，石壁底下是深不见底的沟谷。在龙窖山的鹰嘴岩一段栈道遗存现场，保存有一处惊险的遗存，原有的栈道两端的石板道完好，中间一段缺口悬空，长达 20—30 米，古时的木质结构栈道早已腐朽无存。如今，在缺口处人们重新搭上了一些长长的树木，中间架了支撑，边上还装有简易扶手，供山林防火巡视人员临时而行。可惜的是，龙窖山中再没有发现一处残存的木质古栈道，而沿山壁的上，时有一排排洞眼尚存。

　　龙窖山为"两湖茶"之源，清末民初，山中茶叶收购点和茶坊众多，出山茶道纵横交错，山势险峻崎岖，悬崖峭壁之上，建有栈道，也就不足为奇了。

第五节　古道遗风　世代传颂

在羊楼司通往聂家市古茶道上的五里牌乡松峰村里，一栋始建于清同治年间的姚家祖屋，现保存完好。一百多年来，老屋大门顶上"姚恒顺號"彩绘牌匾仍熠熠生辉，光耀夺目。上下两重的堂屋内雕梁画栋，工艺讲究，精美绝伦，为民居装饰之罕见。清光绪十二年（1886），刚刚步入"不惑之年"的姚昌甫，因种茶发家，率其盛祥、盛清、盛泰、盛贵四子，共同创办面条加工厂。采取前店后厂的方式，边加工边销售面条，成为茶道上一个家族作坊。门前，一条乡间小道蜿蜒于青山绿水之间。民国时期，这里是通往聂市、源潭、到达古县治陆城的主要商道。

龙窖山产茶区的山货、竹木、茶叶源源不断地向外输出，通江达海。特别是产茶的高峰季节，商贾云集，络绎不绝，营道上马蹄声、车铃声、吆喝声、叫卖声、山歌声……响彻山谷。姚昌甫父子凭着"姚恒顺號"店铺和作坊，兼营面食，五金和小百货。凡是路过者、打掮者、车夫、挑夫都风雨兼程，刻意赶路，来到姚家面店餐饮小憩，脸上洋溢着"如居家中"的喜悦。"姚恒顺號"的生意越做越大，人气越来越旺。

光绪二十年（1894）七月，酷暑难当，正逢运茶的高峰，晋商老板一个个冒着酷暑进山，查验茶叶收购情况。一天，晋商渠老板从龙窖山回聂家市，行至姚家老屋不远处，由于天气炎热，气虚中暑，晕倒在茶道上。姚昌甫得知音信后，马上派三子盛泰、四子盛贵兄弟俩，用担架将渠老板抬到姚家，亲自为其刮痧退热。老妇人还端来一碗清炖绿豆汤，为渠老板降温解暑。经过两天精心的治疗和照顾，渠老板逐渐恢复了健康。临走时说："谢谢您，姚老板，这条茶道上的人太仗义了！太厚道了！您的搭救让我今生难忘。我要为这茶道出点力，做点实事，一来报答众乡亲的情谊，二来便利运茶的人来车往。"事后，渠老板发动在聂家市的晋商，准备从聂家市铺一条石板道到龙窖山的横溪茶庄，便于茶叶运输。后因日军入侵，兵燹难避，石板道铺了几节，未能全部完成。

"姚恒顺号"招牌

姚家祖屋

历史如茶，世事如茶，饮也罢，悟也罢，几多兴衰都随茶话渐渐地飘远。唯有晋商当年在临湘创业兴茶的动人情结和临湘人民尊客仗义的朴实情怀，永远根植故里，耐人品味。姚家老屋"姚恒顺号"，在漂泊的历史长河中，在涓涓源流的茶道上留给了茶乡永恒的记忆。

深秋，湘北农村"万山红遍，层林尽染"。大地气温仍徘徊在35℃上下，虽秋高气爽，却烈日炎炎。漫步在五彩缤纷的崇山峻岭，看红叶斑斓，闻野菊飘香，好不惬意。

在白羊田镇方山村羊古岭上，一段石级古茶道，顺着山势，蜿蜒七八里。沿途苍松翠柏，溪声如吟，路人众多，景色十分宜人。这一天，我们装备齐全，慕名而至。

来到羊古岭山脚下，举目向上，果然一节节石阶梯，直挂眼前。其势飞岭越涧，蜿蜒曲折，气象恢宏。出乎意料的是，这七八里地的古石道，不仅保存完好，而且石阶两旁，杂草尽除，路沿干干净净，一眼看去，就知道定是有人常态化打扫。到底是谁？是什么原因？将此崇山峻岭之中的古道，养护打扫得如此干净利索。触景遐思，一种敬佩景仰之情，油然而生。

拾级而上，约半个时辰，来到一处野菊盛开的平缓坦地，道旁安卧着一座高大的墓茔。在村主任李学帅的带领下，我们前往拜谒。扑入眼帘的是花岗石墓碑上，镌刻着一首新诗："从前羊古岭，有位八旬人，多年把路修，只为行人安；我们老前辈，和谐众乡邻，苦育儿和女，求得子孙贤；但愿登仙乐，慈善后人传。"诗词韵律虽算不上工整规范，但字里行间洋溢着对先贤功德赞美之情，让人肃然起敬。

摄像、叩拜、礼毕，村主任讲起了可歌可泣的故事。

羊古岭位于白羊田镇西冈山和方山两村之间，由于偏于一隅，崇山峻岭、交通闭塞。自古以来羊古岭古道成为两村去往集镇上的主要通道，卖茶商人络绎不绝。山下新屋组村民廖华秋（1904—1989），少时读了几年私塾，知书达理，是位热心公益的慈善老人。20世纪60年代中期，年逾花甲的廖公，已经是生产队里的辅助劳力，心想为集体揽点公益事干。他主动请缨，担任了羊古岭山道的义务养护员。当年，队上为他记了辅助劳动力的工分。到20世纪80年代初，实行分田到户的联产责任制，集体劳动管理体制不复存在。廖华秋没有撂下养路员担子，照常翻越在羊古岭上。一年四季，春夏秋冬，他腰扎弯刀，肩扛锄头，一顶斗笠，一筒茶水，隔三岔五地忙碌在山道上。春水漫道，他扛着钉耙、锄头，一处一处地疏通，挖下土石，填补冲坏的路基，有石阶松动，一块一块地加固、筑牢；夏天荒草挡道，他一把弯刀在手，像削光头一样，耨尽路边杂草。手脚被荆棘划伤，裂着一道道口子，血流不止，用胶布一缠了事；秋日落叶不尽，他背着竹扫把上山，日复一日地沿路清扫；冬雪过后，石阶掩埋在冰雪中，他一级一级铲雪除冰，让石阶齐齐整整地展现在路人眼前。饿了，掏出自带的干粮充饥；渴了，仰起脖子饮一顿"竹筒茶"。为养路，他耽误了走亲访朋，忘却了旅游观光。没有分文报酬，不分雪雨风霜，廖公二十五年如一日，像一棵不老的万年松，扎根在羊古岭上，人称德高望重的"廖公"。

面对众人的好评，廖公说："老一辈凿石修路，图了么子，不就是让子孙后代出茶有一脚好路走吗？我们后人护路守业，是应尽的本分啊！"

1988年，84岁高龄的廖华秋，身体日渐消瘦，自知力不从心了。他把养路的担子交给了长子廖礼成，语重心长地说："吾后有子，子而有孙，子子孙

孙，无穷匮也。不管今后有没有人相帮，羊古岭养路的担子你要挑下去呀！"

1989 年深秋，廖公走了，长子礼成遵照父亲的遗嘱，将廖公埋葬在羊古岭石道旁。在慈父的陪伴下，廖礼成秉承父志，年年月月，养护山路，一干又是 25 年，被村民誉为"羊古岭之子"。

2015 年，年逾古稀的廖礼成，身患顽固性风湿，双膝不能翻山越岭了，在村民的诚意劝慰下，他将养路担子交给宗侄廖雪峰。廖雪峰接事 5 年，像先辈一样，栉风沐雨守护在古道上，将干干净净的羊古岭古茶道，锦上添花，每年引来不少城里人游览观光、拍摄报道古道风采。

廖氏三代人连续接力，半个多世纪，把羊古岭茶道养护视为己任，实为誉乡楷模。年复一年，西岗山和方山两村的茶叶，人挑肩扛，翻山越岭源源不断地送往白羊田集镇，送往临湘茶厂。山村茶叶走出国门，走向世界，滋润了山区人们的生活。廖氏三代人，接力守护古岭茶道的故事，在羊古岭下广为传颂。

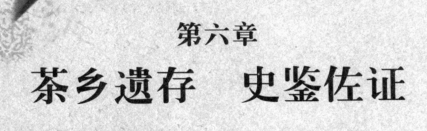

第六章

茶乡遗存　史鉴佐证

临湘是青砖茶的生产基地，更是青砖茶的起源之地，以盛产青砖茶，而闻名于世。

临湘茶区促进了中俄双边贸易关系的开展；促进了近代民族工业与交通运输业的发达；华夏文化与亚欧文化的交流影响，均具有十分重要的地位。因其深远的种茶、制茶及销茶历史，沿线的文化遗产、遗存极为丰富。随着因茶贸易而旺的古镇、古村、古桥、古凉亭，古关隘、古矶、古塔，古码头，古驿道、古茶号茶铺、古碑刻（含官碑）、古契约、古债券票证，古招牌、古代制茶工具及器物等等，共同构建了临湘地域特色的文化空间与独特地域文化景观。无论从遗存保存的现状、类型、数量，还是空间分布，都是弥足珍贵的文化遗产，都是临湘茶业发展的历史见证。

第一节　古道桥谱　阡陌音符

临湘桥谱，它以60多座明清时期的古桥梁，叙述着一身铁骨傲风，经历沧桑，承载岁月磨砺，功不可灭。风雨沧桑、世事变迁，桥梁成为每个时代不可或缺的存在，成为人们生产、生活中沟通路径的刚需。

石拱桥虽逝去遥远，却令人不能忘怀，心存挥之不去的惆怅，不仅是因为它的神秘，它的情怀，它的小巧诱人，它的铁骨傲气，更是它曾经是临湘历史文明的见证；它为临湘的昨天留下了不可磨灭的功绩；它应该是临湘天地间永恒的瑰宝。

如果说古代建筑是凝固的音乐，临湘古桥梁更如一串串洒落在神州大地的音符，串联阡陌小径。随着时代节奏的演变，这批音符不断地变换音律，适应于时代的发展，社会的进步。

五岭锁三关　十里九步桥

临湘地处长江中下游平原，河网密布，湖港交错。境内有桃林河（尤港），经新墙河汇入洞庭湖；潘河、聂市河汇入黄盖湖，经太平口出长江，通江达海，水上运输非常便捷。临湘地形为东南高，西北低，呈扇状形分布，形成山岗、丘陵、湖泊交错，典型的洞庭湖冲积平原。特殊的地理环境造就临湘物产丰富，资源充盈，素有"鱼米之乡"美称。临湘境内营道纵横，商贾云集，民间素有"五岭锁三关，十里九步桥"的说法。

通过第二次、第三次全国文物普查，发现临湘境内，幸存古代桥梁66座（明清时期）。其中石拱桥25座，青石板桥36座，蚱蜢脚桥3座，跳石桥2座。

这些桥梁连通境内江河湖泊，小港溪流，贯通于茶马古道之上，成就茶道的通途。如横铺月山的石拱桥，像一弯半月横跨溪流之上，连接着白石园茶场；桃林镇金盆村、月山村的蚱蜢脚桥，造型虽然简单，却承受着茶道上的重托；聂家市的新安石板桥、詹桥镇排柳古桥，以金刚分水为桥墩，凝结着古代工匠和劳动者的智慧，历经大浪淘沙与挑战；桃林镇金山村丁家组的跳石桥，虽然只有多步跳石，却解决了挑夫的涉水之苦，荡漾茶农追梦的胸怀；聂家市的鹤仙桥石拱桥，"有仙鹤云霄而来，遂投溪，长鸣数声而去，故而名之"。

古塘石拱桥

月山石拱桥

聂市新安桥

詹桥排柳古桥

它载录着权衡父子千秋功德，承载着茶道上商贾的希望与梦想；白羊田镇

桃林跳石桥

黄花山石拱桥

聂市鹤仙桥

水吸普济桥

的云登石拱桥，述说着明代"步履青云，高登龙榜"的荣耀，显示出茶马古道的辉煌；羊楼司黄花山上的太阳石拱桥，创造了高山修桥的历史，贯通了高山古茶道，迎接日出与日落的霞光；古塘石拱桥、鲁家石拱桥、漆坡石拱桥连接着龙窖山产茶区的通道，托起茶农千百年来致富的希望。坦渡镇的万安青石板桥，连接着赤壁新店码头，把千万艘茶船送出黄盖湖，经长江到达东方茶港——汉口，从而走向恰克图的茶叶市场。

如果说民间古建筑是凝固的音乐，那么临湘古代桥梁更如一串串洒落在神州大地上的音乐符号，它们镶嵌在山岳河川上，成为精美的乐章。随着时代节奏的演变，这批凝固的音符，也在不断地变换着音律，适应于时代的发展，社会的进步。临湘古桥梁才真正地顺应历史的潮流，矗立于时代赋予的坐标。随着沧海桑田，日月更替，留给新时代的是一幅幅回味无穷的田原桥谱。

明清古桥名录

桥 名	形 式	地 址	年代	现状	保护级别	备注
排柳古桥	青石板	湖南省岳阳市临湘市詹桥镇排柳村老屋组	清代	一般	市级	
栗埗桥	青石板	湖南省岳阳市临湘市桃林镇金盆村栗埗组	明、清时期	已毁	市级	
鹤仙桥	石拱桥	湖南省岳阳市临湘市聂市镇权桥村杨树湾	明代	较好	县级	
雁南石拱桥	石拱桥	湖南省岳阳市临湘市詹桥镇雁南村雁南组	清代	一般	县级	
铁家畈桥		湖南省岳阳市临湘市桃林镇横铺村上畈组	清代	一般	县级	
细屋桥		湖南省岳阳市临湘市云湖街道办事处三联村划船组	清代	一般	县级	
玉公桥	青石板	湖南省岳阳市临湘市詹桥镇沙团村坟湾组	清代	一般	县级	
灵官庙石拱桥	石拱桥	湖南省岳阳市临湘市詹桥镇水泉村寺畈组	不详	一般		
坟湾桥		湖南省岳阳市临湘市詹桥镇沙团村坟湾组	清代	一般		
石咀桥		湖南省岳阳市临湘市詹桥镇沙团村竹家畈组	清代	一般		
庙子坡石拱桥	石拱桥	湖南省岳阳市临湘市詹桥镇新沙村老屋冲组	清代	一般		
壁山陈家桥		湖南省岳阳市临湘市詹桥镇壁山村陈家组	清代	一般		
白竹桥		湖南省岳阳市临湘市詹桥镇白竹村齐心组	近现代	一般		
抬头陈家桥		湖南省岳阳市临湘市詹桥镇抬头村陈家组	清代	一般		
增福桥	青石板	湖南省岳阳市临湘市忠防镇马港村石冲组	清代	一般		
云登桥	石拱桥	湖南省岳阳市临湘市白羊田镇合盘村张家组	明代	较差		明正德十四年

明清古桥名录

桥　名	形式	地　　址	年代	现状	保护级别	备注
牛螺石拱桥	石拱桥	湖南省岳阳市临湘市桃林镇永丰村牛螺冲组	清代	一般		
桃林河老桥		湖南省岳阳市临湘市桃林镇笔山村菜业组	清代	一般		
斋公桥		湖南省岳阳市临湘市桃林镇东湖村杜家组	清代	一般		
西流桥		湖南省岳阳市临湘市桃林镇旧李村西流组	清代	一般		
石　桥		湖南省岳阳市临湘市桃林镇东方村石桥组	清代	一般		
李婆桥		湖南省岳阳市临湘市桃林镇谢塘村下屋组	清代	一般		
株树桥		湖南省岳阳市临湘市桃林镇潘费村上费组	清代	一般		
古塘石拱桥	石拱桥	湖南省岳阳市临湘市羊楼司镇四合村朱楼坡组	清代	一般		
井湾石桥		湖南省岳阳市临湘市羊楼司镇中和村井湾组	清代	一般		
鲁家石拱桥	石拱桥	湖南省岳阳市临湘市羊楼司镇龙源村鲁家组	清代	一般		
庙嘴古桥		湖南省岳阳市临湘市羊楼司镇中和村四屋组	清代	一般		
漆坡石拱桥	石拱桥	湖南省岳阳市临湘市羊楼司镇四合村漆坡组	清代	一般		
漆坡石板桥	青石板	湖南省岳阳市临湘市羊楼司镇四合村漆坡组	清代	一般		
太平桥		湖南省岳阳市临湘市羊楼司镇幸福村老屋组	清代	一般		
梅池石板桥	青石板	湖南省岳阳市临湘市羊楼司镇梅池村梅池组	清代	一般		
梅池石拱桥	石拱桥	湖南省岳阳市临湘市羊楼司镇梅池村梅池组	清代	一般		

茶道上的云登桥

云登石拱桥

石拱桥铭文

临湘市白羊田镇合盘村张家组的南源港上，发现一座明代正德年间修建的石拱桥。

石拱桥为南北方向，桥跨为3.2米，桥面宽2.8米，为火山岩石雕琢券拱而成。桥下券拱石上镌刻："皇明正德十四年（1519）十月立。"距今500余年。

石拱桥东为岳阳县的草鞋岭、望江亭；南为蔡家塘水库；西为岳阳县的乌江；北面紧依张家组屋场。据老人讲述：此桥名"云登桥"。因张家屋场明代正德年间，有族人"步履青云，高登龙榜"，故捐修此桥而名之。

云登桥有"百步三搭桥"之誉，汇集在三条溪港之上。它自古就是，连通"平、临、岳"的营道，是明清时期一条繁华的茶马古道。平江县的茶叶、山货经临湘南冲古村，运往岳阳筻口、岳州古城。沿途设有酒肆、饭铺、槽坊、当铺，人来马叫，热闹非凡。

云登石拱桥的发现，进一步证明了临湘市白羊田镇合盘村为明代茶马古道的重要驿道。

鹤仙桥，茶道上的功德桥

在临湘聂家市权桥村与东红村连接的"东海名家"屋场边有座石拱桥，它像一位精神矍铄的老人，匍匐于"东流水"的溪流之上。这就是杨林产茶区通往聂市茶坊、茶庄的一座功德桥——鹤仙桥。

鹤仙桥为青石拱桥，外弧长11.4米，桥面宽2.95米，券拱高2.5米。两边共置石阶 16 级，石阶中置有行车石板，石板上留有深深车辙痕迹。桥两侧垒砌桥挡石，部分残毁，整座桥体保存基本完好。

聂市鹤仙桥

早在明朝之初，这里只有一座简单的木板桥，每当汛期暴雨过后，"四时雨集岚峦之水，瀑布倒倾，跃马不前，编羽难渡。""衍至小溪之上，架木为梁之上，仅堪徒步，车马皆下踏焉。遇山溪横溢，桥屡去而数更，乡人皆苦之。"过往掮担茶农只能赤足淌渡，推线车之人，更是苦字难当，前需人纤揽，后需人左右推扶，一辆线车需增加三至四人，才能艰难地涉渡。时权衡父子亲历目睹茶农淌涉之苦，为茶农"寸之中有方便路，见此桥，余欲修而治之，架石为久远之计，庶见渡免徘徊之叹，临流免汪洋之阻"。下决心为乡邻修造一座石拱桥。建桥之初，有鹤云霄而来，遂投溪，长鸣数声而去，飞十丈余，有依附之状。余曰口："仙人至矣，必子之诚心有感。矢，一念而先人至，子之福寿自绵，永无疆矣。请急出厘财，以实佳兆。越三月而桥成，额其名曰：鹤仙桥。"

据《权氏族谱》载：权衡字岳南，生于元统元年（1333）。元末时"坚志林壑"，自明太祖朱元璋，初征襄阳，传檄"凡故元世袭，官家第子，有志勤王者，复封官爵"。公义勇直前，征入参军。所言悉如上意，初封随营先锋，累进有功，加封将军，世袭应天指挥。旧《临湘县志》记载："权衡，世袭官爵，子洪、浩、海。父子俱握兵机重权。自建文靖难兵起，父子抗拒不服，及永乐登极，潜逃山西山阴县，会宣德赦诏归湘。建造权家桥，至今碑文磊落。"

宣德年间，岳南父子喜获赦免，荣归临湘聂家市权桥乡间。他们在山西山阴县二十余年，也被晋商"敢为人先，不畏艰险，开疆拓土，以义制利"的精神所感动。于明朝正统己未（1439）之秋八月，自山阴解组荣旋，"谒车马圜驵。""余甫离公车，暂脱苦海，思故乡有日矣。桑梓社里，得毋有殊焉者乎！吾欲偕友野览纵迹，少杼契阔，余辈群诺。"立志为家乡茶农，慷慨解囊，乐襄其成，建造一座石拱桥，以解永久之忧。

石拱桥竣工之时，桥之上，磅礴叠砌，奠若磐石，来行往斯，车尘马迹。桥之下，鸢飞鱼跃，翱翔天地，鳞族介鲜，聚处而宜。桥之旁，花开鸟语，烟景凌云，柳梢新月，顷头红轮。倘者坐，憩者凉，劳者息，喜者狂，饥者可含，饮者可觞。樵歌牧唱，晚籁叶簧。公子狂人，或蹈醉乡，前呼后从，安车锵锵。而或水落石出，晚噪夕阳，晨昏熹曙，游子他乡。问仆夫，今前征指斯桥而迈往。更有乐者，桥之落成，永解茶农淌水之苦，无须赤足涉水，无须行车纤扶。此岳南之功德也。

鹤仙桥为明代建筑，它连接着聂家市的兴茶之路，圆了茶农的希望与梦想，传颂着岳南公的千秋功德。

万里茶道上的"太阳桥"

在岳阳临湘市羊楼司镇龙窖山村黄花组的黄花山上有一座石拱桥。

清晨，当你站在桥西，看见太阳喷薄于清澈的溪水，在桥孔中冉冉升起，金光洒满青山。

傍晚，当你站在桥东，就会发现太阳从青黛色的桥孔里徐徐降落，带着余晖藏进山墅。

每日清早，茶农背篓携浆而出，傍晚，满篓青叶而归。他们亲近黄花山的土地，追逐着黄花山的太阳。

一早一晚两幅日出日落的壮丽景色，陶冶着黄花山世世代代的茶农。因此，茶农们就把这座拱桥叫作"太阳"桥了。

太阳桥位于海拔820米的黄花山，建在山势陡峭，溪谷密布的太坡嘴和稿背山之间的水口上。溪水自西向东，从桥下潺潺流过后，从陡壁飞泻而下，落差近30米。拱桥掩映在翠竹、林海中，风声、涛声、水声、鸟声，声声悦耳。

太阳桥呈南北向，为单拱青石拱桥，桥长6米，宽3.2米，拱高2.6米，拱跨长1.9米。拱桥东西两侧用厚约30厘米，宽20—40厘米长度不等的青条石，在天然岩石上垒砌7层为拱基石柱。然后，在拱基石柱上，用宽30厘米，长100厘米，厚15—20厘米的9块青石券拱。拱基石两侧再用较平整的石块垒砌成桥垱石，形成桥面，桥面平坦，为清代建筑。因拱桥建在高山的溪谷之间，比一般石拱桥跨度要窄，而券拱较高，酷似一道关隘的关卡。加之拱桥又位于黄花山屋场北面，锁住了整座黄花山的山水财气，又是黄花山的锁财桥、镇山

黄花山石拱桥

黄花山石拱桥局部

桥。拱桥通往南北，在南北的山壑幽谷间，铺有运茶的青石步道，从步道的磨损痕迹，记录着太阳桥昔日茶事繁忙景象。

20世纪70年代以前，黄花山屋场居住有30余户140多人。村民以耕山、植茶，竹木加工为业，以吃政府统销粮为主，种植红苕，玉米等农作物为辅，经济作物主要是茶叶，油桐。后因龙窖山下修建一座蓄水近亿方的龙源水库，进山之路被蓄水淹堵。随着移民建镇之幸事，村民纷纷搬下山来，融入了小城镇建设的行列。

历史刚刚跨进21世纪，随着瑶族寻找千家峒行动的帷幕拉开，黄花山又开始赋予新的生命和活力。北宋范致明撰写的《岳阳风土记·临湘篇》中载："龙窖山，在县东南接鄂州崇阳县雷家洞、石门洞，山极深远，其间居民，谓之鸟乡，语言侏离，以耕畬为业，非市盐茶，不入城市，邑亦无贡赋，盖山傜人也。"黄花山隶属龙窖山，在北宋抑或以前也曾居住过瑶族先民。随着田野调查，考证研究工作的深入，通过科学论证，认定龙窖山千家峒与瑶族传说中的千家峒相印证，是瑶族历史上早期的千家峒。黄花山保存大量以石构筑物为特征的堆石墓群、石屋居址、小神庙、石拱桥、石墈梯地、古茶树等文化遗存，尘封着黄花山先民耕山创业的伟绩。

近年来，在"万里茶道"申遗活动龙窖山区古茶道勘察中，确认黄花山以她特有的石墈梯地、古茶树，特别是青石古道、"太阳桥"等重要历史遗迹，连接成一条长长茶马古道。龙窖山地区，湖北通城、崇阳等地的茶叶初制品，山民们肩挑背驮经马坳山、黄花山、高冲鲁家、晏家山、大小港运至湖南羊楼司，湖北羊楼洞茶庄、茶行，通过加工制成茶砖。然后，经聂市码头，新店码头，渡黄盖湖，进入长江，运往汉口。再经汉口运至张家口，分为东西两线，远销蒙古国、俄罗斯等地，形成中国历史上著名的"万里茶道"。

"太阳桥"作为古文化的载体，是历史的见证物，又是"万里茶道"上的一块史碑。让龙窖山茶尽快地走向世界，使这座古老的石拱桥，焕发出新时代的青春。

"立木桥"的故事

清咸丰、同治年间，小港冲里，曾氏茶庄的生意红火，可谓繁荣鼎盛时期。茶叶外销量大，茶盈颇丰。曾氏茶庄一边精心业茶，尽收其利；一边乐善好施，热心投资公益事业，修桥铺路。二十年间，曾氏牵头，带动族里乡邻捐助，先后修建了大、小七座石桥。其中，小巧的"立木桥"，不仅简易美观，富有传奇故事，而且对小港冲里，一百多年以来，曾氏家族一脉相承的后裔为人处世的作派，起着潜移默化的影响。曾氏茶庄的茶生意所以日益红火，经年不衰，与其乐善好施，诚而守信的商德是密不可分的。

据老者讲述：咸丰三年（1853），曾氏茶庄传人曾锡巩，（因公道公正，族人通称巩公）。召集乡邻议事："我想在茶庄上、下游两头，分别修两座石桥，一来连接小港河东西两岸茶庄通道，便利过往；二来也方便庄前古道上过往客商，车马驮队畅行。我虽然负重牵头，但孤掌难鸣，还仰仗众乡邻鼎力相助。"众人一听，巩公所议之事正是众望所归，于是拍手赞颂。巩公接着说："我意先修上首一座，明年再修我的门前下游这座。"众人患疑：分明下游人多车众，过往频繁，且巩公自家茶庄也在下游，为何不先修下游之桥，方便自家之门，而舍近求远呢？公曰："放心吧！我已攒下纹银八千两，所缺经费还有乡亲们解囊相助，两座小小石桥，何愁不成？"有老者点头赞曰："这就是巩公不同凡响之处啊！"众人欣然，遂开山凿石，动工修桥。

第二天，巩公用木板书写了"立木桥"三个大字，临时立于桥头工地。并向众人宣告："我已命名此桥为'立木桥'"。众人不解，有人试问巩公："明明是打石修桥，这为何又取名'立木桥'呢？"巩公曰："我愿立木为信。"他便向众人讲述了一个远古的故事。

秦国宰相商鞅，力举变法，得到秦孝公的大力支持。为了树立盖众威信，推进变法的顺利实施，有一天，商鞅下令在都城南门外立一根三丈高大的木头，当众许下诺言："有谁能把这根木头搬到北门，我赏爱金10铢。"

围观的人群不敢相信，天下哪有轻而易举就能得到如此丰厚赏赐的事情。因此，没有一个人敢去搬木头。商鞅想了想，就宣布奖赏提高到50铢。这下可好了，人群中开始议论纷纷："重赏之下，必有勇夫"。果然，有人站出来，将木头搬到了北门。商鞅当众立马给了他50铢，围观众人老幼称颂。

商鞅这一举动，很快在都城传闻，深深地打动了百姓。他花了50铢，树立起"言而有信"的威望，确保了变法的顺利实施。商鞅变法后，秦国渐渐强大起来，最后统一了中国。

这就是经传不衰的"立木为信"的典故，它成为华夏子孙代代相传的佳话。听完故事，众人拍手称快，望着巩公诚而守信的神志，人们施工的劲头更加高涨……

半月工夫，桥成。巩公吩咐石匠，将自己题写的"立木桥"勒石为碑，立于桥头。

一百多年，风雨沧桑。立木桥坏了又修，修了又坏，现在已经为宽敞平整的钢筋水泥桥了。旧貌不复存在，但"立木桥"之名，永远安在。它穿越了一个多世纪的岁月屐痕，见证了历朝历代无论为官为民，不同形式，不同内容的"诚信为人为官"之道。今天，还乐意让人们将它永远镌刻在现代水泥桥头，期待未来世态"立木为信"的相传，走向更加灿烂的辉煌。

第二节　亭堂关隘　茶话渐远

　　临湘古代的茶亭、关隘居多。茶亭大多修建在两山相连的山坳或山岭的运茶通道之上，其功能可供运输茶叶的茶农憩息、打捎歇伙、乘凉、饮茶、躲雨，或放置些劳动工具等等。原有聂家市的打狗岭茶亭、走马畈茶亭、雪坳茶亭、荆竹山黄泥凼茶亭、乘风岭茶亭、龙窖山绿水茶亭、晓煦山茶亭、响山八公茶亭、鲫鱼洞洞中亭、陆城鱼梁茶亭等五十多座古茶亭。聂家市杨林里茶亭，文人墨客还留有楹联墨宝：客聚茶亭茶亭聚客，人行方便方便行人。现仅存有荆竹山黄泥凼茶亭、羊楼司撑旗岭茶亭、白羊田羊古岭茶亭。

　　相传"巴陵有四十八洞，临湘有四十八关。"古代关隘的功能也近似于茶亭的作用，关隘还有一项重要的功能，抵御外部的侵略，是重要的军事防御设施。据传，清咸丰年间，为了抵御太平天国的进攻，朝廷选派临湘籍的官员回家乡建造防御工程。未想到官员回临湘后，把钱用在自家林园建设上。后来朝廷要派大臣来临湘视察，官员只好在山岭间修建了些关隘来搪塞，名曰"忠于朝廷，严防职守"，这里也更名为"忠防"了。现存有雁峰关、永清关（又名精忠门）。

　　临湘也是多元文化之地，原建有天主堂、福音堂及万寿宫等宗教场所及帮会会所。天主堂、福音堂是西方教会设在盛产茶叶的聂家市和羊楼司的教会场所，以传播西方的教会文化为主体。建筑风格以西方文化为主，或多或少地融入东方和本土文化元素，万寿宫为赣商设在聂家市的茶业商会，主要供奉关公菩萨及帮派集会之地。福音堂和万寿宫均毁于"文化大革命"时期，目前，幸存天主堂。

　　临湘的古茶亭、古关隘、天主堂、福音堂、万寿宫都是茶道上重要的文化遗存。在"大跃进"时代、"文革"时期遭到破坏，这些遗存所剩无几。但它们见证了明、清、民国时期，临湘茶叶发展的兴衰历史，是不可多得的文化瑰宝。

荆竹山和荆竹亭的故事

春秋、战国时期，八百里洞庭湖统属楚国荆州辖地。

相传，在洞庭湖之东，有座荆山。在荆山脚下，有个小山庄，三、五十户人家依山接庐而居，名曰"荆山庄"。庄人在洞庭湖上打鱼，在荆山上种茶，往陆城市邑卖茶、易货。来来往往，荆山便成了山区通往县治陆城的必经之地。南来北往的商人、捐客，骑马牵驴、肩挑背驮，沿石级、栈道，越涧溪、缘陡崖、翻越荆山，将大量的茶叶和山货运往县城交易。山庄是最好的歇脚之所，随之，给山庄带来"世俗"和热闹。人们世世代代安于种茶、卖茶，虽说累点、小日子清淡得悠然自在。

不知是何年，村子里有了一个神奇的传说。

一日清晨，群峰还弥漫在雾霾之中。张三爹又像往常一样，带着儿子大牛，来到荆山上翻挖茶苑地。忙过一阵子，老汉放下锄头，准备吸袋旱烟，歇息一下。他定神一看，地墩边大牛正张着大嘴巴，一双眼睛死死地盯着前方山峰。张三爹顺着儿子的目光方向望去，仿佛看到约百丈之外，一根高大的金色竹子、枝叶茂盛，正矗立于山峦之巅，金光灿灿的闪闪放光。金竹慢慢移动着，大牛的眼睛一眨也不眨地跟着转。张三爹拍了儿子脑袋一巴掌："大牛，快追！咱家要发财了！"说完就朝着金竹子方向追去。追呀！追呀！眼看就要追到金竹子了。忽然，金竹子又一闪，飞快地移到了另一个山头。父子俩暗暗地对了一下眼色，铆足了劲，跟着金竹猛追。那金竹就像故意捉弄人似的，总是在离父子俩不远处走走停停，可就是让父子俩追不着。追了一上午，茶苑地冒挖，金竹冒追到手，父子俩有气无力地瘫坐在地上。

第二天，村民听说张三爹在荆山上发现了会跑动的金竹子，感到非常惊

"弁氾佛大仙之位"石碑

荆竹山凉亭

奇。于是，男女老少全部出动，跟着三爹来到昨天最后发现金竹子停留的"梨树尖"。一看，果然有根高大的金竹子还立在那里。一大群人就追着金竹子，漫山遍野地跑。有的陡生心计，来了个弯道堵截，四面包抄，还是追不着。追了半天，人们把个荆山跑遍了，连根竹杈都冒追到，一个个垂头丧气地回到村里。

那天夜里，山中总是隐隐约约之传来一种奇怪的声音，像风吹，又像雷鸣，时远时近，时强时弱。有静心细听的老人说："好像是有人在喊金竹子来啦！金竹子来啦！"越讲越神奇，人们越听越诡秘。

清晨，人们聚集在禾场上，议论着晚上的事。待云雾开始散去，啊！群山之间，半山顶上，好像真的长满了漫山遍野的竹子。远远望去。上半山黄色的竹与下半山绿色的茶，一分两色，好像是水彩粉画出来的一样，好看极了。这时，一位白发老者撷着胡须喃喃地说："前一向，我正是梦见有个叫么子'泛福'的仙人，云游到了荆山。他看到满山都是茶园，采茶的村姑和挑茶的农夫，一个个汗流浃背、劳累不堪，生发了怜惜之心。便吟道：'家有一园茶、子子孙孙满山爬；家有一园竹，子子孙孙享福禄。'哎，此山为何不长些竹子，让他们砍竹卖钱，年年砍、年年发，这比种茶、卖茶轻松，省事得多啊！"讲到这里，老人若有所思地说："我明白了，这两天山上出现竹子幻影，今天，这竹子又真的长在山坡上了，这些印证了我的梦境。乡亲们啦，这是神仙在赐福啊！"人们一听，齐刷刷跪在地上，向着荆山、向着苍天，连连叩首，久久不肯起来。

从此，勤劳的山民在山上植竹，在山坡种茶。他们植竹爱竹，种茶爱茶，以竹、茶为业，两两生财。年复一年，日子不断殷实起来，不知是何年，人们将荆山改叫"荆竹山"了。

人们忘不了竹子的来历、忘不了赐福的仙人。年年岁岁，山民择日搭台唱戏，设坛焚香、祭祀赐福的大仙和破解玄机的老祖宗。

清咸丰八年（1858），族人姚盛主事，提议在荆竹山过坳的山口处，修一个凉亭，连接南北两边的山路。一来可供过往客商歇脚，喝口清泉水；二来在亭中设案供奉赐福的"泛福大仙"，以求我山庄福禄延年。众人应诺。是年，族人捐银三百六十伍两，请来石匠凿石垒墙，众人出力帮工，不出一月，建起了大凉亭，名曰"荆竹亭"。在亭前立下两块碑石，勒石铭文，以纪事和弘扬族人捐资之高风亮节。

岁月荏苒，今凉亭安在。可惜，年长月久、风雨侵蚀，碑石铭文大都脱落，无法辨认。只有主碑上尚存"弁汜佛大仙之位"和"信士姚盛倡立"等字眼，隐约可辨。据传，曾有佚名联曰：

楚甸呈图辉朝日；荆山入画霭夕阳。

李石菴与撑旗亭

清代迎来了久违的"同治中兴"。羊楼司万善团（今黄沙村）竹山里、花屋里的茶农顺应历史潮流，抢抓时代机遇，大力发展茶叶生产，扩大茶叶种植、采摘和加工。因茶而富者，日进斗金者，比比皆是，李石菴就是殷实大户之翘楚。

李石菴是当地很有影响的秀才，天生有个灵活的脑袋瓜子和善于经营管理之术。他不拘泥于墨守成规，勇于开拓进取，是位敢于先吃螃蟹的人。他在茶叶经营上，把天理常存心上，不瞒老，不欺幼，义取四方。首先走出大山，四处捕捉茶叶销售的商机，曾经多次来到羊楼洞、羊楼司、聂家市，甚至直接找到汉口市场，与俄商、晋商、赣商等茶商对接，联络感情，交友甚笃。采取请进门，送出去的办法，学习业茶方略和经营门路，赢得广大茶商的青睐。晋商和粤商曾在竹山里、花屋里设有茶庄，较好地解决了茶叶采摘时的劳力与提高茶叶质量等问题，深受茶商茶农的拥戴。因而，李石菴也成为日进斗金的首富者。

清同治十三年（1874）初夏的一天，李石菴从汉口销售茶叶返回竹山里，撑旗岭是其必经之道。时至傍晚，天也渐渐地暗了下来。他走到撑旗岭上，就想起老辈人的讲述：这里曾是东吴大将黄盖撑旗立寨之地，故而得名。突然间，耳边响起千军万马的奔腾、喊杀声、马嘶声、桨橹声，随即传来，真是"肷陋同陋然而"，"彼犹求能深知之也"。这里虽有茅舍，但也无人居住，"非为聘游观远眺望也"，"是此亭傍有茅舍数椽，坐不满十余人"，"遇风雨骤此，遇客

不履如洗，夏日派暑涩涩寒慄，所逃避而檐影朦胧，萤火熠熠，四无人声，中待石持欲待白于东方"此宿于中道，遄征者旨为仅予等居登山下目击而心伤。他曾在心中暗暗许诺："你赐给我一线亮光，日后我为你造一座凉亭。"这是李石菴夜过撑旗岭时，最为忐忑和畏惧的心态。顷刻，他突然觉得眼前一片光亮，顺势下得山来。

在他的倡导下，山下的绅士、茶农纷纷响应，踊跃捐钱捐物。不久，一座崭新的凉亭就屹立在撑旗岭两峰之间。新亭"仰逼穹苍，俯极万类，南指药姑，北控黄盖""山川相缭，郁错绮分。迁客骚人，偶遇而徘徊焉""何必湛禀之华，而弗陋乎。美不自美，因人而彰"。新亭建成，特书捐户芳名，勒之贞石，作为善者而告之。亭也以其原地名，曰："撑旗亭"。撑旗亭竣工于同治十三年（1874），岁次甲戌孟秋月。

撑旗岭亭坐东北，向西南，长826厘米，宽475厘米，高440厘米，虽经过多次的修缮，仍为一门六柱小青瓦覆盖的通透式凉亭。亭内保存原建亭时的条石和石凳。西南面石柱中镶嵌一通长120厘米、宽67厘米、厚20厘米的"撑旗岭亭记"碑；东北面石柱中镶嵌一通长90厘米，宽67厘米、厚15厘米的

《撑旗亭记》碑石

捐建碑；亭内还有一通长120厘米、宽50厘米，厚12厘米，民国三年（1914）万善团立"禁止车行"碑。

《撑旗亭记》以区区360字的短文，刻录了建亭的起因和新亭竣工的环境。并刻录了首士：陈廷、余中丙、李石菴、颖思、李巨菴、聂南炳、李显忠等三十六位捐建者的芳名。事后，聘请专人负责撑旗亭的日常事务，改变了该亭无人看管之现状。

撑旗岭亭历经150余年的风雨洗涤，虽然面目全非，她却书写了清代"同治中兴"时期，羊楼司万善团（今黄沙村）发展茶叶的辉煌历史，茶商、茶农的友好过往，成就了茶叶史上之瑰璋。

附：撑旗亭记（碑文）

　　□夏八月作新□□撑旗岭两峰之间因道路为□□□□无稻机節搅之□□槛石具□（舟）□不施见者□不□之□肽陌同陌然而□□之□彼犹求能深知之也凡是□仙□有利生民为最□亭也非为聘遊观远眺望也是此亭傍有茅舍数橼坐不满十余人□睹□肽遇风雨骤此遇客不履如此洗夏日派署□□寒懔所逃避而或□影朦朧萤火熠熠四无人声中□石持欲待白于東方□此宿于中道遍征者旨为僕予等居□山下目擊心傷爱□□父老倧基立亭以帡幪行人焉而□峯一倡捐金者川响应不数□而木石告成□是亭崒肽起于岩竹之中仰逼穹蒼俯极萬类南指蘽姑北控黄界山川相缭躬错绮分迁客骚人偶遇而徘徊焉睹烟復澄鲜樹□阴类禽鳥親今清□悦年根具踩勃□恨不携朝眺惊人□来□何必湛禀之華而弗陋乎美不自美因人而惊昔□□澜亭已肽矣亭成特書其捐户芳名勒之贞石以为作善者勒止即其地以名亭焉类曰撑旗亭

同治拾三年岁次甲戌孟秋月吉日立

首士

陈□廷　余中炳　余世□　□颖思　李石菴

聂南炳　李显忠　李巨菴等三十六人

白羊田镇羊古岭凉亭

　　白羊田镇的古茶道叫羊古岭茶道。沿着崎岖的小路拾级而上，拐过第一个弯道，来到了方山村八脚岭（百角岭）水库。沿着水库的侧道，顺着弯曲崎岖的麻石石级向上攀登。走过了断断续续的10段石级路，累计加起来约有1200多个石级，全长约3千米。石级路上，每块石板长105，宽40，厚30厘米不等。中间还有多处二块麻石相拼的小桥，架在山溪间，只是深秋枯水季节，山涧不见溪水。搭桥麻石长98厘米，宽35厘米，厚22厘米。整条石板道中，有一地段，存在石级垮塌的现象。快到山顶的结合部，有一座凉亭立于古道之中，名叫"羊古岭凉亭"，也叫清坪凉亭。

　　凉亭坐南向北，地理位置：东经113°26′9.3″，北纬29°15′10″。凉亭为长方形通道，长712，宽380，高570厘米，面积约27平方米。亭上覆盖小青

羊古岭古凉亭

羊古岭古茶道

瓦，两面坡水。凉亭南北各置券拱门，宽210，高370厘米。总座凉亭为青砖垒砌，并且勾缝，亭内上截粉饰石灰，下截保留青砖原样。洞门南端两侧各竖立高150厘米，宽28厘米，厚16厘米的麻石角石，洞门北端两侧各置竖立高200厘米，宽28厘米，厚16厘米的麻石角石。凉亭内东西两侧各置一排石凳，共七块条石，最长的长184，宽27，厚16厘米。北门洞的两侧各一块（北门东侧一块，高83，宽35，厚13厘米；北门西侧一块高84，宽30，厚12厘米）捐款麻石碑，字迹斑驳，无法认读。凉亭内上部东面墙上书有两条毛主席语录，一条为："领导我们事业的核心力量是中国共产党；指导我们思想的理论基础是马克思列宁主义。"另一条为："国家的统一，人民的团结，国内各民族的团结，这是我们事业必定胜利的基本保证。"凉亭门洞顶部原书有："祝毛主席万寿无疆"；两侧原书有对联，均被石灰覆盖。居住在方山村部的老人廖石林（88岁）说："羊古岭凉亭重建于20世纪60、70年代。当时，为解决上山劳作群众的休息和过往运茶民众的休憩之所。"羊古岭茶道是西岗山（原东风村）通往白羊田镇的运茶大道。

雁峰关

雁峰关建于清咸丰年间，为清代防御性建筑，位于临湘市东南边陲重镇詹桥镇团湾村鸿雁组。距离临湘城区30公里、詹桥集镇8公里。雁峰关夹于凤凰、鸿雁二岭之中，坐东北向西南，由关墙、关门、古道组成。火墙上面筑有碉堡，北侧建有祭祀东吴大帝的小庙遗址，庙宇现已不存。

雁峰关

雁峰关保存较完整，关墙内为夯土，外墙包砌麻石。东西直抵两侧山麓，条麻石错缝顺石眠砌，砌筑工整。关门为青石券拱结构，门洞宽 2.3 米。南边关门口高 3.4 米，北边关门口高 2.4 米，券拱门眉镌刻"雁峰关"三字。关卡直通南北的古街道和青石台阶，保存完好，现存少量清晰可见的烽火墙。周围有几栋清朝时期的老屋，商铺门板、石大门、青砖青瓦和青石、麻石铺砌的古街道。2018 年，公布为湖南省级文物保护单位。

永清关

永清关屹立在临湘詹家桥镇新沙村过往岳阳毛田乡的分界岭上，驻"一夫当关、万夫莫开"之险。是岳阳市级文物保护单位。

永清关呈东西走向，全长 26.3 米，宽 4.2 米，高 9 米（现残存 2.8 米）。关墙中间填满山土，用长方形条石砌成石墙。券拱关门高 2.7 米，宽 1.8 米。两侧各用块石砌成基柱，基柱上再以楔形条石券拱。北面门楣上方镌刻"永清关"；南面门楣上镌刻"精忠门"。券拱通道顶部刻有：大清咸丰七年□月造。

时传，临岳两地流行"岳阳四十八洞，临湘四十八关"之说。永清关历经 160 多年风雨沧桑，是临湘四十八关幸存者之一。

永清关

聂家市的天主堂

　　天主堂位于国家历史文化名镇、湖南省重点文物保护单位临湘市聂市镇。处于老街（下街）的北端，东依聂市河，南望老街的下河街。坐标为北纬 29°34′36″，东经 113°29′33″。天主堂始建于清宣统元年（1909），原建筑群由天主堂、牧师楼、庖厨、澡堂、教会育婴堂（或学校）及院落、池塘组成。目前仅存天主堂文物本体一幢。

天主堂

　　天主堂祀奉耶稣基督，似西欧巴西利卡教堂风格，为砖（石）木混合结构，建筑面积 226 平方米。前立面采用西洋三间三门重楼式牌坊，牌坊立面上为彩画门罩。两侧为圆形装饰，浮雕、海藻、鱼类、海洋动植物，显示出西洋形式的基本格调。采用单层双坡顶，小青瓦屋面，黄褐色釉寿头滴水瓦，彩绘门罩，内厅柱基等中式传统做法，凸显诸多"中西合璧"的元素，是将西方宗教建筑和中国古代建筑建造理念完美结合的成功实例。同时，显示出"万里茶道"中西商贸与文化交流的繁荣、发展和衰落的过程。其本身携带诸多历史痕迹，也具有束缚力，警惕"见利忘义、不仁不义、损人利己、独网其利"等邪恶动机的产生，树立起诚商廉贾的商家正气。在奉祀、崇拜过程中，受到以义制利，义为利本，伦理规范的制约。从而，铸就了"茶通天下、货通天下、汇通天下、德通天下"的晋商精神。

　　解放后，天主堂改为临湘第三完全小学。五十年代中期改为聂市造纸厂。1967 年，大水冲毁了其他附属建筑，主教堂保持至今。

聂家市的万寿宫

　　万寿宫又名许真君祠。是旅居聂家市的江西商人、劳工的会馆。位于聂市中街部位，是聂市较大的宗教场所之一，占地面积十余亩。

万寿宫建于清光绪二十六年（1900），祠坐北朝南。祠前有一广场，周围建有围墙，东北两侧面建有高大牌楼门，颇为壮观。围墙用5尺×1尺×1尺规格的花岗岩条石砌

聂市万寿宫旧貌

就，高约二米。广场中有一座高约2米的铁鼎。祠内右门边有一座高约2米的铁钟，用大木架悬吊，撞击时，声振数里。宫堂数重，宽敞高大，金碧辉煌。正面有三个宫门，正门高大，左右侧门较小。宫内分左右两个前殿，供奉关公、许真君、观音菩萨、韦陀、日月二神及六手菩萨等九尊塑像。宫殿内到处设有神龛，周围围以布幔。

外围另有附属建筑大、小房间十余间，宫中建有一间大会议室，可容纳一百余人，长年用作学馆。抗战前后、聂家市著名塾师戴筍丹、杨葆初在此设馆授教。

从晚清时期起，万寿宫一直是老少玩耍的极乐世界。每当夏夜，三五成群的妇孺老少，爱到这里乘凉、讲故事、说笑话、谈新闻，其乐融融。

解放后，宫内拆掉一些间墙，大厅可容纳千人，供聂家市集镇上放映电影，召开大会等用。20世纪90年代，主体建筑被拆毁。附属建筑改建成民房。

羊楼司的福音堂

福音堂位于羊楼司临湘街（现中洲居委会）中部、背靠青山茅坡岭，面对潘河，占地二十多亩。

民国十九年（1930），羊楼司本地私塾先生孟新泉牵头，引进美国教会资金筹建的。整体建筑群由主教堂、学馆、宿舍、伙房、公务房和操场组成。主体建筑高大雄伟，门楼顶上立有醒目的"十字架"，在小镇古街上，犹如鹤立鸡群、十分气派。

厅堂内的水泥结构地面，磨得光滑如镜，可照见人影。墙壁上的欧式门窗和壁画，搭配得体、显得和谐悦目，耐人注目。

外国传教师来羊楼司后，古镇兴起了"信教"之风，有

羊楼司福音堂旧貌

200多人加入了教会。传教师在福音堂传教，时称做"礼拜"。每到"礼拜"日，教堂内几盏大汽灯，照得通明，厅堂内金碧辉煌。课完，教师们邀信徒跳舞，用留声机播放外国"洋舞曲"。窗外围观的群众里三层、外三层，可谓大开眼界。福音堂毁于20世纪70年代。

第三节　塔矶码头　兴衰几度

　　临湘幸存有两座古塔，一座是建于清道光年间的培风塔（陆城臣山铺）；一座是建于清光绪七年（1881）的临湘塔（长江南岸儒矶码头）。建塔的初衷，主要是"镇妖辟邪"，而临湘两座古塔却是"育人为本"的文风塔。臣山铺上的培风塔，塔名就突出了培育文风，重视教育，崇尚儒学，举全社会之力，倡导和形成"穷则独善其身，达则兼济天下"的读书环境，故而名之"培风塔"；临湘塔是临湘"文武两星"（刘璈、吴獬）的杰作。在建塔选址时就发生过争议与分歧，有人主张把塔建在寡妇矶，刘璈反对说："寡妇矶其名不祥，又水流湍急，气势汹汹，缺少雍穆气象，其文风必是诡谲不正。"吴獬接着说："宝塔可建在儒矶，一塔镇三险，又可取润云梦之泽，怀洞庭之壮，得长江之奇，收群泊之穆，休矣美矣！"吴獬在《临湘塔记》中就充分体现刘、吴"兴教以救国，济民以强国"的政治抱负，"忧乐关天下，拯中国救世界"的责任担当。

　　临湘拥有38.5公里的长江岸线，通江达海。这段岸线分布着长江上的"三把半锁"（三道关隘）。长江南岸三道关隘与长江北岸三道关隘相对而立，使长江水位在这里不断飙升，惊涛骇浪，波浪翻滚，乱流电转，卷起千堆雪。最著名的矶头就是临湘矶（大矶头、寡妇矶）、儒矶、白马矶、鸭栏矶。

　　临湘拥有两处内河运茶码头，一处是聂家市码头，屹立于聂市河上，聂家市茶厂（茶庄）生产的青砖茶，集结于聂家市码头，经黄盖湖、太平口，入长江，顺水而下至汉口集散；一处是新店码头，屹立于潘河（临湘，赤壁界河）之上，临湘羊楼司、赤壁羊楼洞茶厂（茶庄）生产的青砖茶，集结于新店码头，经黄盖湖、太平口，入长江，顺水而下至汉口集散。聂家市码头有福爷巷码头、康公渡码头、沿河码头等十一处装船的码头（埠头）。新店码头有泥湾码头、桥码头，太平码头，坦渡码头等八处装船的码头（埠头）。聂家市、新店码头水上交通十分便捷，夏汛来时，长江上的舟楫鱼贯而入，沿埠船艄相错，桅樯林立，装茶船舶几可塞河。夏口（汉口）、岳州货轮鼓浪来港，吞吐食货，埠头、牙行、茶肆，商贾云集，素有"小汉口"之称。

临湘的古塔、古矶头及运茶码头，它不仅是历史文化的遗存，也是临湘人民永恒的记忆。当历史的车轮碾过一段时空，当留恋的回眸聚焦于沧海桑田，我们这才发现，历史变迁中，逝去的只是虚无缥缈的荣辱于忧乐，留下的却是人类创造的精神和智慧的结晶。

颇具神功的临湘塔

清光绪初，面对长江航道"三把半锁"险关的灾难，县令黄庆莱感到束手无策。这时，福建分巡道、台州太守刘璈，倡议在家乡临湘建造一塔，以镇江治水，改变家乡培育文风之现状，这与黄县令是不谋而合。清光绪七年（1881），临湘塔竣工落成，因建于儒矶山头，故又名"儒矶塔"。宝塔为七级实心砖石结构的楼阁式砖塔。塔高 33.436 米，正方向为南偏西 20 度。塔基座为花岗岩基座，占地 75.3 平方米，高 2.03 米。塔基上呈八方形，三级台阶逐层内收。每层塔身均上出叠砌砖檐，下设束腰砖座，每层八角砖檐皆出麻石翘脊，每个翘脊的颈部均系有铁质风铎，共有 56 个。塔身每层开有券形神龛或佛龛，且施彩绘。顶部塔刹，砖砌刹座，置石雕仰覆莲和宝珠相辅。抗战时曾遭日军飞机空袭，仍保留有刹座、仰覆莲和一颗大型石宝珠。塔身外壁镶嵌一块汉白玉石碑，镌刻《临湘塔记》。在建塔选址的问题上，曾经发生了较大争议和分歧。有人建议把塔建在大矶头（寡妇矶）上，刘璈反对说："寡妇矶其名不祥，塔建于此，适航无用。寡妇矶又水流湍急，气势汹汹，缺少雍穆气象，其文风必定诡谲不正。塔址可选在县城以下。"吴獬接着说："宝塔可建在儒矶山头，儒矶紧依县城，可一塔镇'三险'（道仁矶、临湘矶、鸭栏矶）又可取润云梦之泽，怀洞庭之状，得长江之奇，收群泊之穆，休矣美矣！"最后一锤定音，临湘塔就建在距大矶头（临湘矶）仅五里之远的长江下游的儒矶了。据《临湘塔记》记载，塔文遵当时临湘县令黄庆莱之嘱托，光绪乙丑科进士吴獬撰文，曾任福建分巡道，台州太守临湘人士刘璈主持修建。

临湘塔为"育人为本"的 文风塔。临湘塔奠基前，刘璈、黄县令、獬老爷进行了深入的沟通。刘璈殷切希望家乡（临湘）通过建塔，"尝守浙江台州试造之，九年而科举的数十人者也，乃倡造之"。临湘也像浙江台州一样，九年时间，能有数十人中举。临湘要倡导兴文之风，培育之风，重视教育，崇尚儒

临湘塔文化公园

学，创立"学而优则贾，日以兴文教为己责，日取士之能文者其艺，而奖掖之"的学风。举全社会之力，彻底改变"水之积也，不厚则负大舟也无力；风之积也，不厚则负大翼也无力"，"吾邑之幸"的局面。宝塔竣工后，"邑得科举之鲜，造塔于是，得者必盛。"临湘已形成"穷则独善其身，达则兼济天下"独有的文化环境。

临湘塔为镇魔辟邪的治水塔。早在明代时，临湘县城就是一座水中之城，四周均被湖泊包围，俗有"四十八湖"之称。明代地理堪舆大师徐元吉，在《诠记》中记载："好个临湘县，江水团团旋。"形象地描述了临湘县域所处的地理位置。清代道光年间，时任临湘知县刘德熙在《浚塞负郭水道说》云："县治外滨大江，而内止宝塔山，北十余里之水，江水虽溢入未至，汇成湖也。"这是造成临湘十年九灾，巨浸不断，民不聊生的弊端所在。而长江依北境而过，河床淤塞、洪水泛滥，也是历年来造成穿堤倒垸的真正原因。由于人类对征服自然的认识不足，往往把自然灾害都归于妖魔邪恶作祟，须建造宝塔而镇之。儒矾塔佛龛内的佛像和大矶头石墙上的蜈蚣雕刻，就寓意着"制龙压胜""镇妖辟邪"的夙愿。

临湘塔为补拙制弊的风水塔。据《三国志·吴书》记载：黄龙元年（229），孙权之子孙虑，封建昌侯，于堂前作斗鸭栏，颇施小巧。陆逊正色曰："君侯宜勤览经典，以自新益，用此为何？"即时撤之。"鸭栏"也由此而得名。事后，一只不服看管逃出鸭栏的鸭子，伏于江岸，伸长鸭脖，垂馋于长江北岸的螺山（田螺），长年累月形成鸭栏矶。传说，江南鸭子呷洪湖监利的螺蛳，厮肥巴陵临湘。巴陵临湘富得流油，监利、洪湖连连灾荒。江北人请风水先生看后才知道，江北遭灾是江南的鸭子在呷螺山。便建议把江北房屋粉成白色，形成死田螺，鸭子就不过江来呷了。果真江北迎来了好年成。儒矶山上的宝塔建成后犹如一根赶鸭的竹竿，赶着鸭子过江，觅食田螺。江北又在螺山的前方，修垒一条长堤，状似一根长篙，名曰"一篙洲"。我用竹竿赶，你用篙子栏，为着补拙制弊，两岸人民世世代代扬长补短，利好互惠。

临湘塔为传递信息的航标塔。临湘塔建在长江南岸的儒矶山头，海拔56米，突兀于江岸。矶岩伸入湍急的江流之中，引起水势流态的改变，上游沙石沉积形成一片沙洲，下游则成泊岸，建有人工津渡。以塔为核心，形成"山、水、塔、洲、渡"为一体的自然风光，蔚为壮观。临湘塔，自然而然成为长江航道上不可或缺的航标。一个多世纪以来，临湘塔历尽沧桑，镇守在儒矶山头，见证了一幕幕商旅船舟，勇闯惊涛骇浪的悲壮话剧。在长江上远远看见临湘塔，给过往船舟提出了警示，船队即将到达鸭栏矶、白马矶至大矶头的险段，纤夫、水手要各就各位，作好奋力拼搏，迎风破浪，平安渡险的准备。船工们精神振奋，全神贯注，进入临战前的状态。进入大矶后，船工们一个个如临大敌，把惊呼化作船工号子，喊的惊天动地，威武雄壮。大风吹来，风铎徐徐作响，向人们发出警示，指挥着过往商船平安渡险，凸显出万里茶道上独有的航标作用。

临湘塔是"万里茶道"上"天人合一"的临湘地标。临湘得天时地利人和，又非常巧合地分布在北纬30°上。神秘的北纬30°，在临湘留下一条神秘的彩虹——龙窖山大茶区。龙窖山茶区滋润着临湘茶叶生长、加工贸易。早在明代洪武年间，龙窖山茶就成为贡茶，"岁贡16斤。"康熙之初，晋商就瞄准龙窖山这块富庶的热土，形成湖南三大茶区之一。龙窖山取之不尽的茶源宝库，孕育着湖南羊楼司、聂家市，湖北羊楼洞的"两湖"茶市，历经数百年不衰。

《明·弘治岳州志》记载：元至正廿七年（1367）至明景泰元年（1450），临湘官府在长江设立"临湘批验茶引所"（地处城陵矶）和"鸭栏批验茶引所"。临湘为何在湘资沅澧四水出洞庭湖后，设立"临湘批验茶引所"？主要是加强湘资沅澧四条水系的茶税征收管理。设立"鸭栏批验茶引所"，主要征收长江沿岸（临湘段）的茶税，来满足国库的充盈。

过往茶商远远望见临湘塔，就知道"临湘批验茶引所"到了，于是作好钱币准备，悉数缴纳茶税。人称临湘塔是临湘县"天人合一"的地标。

临湘矶（大矶头）

临湘矶，又叫大矶头、寡妇矶，它巍然屹立于长江南岸。相传大矶头还演绎着一段悲壮的传说故事呢！

清乾隆年间，有一次，一艘运茶的商船到汉口交办茶箱后，逆水而上返回益阳，船上装满布匹、食盐等货物。雇请的纤夫中，有一位新婚不久的陈姓纤夫，刚度完蜜月就参与拉纤行列。当船行至大矶头时，正遇狂风骤雨，纤夫们拼命地与风浪搏斗。最终，狂风刮断纤缆，纤夫们一个个坠崖毙命，船舟也被掀翻，商人也葬身鱼腹。事后，陈氏妻子沿着江边纤道，苦苦追寻至大矶头。她观其状，呼天喊地，哭断肝肠。她下定决心，四处乞求筹措资金，要在此处修一座矶头，铺设一条纤道。通过陈氏女的发起，凝聚了众多寡妇的响应与参与，终于募集到一笔资金，建成了一个简易的矶头，名曰"寡妇矶"（又曰大矶头）。

大矶头，因位于长江临湘段第二把锁的关键位置，江南、江北矶头对峙，死死地锁住长江。人们又习惯地将其称为临湘矶。

吴獬先生在《创建临湘矶头记》中写道："临湘矶北岸多礁石，舟楫往来皆依南岸，仍有危矶焉。峰峦临急湍，苦无纤路，溯回者遭风不利，必籍人力牵挽，出没翠微间，如苏轼所谓'踞虎豹、登虬龙'也。偶一不慎失足，坠毙崖

临湘矶（大矶头）全景

临湘矶救生碑

石，全舟之漂没者，自古而然"。临湘矶江面变窄，水流不畅，波涛翻滚。惊涛骇浪，乱流电转，汹涌澎湃，卷起千堆雪。更有"踞虎豹、登虬龙"之险。

据《临湘县志》载：官府出面治理临湘矶（大矶头）是在清光绪五年（1879）。竣工后，岳州知府曾立有警示牌，告诫过往舟船要谨慎渡矶，刻意避险。因首次砌矶，基础不牢，后又被洪水冲毁。

清光绪二十四年（1898），安庆部员余永清赴江陵上任，途经此地，见状，多方筹措经费，临湘知县徐肇熙主持修建，历时五年竣工。

大矶头占地 1500 平方米，约呈 1/3 的圆弧，弧长 150 米。从下至上用花岗岩长条石构垒成三级平台。第一级从江面礁石自然起驳，高 3.5 米，宽 2.05 米；第二级高 2.9 米，宽 2 米；第三级高 2.6 米，宽 3.8 米至 5.8 米。平台与马鞍山山腰平接，在平台收坎边沿，立有 108 套石栏杆。三级石墙分布均匀的篙窝、锚固眼，供行船撑篙和纤夫之用。第二级石墙上，镌雕有 3 条栩栩如生的蜈蚣，寓有"制龙压胜"之意。

大矶头（临湘矶）是人类征服大自然的真实写照，演绎出古代劳动人民与中国第一条大河—长江，拼搏抗争悲壮史诗。整体建筑浑然天成，工程浩大，气势雄伟，成格迥异，建筑规范，构思巧妙，工艺精湛，雕刻精美，寓意深刻。石壁上凿刻的篙窝，锚固眼，形成了完整的纤道系统。雕刻的蜈蚣是风水建筑文化在古代水利设施上的一种表现，具有丰富、深刻的文化含义和审美价值。它是物化了的古代力学、数学、美学的实物见证。建矶头的初心是造福人类，祈望长江风平浪静，航行平安无恙，将人们祈求过往船只平安的心理，表现得淋漓尽致。

儒矶

儒矶位于市境西北部，距市约 20 公里，临江面湖，《水经注》曰：为古代"如山"。

如山北对隐矶。又如《左传》云："楚子使营远射城州屈，以居如人。"如山故此得名，并有文化遗址。

如人定居以后，因滨水而谋鱼虾，舟楫网罟，逐步兴盛，矶下便成了捕鱼的集中点，因而又故名为矶，雅称儒矶。后世人扩大为一地名，转称"儒溪"。

清光绪七年（1881），台湾兵备道刘傲，一为家乡培植文风，二为纪念

儒矶

白马矶

鸭栏矶

阵亡将士，在矶上建有一座33.4米高，七级八方实心宝塔，并有湖湘名仕吴獬作《临湘塔记》，刻于其上。

塔临大江，波涛无惊，滔滔逝水，云帆点点，渔歌盈耳。为"湘湄八景之一"。

20世纪60年代起，儒矶设有过江码头，与湖北螺山对渡。曾几何时，矶头上车水马龙，渡船如织。到21世纪初，因建工业园区，居民整体搬迁，码头拆除。

白马矶

白马矶位于临湘市西北15公里，濒临长江，西距儒矶约3公里。矶头昂立江中，极为险峻，历经江水冲刷，矶头虽多有萎缩，但至今极为壮观。登矶临江观景，情趣极为雅致。这里曾留下了诗仙李白的悲壮故事与诗篇。

唐天宝二年（743），李白被流放，途中在白马矶遇到了当时朝廷御史台裴侍郎，便将自己泛舟江上所见到的景色，及友人热情关爱，彼此欢洽、畅快的情谊，写了出来，诗云："侧叠万古石，横为白马矶；乱流如电转，举棹扬珠辉；临驿卷缇幕，升堂接绣衣；情亲不避马，为我解霜威。"

鸭栏矶

《临湘县志》载：鸭栏矶距县城（陆城）东北15里（于现今江南镇儒溪村境内），滨江一带，为东吴孙虑封地。明为鸭栏驿，清为鸭栏市。

《三国志·吴书》载：黄龙元年（229），孙权之子孙虑封建昌侯，于堂前斗鸭，颇施小巧。陆逊正色曰："君候宜勤览经典，以自新益，用此何为？"即时撤之，故名也。

古往今来，鸭栏矶一直为渡江码头，对渡湖北螺山渡口。随着经济社会的发展，如今的鸭栏码头是我市长江航道上一座集管理、运输、仓储、搬运、装卸于一体的多功能码头，是湖南通江达海，仅有的三个3000万吨级货运码头之一。

临湘坦渡码头

新店船码头

聂市码头

第四节 碑契票券 镌凿见史

"事是史之体,人是史之魂"。从临湘目前出土的十六通有关茶事的碑刻中显示出人的品德,决定于历史的灵魂,业茶更是如此。

龙窖山出土的"楚府碑",见证了瑶族先民,开创了龙窖山种茶之先河;聂家市出土的三通"官碑",见证了临湘"唯茶事大",严厉打击"采草充茶""倚势恃强""扰闹滋事",茶事忙季"禁演花鼓戏"和"迎神赛会"之弊端;羊楼司、坦渡出土的"乡规民约碑",严惩"偷窃茶秧"、"打牌赌博"之恶习;聂家市出土的"募捐碑",刻录着晋商"率先垂范、乐襄其成"的高风亮节。

临湘的茶园,早在宋代、清代至民国时期,就以契约的形式成为商品,用货币进行等价交换,但不是单独的买卖,而是与房屋、水田、旱地、山林、水塘等捆绑在一起进行交换。特别是清咸丰至民国时期,茶叶的价格疯涨,有"斤茶斗米"之说。清光绪末年(1908)记载:当时每公斤茶叶可换大米 5—7.5 公斤,以每亩茶园产茶 45 公斤计算,可换大米 250—350 公斤,一亩茶园可抵三亩稻田(万里茶道·临湘茶)。茶园大受其宠,单独买卖则是司空见惯了。现将收藏的北宋、清代、民国时期,茶园买卖契约公布于众,求证"斤茶斗米"之实。

临湘收藏的各类票证,也是青砖茶发展史的有力证据。清代"贡砖"的标签;辛巳年(1881)庆康茶行的账簿;晋商在聂家市、羊楼司往来的账本;"胡同元"商号发行的纸币;晋商康鉴三茶行招工保荐书;武汉商品检验局茶叶检验报告单;民国时期,陕西官茶票等等。

民国时期,发行的"临湘聂市商会临时救济券"、"庆康宝号"茶行股票等,也揭示了民间集资兴业之举措。

世事如茶,历史如茶,几多兴衰事,都随茶话飘远。但它却激活着人们循其线索,探寻先辈们的生活轨迹和思维脉络。

碑刻类：

"楚府碑"见证龙窖山瑶族首开种茶之先河

2004 年 4 月 11 日，岳阳市文物考古工作队在原龙源乡开展瑶族文化调查时，于该乡的幸福村药姑山组与湖北通城县、崇阳县毗邻的牛形颈（海拔 1000 米），发现一通石碑，石碑为花岗岩石质，通高 105 厘米，距地面高 85，宽 39，厚 8 厘米，碑中用行楷直书："楚府龙窖屯界屯把陈肖锺"（三姓并刻），碑左书"南阿陀"，碑右书"无弥佛"，全文为"南无阿弥陀佛"（以下简称"楚府碑"），但碑中无立碑纪年。

考古专家依据历史文献，碑上的"楚府"以及遗址周边的石屋居址、堆石墓群、小神庙、古茶园等遗存，推断"楚府"碑镌刻时代应为五代。

五代时，龙窖山隶属潭州长沙府，巴陵县地。后唐"清泰三年（936）析巴陵设立王朝场，以便入户输纳，出茶。"[1] 北宋淳化五年升为王朝县，至道二年改为临湘县。根据历史文献，民族学史料，考古资料论证，五代前龙窖山就开始种植茶叶，是"两湖茶"的重要产地，盛产茶叶。龙窖山"山极深远，期间居民谓之鸟乡，语言侏离，以耕畲为业，非市盐茶，不入城市，邑亦无贡赋，盖山徭人也。"[2] 也是临湘有名的"内山茶"，"东路茶"的产地。五代时"莫瑶"与"蛮左"在龙窖山为争生存地盘，多次发生局部之间的争战。时至宋代"蛮左"与"莫瑶"最终走向了融合。这通"楚府"碑是"蛮左"与"莫瑶"画地为牢的历史见证，更是"蛮左""莫瑶"融合的历史见证。[3]

明代，朱元璋罢造龙凤团茶，以芽茶以贡，"龙窖山茶，味厚于巴陵，岁贡十六斤"[4]，直至清代，历贡 520 年之久。龙窖山茶得益于龙窖山得天独厚的自然环境，得益于北纬 30° 这条神秘纬度线，更得益于瑶族先民开创了龙窖山种茶之先河。

---

① 北宋《太平寰宇记》

② 北宋《岳阳风土记》

③ 汪丽华《龙窖山"楚府"碑考释》刊载《龙窖山千家峒》一书

④ 明·弘治《岳州府志》

从"永垂严禁"石碑看临湘茶事

在聂市镇荆圣村洞川桥溪水边发现一块洗衣石,石上刻有碑文,依稀可辨与"茶"有关。

拂去岁月的蒙尘,一块"嘉庆官碑"赫然跃入眼帘。石碑长156厘米、宽56厘米、厚10厘米,青石质,手工阴刻碑文,碑额刻"永垂严禁"4个遒劲大字,碑文为嘉庆四年(1799)三月,湖南省岳州府临湘县颁发的政令。石碑的原文是:

永垂嚴禁

湖南省嶽州府臨湘縣正堂加五級記錄五次陶,為據稟嚴禁以安地事。

三年十一月十八,據金竹圍監生楊福庵来衙稟,該圍近有不法之徒,遊手好閒,勾引外來流痞,日則誘賭,夜則偷搶,家受其害;或于巷間率男女登山采草,充茶射利;墳山、糧山、竹木、柴荊、茶筍等項,肆行其害;更有利已害人之徒,買草參茶,以至敗地;又並往來乞丐,三五成群,強討強索。種種害民非淺,稟請示禁等情。

據此,除飭差查拿外,合行出示嚴禁。為此,示仰合圍人等知悉:嗣後,爾等務須安分守法,痛改前非。倘有不法棍徒,仍蹈前輒,呼朋引伴,開場聚賭;穿牆鑿壁,強

討強索,以及采草充茶射利,偷竊竹木、茶筍等項,許該地方保甲、軍民士庶等,隨時扭稟,以憑儘快究懲。本縣言出法隨,斷不庶寬。今正月廿三日,又據生等再稟,勒石永遠嚴禁。各宜凜遵無違。特示。

嘉慶四年三月 日公立

清嘉庆年间，"茶"在临湘已是畅销、图利的重要商品，诚信发展茶叶商贸，保证茶产品质量。朝廷官府在当时便已高度重视，禁止"开场聚赌""偷窃竹木、茶笋"等项，重点是禁止"登山采草，充茶射利""买茶参草，以至败地"的政令，反映了当时"法治茶市"的力度。"永垂严禁"石碑发现地正是在清康熙年间至民国时期中俄万里茶路的南方重镇——聂市古镇。由此表明：在清嘉庆年间，临湘聂家市（今聂市），已是湘北、鄂南区域地茶叶生产、制作、销售、散集中心，在"万里茶道"湖南段上具有十分重要"三省水上通衢"的地位和茶历史研究价值。

茶事官碑出土　彰显聂市古风

聂市古镇（古称聂家市）修建老街下水道，掘出一块花岗岩打制的大石碑，碑高 150 厘米，宽 95 厘米，厚 20 厘米，碑重约 1 吨。经挖掘者现场用水冲洗干净，请来文人细读，发现此碑为清代一块官碑。后经当地退休干部，岳阳市文史专家何培金老人考证，此碑为清咸丰十一年（1861）湖南省府责成岳州知府正堂丁宝桢镌刻的一块治理茶事的禁令官碑，旨在据禀示禁事。

碑文清晰可辨。铭文共 868 字，碑额自右至左题"奉宪严令"四个遒劲大字。正文成竖式排列，记载：特授湖南岳州知府正堂记录十次丁，为据禀示禁事，案据临湘县茶商祥茂安著禀称：商行籍隶广东、江西、山西在宪治临湘县聂家市投行采办茶箱，历有年所。先初，价廉物实。稍有蝇头之利。近因价值日昂，地方人心日狡，茶内每有掺草、和灰、潮湿等弊。其或称头之短少，脚夫、船舶之勒索抬价，拣茶妇女刁泼损货，地痞把持埠头，阻碍外来佣工，科索钱文、挟以肥己，商民累受不堪，际此，军需紧急之时，商民需报效情殷，而贸易艰难，厘金亦无自而出，行业颓废，情实难堪，禀恳示革……据此，岳州知府"查所禀各情，实属扰累商贾，妨碍厘金，应即陈弊端，严行禁革，全行示谕"。为此，示仰茶市诸色人等凡收买货物，雇拣茶斤，驳浅运物……不得视为异籍之人，心存愚弄，任意挟制，变生事端，至商人受累……更不能逞强把持，借端勒索，危害商贾……如敢重蹈前非，定当饬县拿办不贷！在调查核实茶商所禀弊端后，岳州知府作出了禁革举措。铭文载：计开应革积弊各条，"为杜绝欺行霸市，茶中掺杂使假，茶商短斤少两，船舶运转阻制，脚夫格外多索，妇人恃众扰闹"等诸方弊端，作出了四条具体禁令，违者禀县察究。咸丰官碑的出土是聂市古镇茶埠商贸活动的又一铮铮铁证，也是聂家市作为万里茶道上重要节点的一块十分珍贵的物证。此碑以铁的事实鉴证：

一、聂市古镇茶事悠久，天下茶商多汇于此。在150多年前的清咸丰年间，聂家市就是湖南重要的茶叶制作和运销集散地，亦即水路商埠。以晋商为代表的广东和江西茶商来临湘，"投行采办茶箱"经营茶业，历有年所。聂家市镇上茶庄、茶商、贩夫、拣妇、脚夫甚多，丰水季节，码头上桅帆林立、装运船舶，几可塞河。这足以说明，聂家市古镇茶史悠久，水陆交通便捷，茶市影响深远，是"欧亚万里茶道"上一颗灿烂的明珠。

二、茶业的兴旺乃百姓生存之所在。临湘因茶设县，境内广辟茶园，产茶丰盈，历经数年名列"全国十大茶叶基地"之列。万里茶道的沟通，带来临湘茶业的空前兴旺。聂家市茶运商埠的兴起，又为百姓提供了更为广阔的谋生之所。其时，境内乡间种茶、采茶、制茶、挑夫者不计其数，仅到镇上茶庄拣茶的妇女，各庄不下百十号人。茶农乐业，民生殷实，经济繁荣，故聂家市素有"小汉口"之称。

三、官府"重视茶业，法治茶市"的知政举措可见一斑。茶市的兴盛带来百业繁荣，同时也引来诸色等人，扰乱市井，造成茶市秩序混乱，原本也是司空见惯。但官府视茶事之殊，民生事关之大。否则，一省之宪，不会如此兴师动众，对聂家市一个区区茶埠码头的茶事，特地颁发禁令，立碑布告，以禁后患。可见当时各级官府对茶业之重视，茶市管控之严谨，营商环境之和谐。这也正是聂家市茶业兴盛之根本。不然，祥茂安等外来茶商在聂家市古镇业茶生财，也不会"历有年所"而信心不减。

四、咸丰年间，时逢太平天国起义，军需紧急之时，商民需报效情殷，而贸易艰难，厘金亦无自而出，行业颓废，情实难堪。证实了太平天国起义，造成了各行各业的经营衰退，朝廷财税厘金的严重匮乏。地方政府必须严厉整顿市场，特别是茶叶市场，这是地方的财税之源。

五、助力"万里茶道"申遗，已成为民众的自觉行动。聂市古镇"咸丰官碑"的出土和保存过程，充分反映了当地村民助力政府"万里茶道"申遗工作的积极性和自觉保护文物遗存的高风亮节。官碑出土现场，自命"洞庭乡人"的退休干部，带领一班群众主动参与挖掘、搬运石碑，"洞庭乡人"自掏腰包950元，支付了挖掘费、填坑费和青苗补偿费。"洞庭乡人"还将"咸丰官碑"

移送到博物馆内陈列,该碑保存完好。

注:据清·光绪十七年《巴陵县志·官宦之岳州知府·咸丰年》名录载:丁宝桢,贵州,平远,进士,十一年署。

茶市禁戏 唯茶事大

聂市同德源茶庄陈列着一通清光绪元年临湘县衙奉立的禁演花鼓戏官碑。

古往今来,官府立碑禁赌、禁娼、禁伐之事皆有然,禁戏的碑石却是鲜见。为究其原因,笔者一行亲临聂市同德源茶庄,一睹了该官碑的尊容。

碑石为麻石镌刻而成,长174、宽94、厚22厘米。镌文记载:"奉宪严禁特授湖南岳州府临湘县候补直隶州正堂加五级记录十次汤,为出示严禁事……访闻聂市地方有等痞徒倡首演唱花鼓戏情事查该处现值茶市(季)正商贾暨拣茶人等云集之时诚恐因之聚赌藏奸呕应严行禁革……为此示仰该市诸色人等知悉立即(将)该戏班驱逐出境以靖地方倘再敢演唱定将为首之人及戏子一并拘案从严惩治…本县言出法随绝不姑宽切切特示。"

细读碑文,通晓禁戏缘由。悟及县衙禁演之决意,惩戒之严厉,一种敬畏之情油然而生。茶市繁忙季节,请班演戏,孰轻、孰重?县衙体察民情,深知农事季节之忙碌,而禁止戏娱,实为勤勉官风,可钦,可敬!

清代,临湘盛产茶叶,誉满神州。无论种茶田亩,产茶数量,茶叶品质,盖称于世,均为全国之首。故聂市(古称聂家市)古镇,因茶而市,成为湘北地区最为集中的

"奉宪严令"碑文　　　　"奉宪严令"咸丰茶事官碑

水运茶埠头，是万里茶道上一个极为重要的茶叶运销集散地。每年来这里经营茶叶的晋商、汉客，本地采茶、制茶、拣茶的农夫和村姑，聚汇如此，三教九流融合，带来百业兴旺。此等情形，《临湘县志》等古籍多为记载，无须在此赘述。这里需要晓喻的是：期间，临湘县境内百分之六十以上民众"事茶为业"，茶为农业之魂，县衙"唯茶事大"。在茶市繁忙时禁演乡戏，也就"不足为怪"而理所当然了。

南丰桥头的"丰"碑

临湘市羊楼司镇三港村蜿蜒曲折的小港河上，早在清代咸丰、同治时期，迎来了难得的短暂的"同治中兴"。茶农们抓住"中兴"好时机，在秀美幽静的小港河上修造了仁里桥、立木桥、南丰桥、大同桥、义陈桥、合心桥、联义桥七座石桥。七座石桥满满的七个故事。它们不负重托，贯穿龙窖山茶区的马颈、鲁家、晏家、姜胡岭经上下田庄到羊楼司、羊楼洞茶庄茶坊的茶马古道

在连接上下田庄的茶马古道上，曾修造了一座石拱桥，名曰：南丰桥。据曾氏族谱记载："曾氏祖居江西南丰，那里盛产嘉禾，愿子孙迁湘后，都能成为有用之才，因承袭祖业而名之。"近年，古老的石拱桥不负重任，斑驳陆离，扩建乡村公路时被毁，在原址上新修了座石拱桥。为了缅怀先辈的创业伟绩，"南丰桥"的石碑得以保留，仍然屹立桥头。

"南丰桥"碑为青石碑，通高85厘米，宽46厘米，四边起勒成内框。碑额横刻"南丰桥"，碑下竖刻：首士：余绍林、余禾安、曾茂林，捐钱八千文，乙千文；太学晓林、绍林捐钱八千文；庠生曾锡巩加八千文。后面捐钱者姓名因字迹斑驳，无法辨认。碑左竖刻：咸丰十一年（1861）八月立。此碑为捐资碑，实为功德碑。

为了还原这条茶道昔时的盛况，专程

走访了曾名生（88岁）、曾志生（80岁，退休教师）。据老人们回忆：清咸丰、同治年间，小港从罗家山、安垅岭一直连到双港口，两山两岸种有数千亩茶树。每逢采茶季节，家家户户都有雇请江西、通城、崇阳、巴陵人为技师、车夫和挑夫。农闲季节还得雇请通城、巴陵人挖茶蔸，大的家族要雇请数百人。"五月挖金，六月挖银，九冬腊月只表情。"挥汗如雨的挖茶蔸大军伴随着高亢的号子声、山歌声在山谷间荡漾。每年田庄里收购的红茶、老青茶堆满了上下几重堂屋。

曾锡巩是田庄的种茶大户，清咸丰初年，他刚好步入"而立之年"，茶业生意也做得风生水起。于是，在上下田庄、陈家门设有茶庄，专门收购红茶、洒面、老青茶，然后装包装篓，运往羊楼洞、羊楼司加工成砖茶，再运往汉口茶市。曾老还讲述：曾锡巩，号梅岭。邑庠生，学问纯粹，心性慈仁，孝亲友弟，亲族睦邻，扶危济困，解纷息争，不干仕进，不履公门，卧碑素守，先民是程德。所以，他在家乡修桥铺路，乐襄其成，一掷千金。这些褒奖，同南丰桥碑一起永立桥头。事是史之体，人是史之魂，永远鲜活地留在人们的心中。

深山藏古碑戏说茶道事

龙窖山地处、鄂、赣三省交界大茶区，生产着"贡茶"和驰名的"内山茶"。龙窖山北麓的人字岭，海拔742米，是通往羊楼洞、羊楼司、聂家市的古茶道。在茶道上勒立一通"同治二年（1863）的修路石碑。石碑为青石（残），呈直角三角形，通高120厘米，上端宽40厘米、下端宽30厘米，厚8厘米。右旋直读"第一行为"开载修路人等数"：第二行至第七行分别为"梅池二十四人、漆坡十四人、磨地坡六人、畬家山四人、古塘六人、朱楼坡二十四人"；第八行为"公议定若有患少一人者罚钱四百文"；第九行为"同治二年四月初一公立。"

石碑应为乡规民约碑。为了究其石碑的来世今生，开展了深入调研走访工作。人字岭处于深山老林的十字路口，东往崇阳的桃树湾，南接临湘的梅池古塘朱楼坡，西连临湘的羊楼司、聂家市，北通赤壁的羊楼洞，可谓是道通二省三县地。古茶道原由多级青石板铺就，目前损毁严重。从石阶上的脚窝和马蹄痕迹，仿佛又见到了，当年茶道上人声鼎沸的运茶大军。马匹的嘶叫、驼铃的"叮当"，马帮的吆喝，脚夫捎客的号子、山歌……龙窖山茶区的茶叶由这条古茶道源源不断运往羊楼司、聂家市、羊楼洞的茶庄加工成红茶、砖茶，通过汉口市场，远销蒙古、恰克图、欧洲腹地。

为何深山老林的古茶道上，立有这通"开载修路"碑，朱楼坡村民汪正林（74岁）这样讲述：朱楼坡、古塘、处于人字岭古茶道的山南，清同治年间茶事非常兴盛，漫山遍野都植茶树，开有30多家红茶庄，收购龙窖山区的茶叶。茶庄里拥有一百多名脚夫、掮客和马帮，主要是通城和当地人。他们友好相处，和蔼相待，每天往返于茶道之上。清同治元年七月的一天晚上，脚夫、掮客们趁着皎洁月光，在朱楼坡茶行挑起一担担红茶包，运往羊楼

龙窖山修路"开载"碑

洞茶庄。从朱楼坡起一直上坡的山路，行至半山时，有位脚夫已经汗流浃背，就干脆脱下全身的衣裤，连内裤也脱掉了。他把内裤系在茶包上，当行至蒲圻塔坳时，东方露出了鱼肚色，这时他也发现内裤不见了，无奈之时，跑到塔坳屋场的晒衣竿上扯了一条内裤穿上。快到羊楼洞时，才发现穿的是一条女式花布内裤，知道自己惹下大祸。他返回时，只见塔坳屋场的男男女女、老老少少站成一排，愤怒地要他脱下这条内裤。脚夫辩驳说："凭什么说这条内裤就是你的，难道我是光着屁股挑茶包吗？决不能脱给你。"你来我往发生了激烈的争吵。塔坳人说："如果你今天不脱下内裤，从此，就不要走这条茶道了。"朱楼坡人也说："不走就不走，有什么稀罕，我们可以另辟蹊径。"一番狠话后，他们回到朱楼坡。第二天，脚夫、掮客们又挑起茶包来到塔坳，只见茶道被毁，还插上"不准朱楼坡人过往"的路牌。无奈之下，只好临时采道把茶包运到了羊楼洞。

清同治二年（1863），朱楼坡、古塘的头人，召集周围六个屋场的村民集会，反复强调："我们目前必须解决茶道的畅通问题，否则，堆积如山茶叶只能当柴烧。"说干就干，集中78位村民，奋战两月，辟出一条新路，并铺上青石板，硬是弯过了塔坳屋场。是年四月初一，勒立石碑，以示庆祝新茶道的竣工。

并号召村民要精诚团结，齐心合力，共克难关，同时，告诫村民不要惹是生非，不然是要付出代价的。

事后，茶道又恢复了昔日的喧闹，马蹄声、铃铛声、吆喝声、号子声、山歌声，久久地回荡在山谷中。

"横溪公议"碑，彰显茶道威严

临湘市羊楼司镇和平村横溪港桥头东侧镶嵌一通"横溪公议"的石碑。石碑通高 120 厘米，宽 73 米。碑额横刻"横溪公议"，额下竖刻四条公议约定："一禁本地方不准偷窃茶叶、茶秧，违者罚二十四千文；一禁牌博，违者罚十千文；一禁马匹不准三五成群践踏庄稼，违者罚八千文；一禁子弟须遵父母约束，不准恃强行凶，违者重处重罚；一屡年更有公禁，凡一切不法之事，另看各条细议，遵行毋违。同治四年九月廿四日横溪公立。"

为了全面解读"横溪公议"碑的今生来世，我们专程走访了横溪屋场的刘秀成（94 岁）老人。据刘老讲述：清咸丰、同治至民国初年，横溪已形成繁华的小集市，开有茶庄、饭铺、酒肆、槽行、肉铺、铁匠铺、木匠铺、裁缝铺、当铺等 40 多家铺面。特别是山西客人开办的大涌玉、晋裕川、泰和祥、义顺四家茶庄，每逢茶叶开称季节，更是人潮涌动，热闹非凡，吆喝声、喧哗声、叫卖声响彻山谷。当地"麻鸡堂""刘兴汉"等嗡琴戏班在横溪一唱就是个把月，戏场内的花生壳都堆有寸把厚。横溪更是茶叶的集散地，据《中国实业志》《茶篇》中记载："清同治年间晋商在横溪设有大涌玉、泰祥和茶庄；民国十八年晋商设

"横溪公议碑"老、新两块公约碑

有义顺茶庄；民国二十二年晋商设有晋裕川、怡和茶庄。"主要生产青砖茶、红茶、套篓茶，来自湖北通城北港，詹桥长浩、壁山，文白友爱、桃树、清正等地的茶叶在此地收购集中。然后，装包用马队、鸡公车、捎夫等经罗形、关山坳运往聂家市、羊楼司加工成砖茶，再运往东方茶港——汉口市场。

在繁华热闹的市场背后，隐匿着一些不尽如人意和违法乱纪的勾当。村老、寨老们针对"茶叶、茶秧的偷盗""聚众打牌赌博""运茶马匹任意放养""子弟不遵约束，恃强行凶"等问题，及时召开村民大会，宣布四条纪律，并议出处罚金额。如违反公议，将严惩不贷，决不姑息。于清同治四年（1865）九月勒石公布。

自石碑勒立公众后，横溪确实出现风淳俗美、里颇仁厚的局面，有力推动了当地茶叶的种植、加工和运输，带来了地域经济的繁荣昌盛。这通"公议"碑早已成为村民心中的永恒的记忆，历经200多年依然屹立于横溪桥头，彰显出特有的威武与庄严。

朱家石桥上的"永禁"碑

定湖镇（现并入坦渡镇）朱家石桥（俗称朱公桥），是湖北蒲圻（今赤壁）赵李桥、新店、羊楼洞与湖南临湘羊楼司、聂家市三地相连的重要孔道，桥距上述五地恰好都是30里。其桥宽4米，跨度8米多，拱与水面的距离，枯水季节时约3米，丰水季节时约2米，发山洪时不到1米。桥下之水经黄盖湖而连长江。桥拱由清一色的花岗石砌成，1米长、4厘米厚、5厘米宽。始建时间无考。桥之右侧石坳上，嵌清代一方石碑。碑上的全文是：

孔旗团朱家石桥黎庶素来善良。迩来人心不古，有打牌赌博为事，偷窃茶秧者，有扒柴带刀者，有采草参茶者，今勒石示禁，以垂远久。

禁捡青籽参茶；

禁吹唱乞取红茶；

禁窝藏匪类；

禁偷茶秧；

禁偷柴薪竹林；

禁打牌赌博；

禁黑夜盗窃；

禁馆资洋烟；

禁扒柴带刀；

禁采草充茶。

嗣后，须各务正业，再或作恶发觉，定拿案重究，决不宽贷。各宜凛遵毋违。

同治五年岁丙寅二月日立

张和山小阳冲梧桐嘴朱家石桥公立

定湖镇中学退休教师徐欣然 2006 年编纂印行的《山水人文长相忆》书载：

上辈老人传，朱家石桥港是好远的对面铺，经营着南杂、百货、琼琼副食、布匹、针织，五条屠凳，九家酒槽坊，几家豆腐铺。农家除种田外，茶叶不少，一般农户摘得几十担茶包，大户人家摘得一两百担茶包，茶叶主销湖北羊楼洞，常有羊楼洞茶商上门谈生意，当地流传"羊楼洞的老客"这句俗语。

时至 2015 年 6 月，定湖石桥村出现特大山洪，桥被冲垮大半，次年修复时，石碑被砌入拱中。何培金与当地村组商量，以石料换出石碑，现存聂市博物馆。

撑旗岭上"茶碑"的诉说

撑旗岭位于临湘市黄盖湖的西南。相传，黄盖在太平湖操练水军时，这里

撑旗岭茶道"禁止车行"碑

曾是黄盖撑旗立寨的遗存，故称撑旗岭。清代咸丰、同治至民国初期，随着临湘茶业的兴盛，这里成为临湘羊楼司——聂家市一条重要的茶运通道。从羊楼司黄沙村大屋里的冷水台，溯古道而上，仍还保存约 1500 余米的运茶古道，古道均用长 100 厘米、宽 30—40 厘米青石板铺就，有的石板上还留有雕琢的痕迹。登上山顶，保存始建于清同治十三年（1874）的古凉亭（后经多次修缮），在凉亭的左侧保留一通高 126 厘米，宽 50 厘米，厚 12 厘米的青石石碑，石碑向内勒成内框，高 70 厘米，宽 35 厘米。正中镌刻"禁止车行"；右镌刻"公举阻车人补钱三串"；左镌刻"违者罚钱

五串"，又镌刻"民国三年万善上团立"。此碑为"乡规民约"碑。

据清同治《临湘县志》载："清道光二十年，临湘编为百甲九十九团，万善团在县（陆城）东 70 里"。为何在海拔 432 米的古凉亭旁镌刻有"禁止车行"之碑，而且奖罚十分严厉。通过走访羊楼司镇黄沙村村民余秋甫老人（现年 90 岁）才得知，清同治年间，临湘万善团茶叶种植面积约占耕地面积的 3/5，逮至清光绪至民国时期，茶叶种植面积进一步扩大，茶叶成了山民的生存之依。每到茶叶收购旺节，几乎家家户户都要雇请江西的技师，通城、巴陵的车夫、脚夫、掮夫帮助做茶、运茶。这条古道上人声鼎沸、熙熙攘攘，马蹄声、车轮声、山歌声响彻山谷。当时，茶道上独轮车（鸡公车）载物过重，对茶道损坏严重，造成茶道多处坑坑洼洼和车辙。然茶道是集民资所修，历尽艰辛，来之不易。出于保护茶道，时值民国三年（1914）以"万善团"之名，在凉亭之上立此公约禁止车行。告诫山民运茶只能采用马帮和肩挑背驮的方式，决不允许用鸡公车运茶。通过这通石碑勒立，从另一个侧面证实了临湘当时茶叶生产的兴盛，运茶道路的繁忙景象。

从"积善之家"功德碑 看晋商的高风亮节

近日，临湘万里茶道调查小组在聂市同德源茶庄调查时，庄内堂屋摆放几通石碑，其中一通高大的石碑引起关注。经调查，岳阳市原史志办主任何培金先生会同临湘市聂市镇中心小学教师李云涛、王朴雕，在乡村作民情风俗调查时，路过聂市镇凤形村石畈组，发现村民方绍基屋檐下存放有二通石碑。何培金先生当即请年纪轻眼力好的李云涛、王朴雕两位老师进行了辨读，并当场录抄了碑文。现将其中一通"积善之家"碑文进行释读。从释读中得知，当年，晋商在聂家市的公益事业中，处处率先垂范，乐襄其成。

"积善之家"石碑为花岗岩青石，通高 166 厘米（座高 36 厘米），宽 54 厘米，厚 22 厘米，额顶右旋读横刻"积善之家"四字，下方右边竖刻二行 81 字的"积善之家记"，左边横刻 9 排 140 位捐资者芳名。

"积善之家"碑文记："溯兹罗家桥，古有拱桥，历经风雨浪击，屡受浸润，以致倒塌，羊聂往来，无不嗟叹。我等不忍坐视，邀集殷富首士等四方募捐，改造铁桥一所，以耐永久而利便行。全仗捐资，集腋成裘，于斯为功，有其此也。是为序。"

“积善之家”石碑

積善之家

溯兹罗家桥古有拱桥历经风雨浪摇屡受浸润以致倒塌羊聂往来無不嗟嘆我等不忍坐视邀集股实首士等四方募捐改造铁桥一所以耐永久而利便行全仗捐资集腋成裘于斯成功有其此也是为序 計闩捐款各自列左

“积善之家”石碑文

从《碑记》中，可窥见罗家桥原为一座石拱桥，历经风雨浪击，以致坍塌，多年未修，严重阻碍了羊楼司、聂家市的茶叶运输与村民的出行。后经乡贤邀集当时殷实之户及聂家市街上晋商茶庄商号募集资金，改造成铁桥一座，永久地方便行及茶叶的运输。同时，从募捐的芳名中也能见到聂家市业茶界慷慨解囊，无私奉献的晋商，如天顺长、长盛川、巨贞和、大涌玉、晋裕川、聚兴顺、大合成、德盛和、瑞和祥、怡和、義兴、德和、福丰等几十家茶号茶庄，踊跃捐款。因碑文部分驳落，无法统计晋商捐资具体数据。后据不完全统计，晋商捐资数占建桥总额百分之四十。最遗憾的是“积善之家”没有留下竣工时的碑文。

清末民初，聂家市茶叶产量销售贸易为兴盛时期，晋商的茶庄商号捐资修桥铺路也是有可能的，所以“积善之家”碑刻的时代应为清代晚期至民国初期。碑刻的具体时间有待学者专家进一步考证。

契约类

瞿昌类立卖山、田土、茶株、竹木合用契约

立绝卖田、山土、茶株、竹木契，侄瞿昌類兄弟等。今因上年丧父，有负婶母银两无措，兄弟商议，情愿将祖分父产郝草芜田种共四升五合，载粮 ---------------- 正，茶堁共一两，凭叔远人为中，出卖与胞父伟人夫妇为业。当日，得受时值价银壹拾陆两伍钱正。有侄亲手领讫，了还婶母银两。自卖之后，任叔收取租稞、管业，有侄兄弟，永无异言。

其业系父遗嘱出卖。不与亲房兄弟人等相干。今恐无凭，立此绝契一纸，与叔子孙，永远为据。

其业系祖父得买张人之分堁六钱，田三升；又祖父堁四钱，田一升伍合，一并付叔。当日银契两交，外无收领。

凭叔：远人

在场：长兄：昌祚 同弟：昌远、昌炽、昌隆、昌寿、昌道

康熙三十八年己卯八月初二日

立绝契侄：昌类笔

康熙三十八年瞿昌类立卖山、田土、茶林、竹木合用契约

周建武、周恒宣立卖田塘、屋宇、山地、茶园、粪氹 契约

立契出卖田塘、屋宇、山地、茶园、粪氹人周建武、周恒宣，今因公私急迫，无从出备，夫妻父子合异同议，情愿将到祖遗父授地，名樟木塘水田九亩七分，屋门首樟木塘一张，四股轮流，一十二年内武得年半轮放，门首粪氹一只，园内水池一张，石埧一座，与肖淑芳、知远伯、国泰公共注荫，并无外注，尾底（抵）新埧头为界。石埧下牛栏埧一座，与肖淑芳、知远伯、国泰公共注荫，并无外注，内止车注。周廷宜谢木湾下边公长坵二亩五分园土，与知远伯十分之内，武得二分。左边横屋一宅，与知远伯平分，武得下首一半。狗婆园菜土、茶蔸山，与知远伯十分之内，武得二分。长托荒园一只，与知远伯三股内，武得一股。其余屋对岸山周围齐桐子坪古壕为界，屋上首山一路至长托，齐章人壕基为界，屋后来龙山周围壕为界。又新塘骑崙一路至周廷宜山壕基为界，埡头塘起至减饭山骑崙分水为界。俱系肖淑芳、知远伯、国泰照田派管粮载，三都七甲册，各周视明户内，完纳四钱五分三厘，一概扫卖，并不尅留寸土寸木，尽问亲房人等俱称不受挽，请中亲文学升、刘体元、刘位中、李光

祖等订向四都。刘锦成父子向前承受为业，当日凭中三面，得受时价纹银贰佰壹拾四两陆钱正。是武亲手一平领讫，并未短少分厘，亦无逼勒准折等情。自卖之后，任刘杨修阴造，更名脐户，完纳粮差，从叁十六年是刘完纳，不与周人相干。倘有重行典当及上首亲房人等画字之资，俱系出笔人理落，不与受业相干。今恐无凭，□□□刘，永远为据。

乾隆三十五年周建武、周恒宣立卖田塘、屋宇、山地、茶园、粪凼契约

其有狗婆园内建武父坟一塚，大伯母坟一塚，细塘侧安远叔坟一塚，母坟一塚。下皮崙是远序、远伯一塚二棺；颜家湾四叔坟一塚，屋后公远叔夫妻及显祖兄坟一塚三棺；下皮崙祖父君㚟夫妇一塚二棺；对岸母坟一塚，周围齐罗框为界，框内任周人祭扫。二此不得进葬框外，任刘掌禁砍伐无异。

人堂伯知远（押印）

乾隆三十五年拾壹月拾壹日立笔人周建武（押印）

周恒宣（押印）

堂弟国声（押印）代笔周定彩（押印）

凭中亲：文学升（押印）

刘体元（押印）

李光祖（押印）

刘位中（押印）

方永义立卖茶园契约

立永吉

立永卖茶园契人，方永义今因手中不惜，夫妻谪议，自心情愿将己之业，坐落土名杨家冲西边上手中间茶园一块，上齐岭脊分水为界，下齐永益柴山墈为界，左抵胞弟茶园为界，右抵永望茶菀告石为界，四界清白。请中说合，出卖与李英材子孙为业。有李当日出备时值价钱卅串整。有方永义亲手受讫，茶园听李人管业，摘挖佈种自卖自分，不与亲疏人等相干，日后不得言赎言取。恐口无凭，立此永卖约一纸，付李英材子

咸丰十一年方永义立卖茶园契约

孙永远为据。契银两交，收字不用。

外加应礼，补服永义拆挖心脑钱二串文。

凭中：郝强鸯、卢会友 永德

咸丰十一年十月二十六日永义请胞弟永德代笔。

萼楼立卖茶园契约

立吐契出卖熟、茶菀，山塝松杉、杂木。字人堂弟萼楼。今将父手分秉之业，土名杨树冲，座落左边熟土茶菀土一块，山塝树木一块，上抵及时土为界，下抵汉衢土为界，右抵水圳直上为界；左边山塝上抵鼎彝山为界，又汤家岭茶菀土一块，上抵鼎彝土为界，下抵勋彝土为界，左抵大路为界，右抵及时墈为界。又池子坡坦上茶菀

光绪元年萼楼立卖茶园契约

土一块，上抵汤家山为界，下抵勋彝土为界，左抵玉采山为界，右抵嵩嵓分水为界，四界分明。请凭中人堂叔敬南，堂兄健先、躍衢、汉衢，堂姪赞襄，血

姪听彝、鼎彝、明彝等到场说合，卖与堂兄及时父子管业。当日，三面踩明，言定时价银叁拾肆千文正。其钱壹色现交，并无挂欠。有我亲手领足，外不书全收字据。一卖心休，永无异言。今恐无凭，立此文契字为据。

凭中见立

光绪元年九月初六日　蓴楼字笔

票券类

撬动聂市茶叶滚动发展的杠杆

债券正面

债券背面

日前，中国收藏家协会会员、万里茶道研究专家万学工教授，发给临湘市万里茶道申遗办公室一张图片，引起了申遗办工作人员的深度关注。

这是一枚十分精致的纸质代金债券。在深蓝色的债券正面，上方印有"临湘聂市商会临时救济券"字样；正中印有"北京天坛"图案；左右两边和四角均印有"壹串"面额；左右边缘处分别印有"顾保和衡记代兑票"和"民国十七年吉月吉日"；底边缘处印有"合成整数兑换大洋"的告示。在债券浅红色背面，印有"顾保和代兑券"和"汉口新□印制公司代印"字样。债券正中成长方形匾额式图案中，列为债券发行布告。布告全文共120字，句式工整，内容精当。概括述说了发放债券的时间、原由、兑换使用方式和后顾释疑等方面的主旨和承诺。原文为："地方连年荒歉，民众苦不聊生；出产惟茶一种，外客裹足不前；组织自采自售，总总周转不全；一因铜圆缺乏，间或整块洋钱；地方公同会议，责成商会保全；另刷大小票币，给各商号印联；出入找数得法，彼此何乐自然；一俟铜元充足，随时取消不延；倘有倒塌情事，敝会责负完全；特此背面佈告，务祈各界情原"。

细细品读布告原文，内容明晰：债券为临湘县聂市商会委托镇上钱庄"顾保和"印制的一种民间临时救济代金券。实为民间"集资兴产"的举措。为了进一步弄清债券发放的历史背景，工作人员分头查找史料以求佐证。

《临湘百年大事图记》载：民国十四年（乙丑年），临湘全境遭大旱，四至七月久旱不雨，井泉枯绝，河港干裂，23万亩农田颗粒无收；18万灾民外出逃荒讨米，经年不归。又据《临湘县志》载：民国十七年（1928），五月连降暴雨，境内山洪暴发，沿江湖区水淹；至夏、秋遭大旱，收成仅十分之四；从冬月至次年正月，又遭罕见冰冻，水上结冰尺许，江河封冻，猪牛多冻死。次年（民国十八年）又遇春旱，虫灾严重，豆麦欠收。农历十二月起普降大雪，冰冻70多天，池塘结冰尺许，村人足不出户。

史料释然：自民间十四年至十七年间，连续四年惨烈的水旱灾害，颠三倒四。临湘人民几近灭顶，于水火之中。田地颗粒无收，百业凋零，民不聊生。故而产生了聂市小镇族首乡贤们公同众议，责成商会印制债券，广为募集资金，助推茶叶生产发展，以期复产自救之义举，万学工教授说："聂市民间债券的发现，让临湘辉煌茶史又添有力佐证。"

清咸丰，同治至民国期间，临湘茶叶生产，贸易至鼎盛时期。龙窖山景茶区方圆几百里，茶园遍布、茶庄栉比。其时，临湘拥有茶园20多万亩，年产老、青茶24万余担。（见张维东《晋商与湘茶》）茶叶成为临湘民生之根本，境内近半数农民植茶、贩茶，以茶为生。聂家市、羊楼司两处古镇、茶业更为突出。晋商入湘，在两地开办茶庄达四十多家。古镇因茶而繁荣，素有"小汉口"之称，也昭示了临湘茶叶之辉煌。一个区区小镇面对水旱大灾，民间竟有如此实力，印制民间债券，流通发行，以资生产自救。可见当时聂市茶叶生意之兴隆。它告诉我们，清至民国时期，茶叶是聂市乃至临湘关乎民生举足轻重根本产业。

面对灾情，自发组织生产自救，大义勇为，族首乡贤的德高望重，令民众敬仰。而区区小镇商会，能想到印制民间债券，集资兴商，有序恢复茶产业的义举，并不多见。这种非同凡响的创业胆魄和远见卓识，更是令世人钦佩。在一个小区域内发行民间债券，它的流通范围和缓解危机的作用固然很有局限，但是对助推聂市茶叶灾后恢复，滚动发展的格局来说，也确实起到了"四两拨千斤"的杠杆作用。

　　然而面对灾情，民众倒悬，积贫积弱的国民政府却苍白无力，无以解决民之所急，民之所需。是聂市人民团结一心，奋起自救，集民间智慧与力量，抗灾自兴。这种创新创业精神值得今日弘扬和传承。它生动地诠释了"人民群众是创造历史的真正动力"。正是这股民间之伟力，帮助聂市茶界挺过了难关，踏平坎坷，很快地恢复了茶叶市场，唤回了离湘的晋商。《临湘县志》载：民国二十一年，风调雨顺，物阜民康。"临湘茶业百废待兴，聂市、羊楼司、五里牌等地茶庄恢复发展到 37 家。"民间债券 —— 小小杠杆的撬动，让小镇又现出昔日的繁荣。

清贡砖茶标签　　　　　茶庄胡同元商号，在民国年间
　　　　　　　　　　　　　　发行的纸币

庆康茶行辛巳年账本

晋商在聂市开设的大涌玉茶行账本

晋商在羊楼司镇开设的福记茶庄账本（中国实业志有记载）

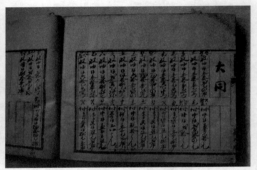

晋商在聂市开设的大同茶行账本

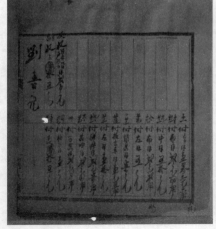

晋商在聂市开设的合资企业刘晋记账本

晋商在聂市开设的悦来德茶行账本

武汉商品检验局检验报告单

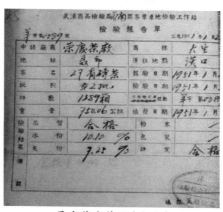

羊楼司天顺长茶厂（天顺）

聂市荣庆茶厂（大生）

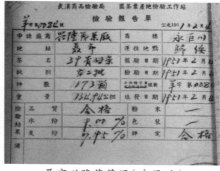

聂市兴隆茂茶厂（永巨川）

聂市兴隆茂茶厂（永巨川）

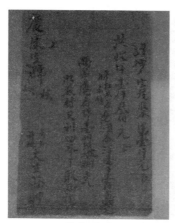

茶行股票

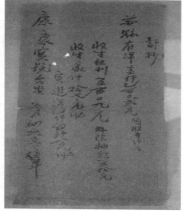

茶行股票

晋商康鉴三茶行聂市招工保荐书

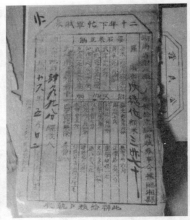

民国二十年"下忙"军赋券

1955 年股票

民国二十七年"陕西官茶票"

第五节 招牌器具 图解茶事

汉口开埠后，临湘茶叶随着俄商的侵入垄断及发展，晋商的推波助澜，茶叶贸易进入巅峰，推动了临湘手工茶叶生产方式和技术的变革。在茶叶的生产和利用的过程中，形成了独特的青砖茶加工技术，并融入地方文化与生活之中。清康熙、乾隆时，以羊楼司、聂家市、羊楼洞为中心，开始生产和压制青砖茶，并控制了两湖茶区青砖茶的生产与销售。

原始压砖机

在青砖茶的生产过程中，初期的青砖茶制造工艺较为原始，"砖茶庄之制砖方法，初极幼稚，即置茶于蒸笼上，架锅上蒸之，蒸毕倾入斗模内，置压榨器中，借杠杆之力，压成砖形，随即脱模置放室内，任其自干，数日后即可装箱起运"。尔后，"由杠杆压榨器，改为螺旋式压榨机，制成之砖，较为紧结"。随着，生产流程演进，"由螺式压榨机，改进为火车蒸汽机压榨机，制成之砖，色泽光亮，平压光滑，结构紧缩"。"洞川"模具横空出世，蒸汽机的介入，促进了青砖茶的提质生产，并扩大了青砖茶的销售渠道，使青砖茶在我国西北地区乃至蒙古，恰克图赢得了销售市场。

临湘随着茶叶市场的发育，青砖茶需求量的增大，县域内的各类招牌，如雨后春笋不断地涌现。特别是聂家市，羊楼司茶庄、茶号的招牌，如"茶道""茶味""茶缘""兴和""顺记茶庄""晋大祥号""大泉玉红茶庄""胡连和号""姚恒顺号"等名号，层出不穷，活跃在临湘的茶叶市场。

临湘在光绪末年（1908）就拥有 24 万亩茶园，占临湘耕地面积 60% 左右，茶叶成为临湘茶农生存的必需品。随着茶叶种植面积的发展，茶叶价格的提升，已有"斤茶斗米"之说，派生出许多与茶叶种植、加工、运输相关的生产、运输工具，形成了临湘特色；临湘跟随着饮茶习俗的传承与传播，各类煮茶、饮茶器具，也在

洞庄模具

临湘青砖茶压制老模具

不断地嬗变与革新。现将部分茶叶生产、加工、运输的工具，以及煮茶、饮茶的器具展示，旨在提高人们对临湘茶叶的生产及饮茶习俗的重新认识，对临湘青砖茶起源的认识再度提高。

临湘茶叶生产、加工、运输工具类：蓑衣、斗笠、草鞋、爪耙、茶篮、高篮、焙笼、七碗茶篮、揉茶床、畜力牵引揉茶机、铡刀、水枪、茶称、牛拖运茶车、土车、鸡公车（线车）、船运茶叶等。

临湘茶农煮茶、饮茶器具类：铜壶、铜茶罐、提梁陶茶壶，提梁茶壶，青花茶壶，茶缸、竹制茶叶筒、茶盖杯、喜字茶杯、茶料杯、青花瓷杯、茶碗、瓷盖碗、紫砂杯、紫砂茶壶、粉彩茶壶、圆形茶盘，方形茶盘等。

招牌类

茶道

茶味

"姚恒顺号"招牌

茶缘

茶缘

茶庄招牌

临湘茶农生产制茶工具类

蓑衣斗笠、爪耙（生活用品）

棕蓑衣、草鞋（生活用品）

高篮

茶篮

茶篮

茶篮

茶篮

茶篮

焙笼

揉茶床

七碗茶篮

畜力牵引揉茶机

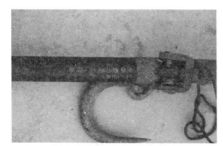

"1951年方永茂造"市称

铡刀

水枪

运茶工具类

鸡公车

土车

牛拖

码头运茶图

煮茶、饮茶器皿类

铜壶

黄釉提梁茶壶

提梁小茶壶

黄铜茶罐

茶缸

竹制茶叶筒

青花缠枝莲茶壶

万寿无疆粉彩茶壶

青花茶壶

紫砂壶

紫砂杯

水彩寿字瓷盖碗

青花高足杯

青花瓷杯

茶托杯

喜字茶杯

龙泉窑瓷碗

茶料杯

双鱼纹茶盘

荣华富贵方形茶盘

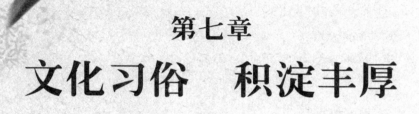

第七章

文化习俗　积淀丰厚

茶愈兴则临湘兴，茶业旺则百业旺。

在临湘这一块神奇的土地上，一种独特的制茶工艺（青砖茶制作技艺），一腔爱茶的热情，孕育着千载的临湘茶。千百年的史事，真实地记录着"临湘习俗尚义好文，有屈原遗风"，"风俗勤俭，颇同巴陵，冶湖万库，土地肥沃，民好歌吹管"，"岁时集会，祷词击鼓，男女踏歌，谓之歌场"，唤起了临湘业茶人歌乐鼓舞的激情。她客观真实地刻画着临湘民俗的多元形态。宋代以降，临湘因茶设县，伴随着茶叶生产贸易的发展，多个地区、多个国家、多民族的进入，其民俗，也发生了翻天覆地的变化。在多元文化习俗的影响下，临湘业茶人在欢度节日、喜庆丰收、祭祀神灵之际，在劳作歇息、男女恋爱、亲朋好友相会之时，往往因茶而乐，或吟茶诗、或撰茶联、或唱茶歌、或演茶戏（"嗡琴戏""临湘花鼓戏"），或击茶乐（"聂市十样锦"），活跃城乡，声闻遐迩，演绎出博大精深的临湘茶文化。

第一节　多元民俗　异彩形态

临湘有着悠久的历史文化，商周文明与三苗文明的碰撞，荆楚文化与吴越文化的交融，形成临湘民俗文化的多元。在多元文化的背景下，催生了民俗文化形态的异彩纷呈：茶祖文化，显示出神农开疆拓域的成就；千家峒茶文化，展示出龙窖山瑶族先民，始创人工种茶之先河；祭祀用茶之俗，揭示出临湘人民认知科学的向往；聂家市"十样锦"，融合了湘赣晋，多地的音乐元素；天主堂，诠释了晋商业茶的精神寄托……多元异彩的民俗文化形态，促进了临湘茶业的快速发展。

龙窖山茶区的茶祖文化

龙窖山茶区是湖南省重要的产茶区，她以北纬30°优越的地理条件而著称，也以"神农氏尝百草，日遇七十二毒，得茶而解之""茶之饮发乎神农"而喻为湖南的茶祖。在龙窖山茶区诸多的茶文化中，茶祖文化是其精华所在。

龙窖山茶区的称谓与范围

龙窖山，属幕阜山余脉，位于湘鄂的临湘、通城、蒲圻、崇阳四县（市）接壤处。该山历史上称呼不一，巴陵人（岳阳、临湘）称过药姑山、邑镇山、龙窖山；赤壁人则称松峰山、芙蓉山；通城、崇阳人称作药姑山。这里山高林密（主峰海拔为 1261.6 米），云雾缭绕，流水潺潺，是茶树生长的佳地。

龙窖山茶区，包括湖南省原临湘市的羊楼司镇、文白乡、龙源乡、壁山乡、詹桥镇、忠防镇、五里乡、聂市镇、坦渡乡和定湖镇；湖北省赤壁市的赵李桥镇（2001 年 3 月原羊楼洞镇与赵李桥镇合并为现今的赵李桥镇）、茶庵岭镇和新店镇；崇阳县的桂花泉镇、石城镇、沙坪镇、肖岭镇；通城县的大坪乡与北港镇。该茶区是鄂南、湘北的主要产茶区，是中国青砖茶的起源地。因龙窖山在不同县市有不同称呼，故龙窖山茶、药姑山茶、邑茶、松峰茶、芙蓉茶等均为龙窖山茶区茶叶中的一个茶名。

茶祖文化的典故与传说

传说炎帝神农氏，与黄帝战于阪泉之野，炎帝失败，远走湖湘，开始了他尝百草、寻良药的生涯。龙窖山是一个天然药库，约有 450 种中草药。神农氏在这人迹罕至的崇山峻岭中口尝百草，发现了这可食用入药的茶叶。

"仙女采茶"

传说很早以前，每到清明佳节，茶树萌芽，羊楼洞中有 10 位采茶仙女来到松峰山上采茶。有位茶商专门收集仙女采摘的鲜叶，请来名师巧匠，精心加工，制成极为珍贵的"仙女茶"。茶叶色绿形美，香高味醇。每泡一杯绿茶，揭开杯盖，散发一缕烟雾，隐约可见美丽仙女翩翩起舞。

"以茶代酒"

三国时期，韦曜陪同吴帝孙皓前来吴军水师操练之处——龙窖山北侧的黄盖湖视察。《三国志·吴书》载：吴帝孙皓嗜酒，在黄盖湖，入席者必饮酒七升。韦曜不胜酒，吴帝命韦曜用当地生产的龙窖山茶代酒，其他入席不满七升者"皆浇灌取尽。"后来，"以茶代酒"的佳话流传至今。

"天大"茶粉

赤壁之战后，一日，刘备论赤壁战功，关羽、张飞、赵云等一致首推诸葛亮。诸葛亮说："若论赤壁战功，我方首功非庞统莫属。"庞统笑道："周瑜屡屡要我想计谋，怎么火攻破曹，百思不得其计。要说连环计，那是龙窖山的'天大'茶粉给的智慧，这茶是华佗和雪峰真人在龙窖山研制而成，当年在鲁肃宿营里，雪峰真人送了几包。有一日蒋干来访，我正冲了一杯茶在喝，闻其茶香，看其飞腾的茶雾一环接一环，忽然脑门一亮，灵感来了，就想起了连环计。"众人惊叹，一杯茶带来的妙计，竟打败了八十万曹军！

名扬天下的茶祖文化

丰富多彩的茶叶产品

龙窖山茶区生产五大茶品。汉代团饼茶问世，唐宋时期，主产团饼茶，也产散茶（蒸青或炒青），元代延续唐宋时期的生产。明清两代，制茶业在羊楼司、羊楼洞、聂市兴起，主要产品是帽盒茶、青砖茶、红茶与绿茶。民国时期至 1978 年前，主产黑茶（青砖、茯砖）、红茶（红条茶、红碎茶）、绿茶。1978年起试产青茶（乌龙茶）和黄茶（黄茶类银针）。

多个朝代的历史贡茶

据《全省掌故备考》载："邑茶（龙窖山又称邑镇山，故邑茶即指龙窖山茶）盛于唐，始贡于五代马殷。"隆庆《岳州府志》载："自明洪武二十四年（1391）起，龙窖山芽茶因味厚于巴陵，岁贡十六斤。"直至清代末年，贡茶时间延续520 年之久。

毛主席爱喝的龙窖山茶

新中国成立后，中央办公厅委托湖南省茶叶公司选送毛泽东主席等中央首长饮茶和招待贵宾用茶。自 1953 年起，湖南省茶叶公司副经理兼省茶叶学会理事长杨开智（革命烈士杨开慧之兄长），在临湘龙窖山茶区每年定制数十公斤优质茶，直到 1973 年 10 月杨开智老人逝世。据湖南农业大学朱先明教授回忆：杨开智先生多次跟他提起毛泽东主席爱喝临湘的龙窖山茶（现在的商品名为龙窖山牌高山雀舌），并盛赞该茶："味道蛮好咧！" 1953 年至 1973 年，龙窖山茶人把生产主席用茶作头等政治大事，精心制作，并引以为荣。

中外畅销的多个品牌

龙窖山茶区，青砖茶知名品牌有"洞庭"牌、"中茶"牌、"川"字牌、"火车头"牌、"牌坊"牌、"春意"牌、"金雄"牌等。红绿茶知名品牌有"松峰"牌、"龙窖山"牌、"明伦"牌、"楚天"牌、"品贵"牌等。最近10年来，整个茶区的红、绿、青砖茶的出口销售量大增。

2008年，临湘永巨茶业有限公司生产的"洞庭"牌青砖茶出口达1250吨，年创汇100多万美元。在湖南省茶行业中出口量排名第五位，青砖茶出口排名第一位。

龙窖山茶区是人工植茶的起源地

据瑶学专家考证，约在炎黄时代，蚩尤部落联盟（蚩为苗族自称，尤为瑶族自称），与炎黄部落联盟相战于涿鹿之野，战败后被迫南迁。春秋战国时，瑶族先民过云梦古泽，徙居临湘的龙窖山。瑶人入湘不久，始创龙窖山种茶之先河。瑶民的《千家峒歌》唱道："爱吃香茶进山林，爱吃细鱼三江口"。龙窖山从瑶民吃茶、种茶有近三千年历史。

龙窖山茶区是中国青砖茶的发源地

龙窖山茶区制茶起源于汉代。汉代以前，山民均采茶作药、充饥。汉代民间自制茶叶，山民将茶叶采回后蒸热晒干，碾末后作饼，再将茶饼串吊起来烘干或晾干，因有后发酵工序，可以认为这就是早期青砖茶类紧压茶。饮用时取饼捣碎，放入皿中开水冲沏。唐代产蒸团饼茶，将茶鲜叶蒸熟捣烂，拍压成形，再烘干；因有后发酵工序，团饼茶可视为青砖茶的前身。

明代生产"帽盒茶"。将茶叶筛拣干净，蒸汽加热，用脚踩成半圆柱形的"帽盒茶"，用小篓套装，每两小篓相对被捆扎成圆柱状，便于骆驼运输。

明末清初，压制青砖。砖茶表面光洁，规格一致，水分适量，贮运方便。清代湖北蒲圻刊刻的叶瑞庭《莼浦随笔》载：闻自康熙年间，有山西估客至邑西乡芙蓉山，峒人（注：指羊楼洞、龙窖山人）迎之，代客收茶取佣……所买皆老茶，最粗者踩成茶砖，号称芙蓉仙品，即"黑茶也"。

龙窖山茶区是茶叶入药的起源地

东汉末年赤壁之战，一时风云际会，龙虎争斗于赤壁，其时名人逸士，隐逸神仙，皆于此助阵于各方。其中东吴的士燮，后归蜀汉的庞统，神医华佗都曾于此采茶作药，医护将士（《江表传》）。赤壁之战后，东吴驻重兵于此达五十余年，其间军中于山"藉采奇异"。（《三国志引导〈吴书〉》），此奇异者即龙窖山之茶叶，猕猴桃耳！一时间，"蘩蘩稂莠，化为善草"（《三国志·吴书》）。魏晋时，茶叶的种植已在江南地区得到了极大发展。神医华佗、道人左慈、东吴名士士燮等皆入山采茶，或为药用，或为饮食。

龙窖山茶区是汉唐"茶马古道"的起点

汉武帝时代，张骞两次出使西域，打通了西北、西南两大贸易通道，一是越天山、经巴基斯坦到印度；二是从蜀郡经缅甸入印度。这两条通道既是古丝绸之路，也是后来的"茶马古道"。唐代通往西域、南亚茶马古道开通，龙窖山茶区茶叶产销两旺，地方经济活跃。兰州大学出版社 2006 年出版的冯金平著《赤壁茶与茶马古道》一书，详细叙述了龙窖山茶区（羊楼洞）为"茶马古道"起点的地理依据、地方文献依据和考古学证据（第 12–14 页）。

龙窖山茶区是宋代"茶马互市"的货源地

宋代临湘与赤壁青砖茶销往蒙古。河北省《万全县志》载：景德年间（1004—1008），官府用"两湖茶"与蒙古易马，并以张家口为蒙汉互市之所。茶马比价，金陵大学农学院农业经济系《湖北羊楼洞老青茶之生产及运销》（民国二十五年印）载：元丰六年（1083）以后，上等马一匹，值茶砖一块。淳熙元年（1174）以后因茶砖输入量增加，茶价低落，下等马亦值十块砖，上等马则非银帛不售。当时宋朝实行政府专卖，茶商向政府纳税领取"引票"，持"引票"经营，其茶称作"引茶"。

龙窖山茶区是清代"茶叶之路"的起点

清初、中期，"茶叶之路"兴起。它南起江南，北越长城，贯穿蒙古，经当时的中俄边境恰克图，转往俄国及欧洲腹地，全程 1 万多公里。中国商人多为"晋商"，晋商输俄的茶叶最初来自武夷山。1853 年太平天国农民起义后，晋商改用"两湖茶"（主要是临湘聂市、羊楼司和湖北羊楼洞的茶叶），自此，龙窖山茶区成为"茶叶之路"的起点。中央电视台播映过的45集电视剧《乔家大院》，展示了晋商开辟"茶叶之路"的历史画卷。乔致庸所贩运的茶叶就是临湘青砖茶，而非武夷山茶，可惜编著者误读历史，引来诉讼，被迫认错。

龙窖山茶区是中国茶文化旅游胜地

龙窖山千家峒遗址于2013年被确定为全国文物保护单位。在古遗址周围的山坡上，我们能找到瑶胞当年用石头垒砌的梯地和遗留的茶树，可见到瑶族先民留下的石屋、石门、石桥、石洞、石缸等。陈先知先生《寻访龙窖山瑶胞茶园遗址》联云：

> 崇山千仞，遗址难寻，谁知茶种云深处！
> 石屋数间，瑶胞何在？惟见泉流石缝间。

临湘市的聂市镇是中外闻名的产茶古镇，是中国历史文化名镇。20世纪80年代，电影《巴陵窃贼》在此拍摄，聂市古街用作清代岳州城外景。

龙窖山茶区是茶风俗的形成地

唐代龙窖山瑶族先民以种茶作为经济生活的重要来源，茶叶部分入市换取商品，部分自用。用途一：防病治病。龙窖山山高风寒，湿度大，日照少，易染风湿疾病，煮茶饮之，强身健体。用途二：消除疲劳。山民们长期在高山劳作，精神疲惫劳困，茶可提神。用途三：作为礼品。瑶人生儿育女后，亲属以茶和米作为礼物。用途四：作为祭祀品。瑶民每年的正月初一和十五，必用茶和酒供祭祖先，还常用茶叶填塞菩萨佛像肚肠。

宋代，龙窖山以生产片茶、散茶为主，饮茶习俗改变，全叶冲泡法取代了研碎冲泡法。这时，相继出现了川芎茶、椒粒（花椒）茶、姜盐豆子茶等。时至宋末元初，由于朝廷的围剿及天灾人祸，龙窖山瑶族开始"逾岭而遁"。《隆庆岳州府志》云："按宋以前有之，今不然矣。"龙窖山瑶民远走后，汉民相继迁入，龙窖山的饮茶之俗仍代代相传，品茶、家常吃茶，礼貌应酬茶，饮宴招待茶，风月调笑茶，官场形式茶等茶俗，流传至今。

龙窖山茶区是茶文学的摇篮

茶歌、茶联、茶诗、茶词在龙窖山茶区数以千万。真实地记载了龙窖山茶区发展历史，生动地反映了龙窖山茶人的情怀，给后人留下了一份宝贵的文学遗产。

如清代文人周顺倜《莼川竹枝词》云：

茶乡生计即山农，压作方砖白纸封。别有红笺书小字，西商监制自芙蓉。

该诗描述了当时晋商在羊楼洞一带监制青砖茶生产和包装，以及芙蓉山以出产优质茶而闻名的历史。莼蒲（川），是蒲圻县（今赤壁市）之代称。

又如清代《龙窖山茶竹枝词》，诗云：

龙窖山里是奴家，郎若有闲来呷茶。竹篱茅舍风光好，门前一树紫丁花。

1932年武昌出版的《毋自欺斋诗稿》，许多诗歌反映了当时聂市茶行盛况。如清末·姚祉嘉《茶歌晓唱》诗云：

何处笙箫入耳闻，采茶乡里送歌声。未成板调未成曲，别有清音更动情。

王朝场为五代设立的茶叶专业县

唐末五代，临湘茶叶外售和纳税甚多。当时，马殷奖励农桑，提倡纺织，发展茶叶，通商中原，原属巴陵的临湘，因茶而独立设县。北宋乐史《太平环宇记》载："后唐清泰三年（936），潭州节度使析巴陵东北部设置王朝场，以便人户输纳，出茶。"王朝场专门管理茶叶税收、经营茶事。公元994年升为王朝县，两年后更名为临湘县。

临湘《卖茶歌》是湖南民歌《挑担茶叶上北京》的雏形

1958年临湘举行全县曲艺汇演，忠防镇民间艺人、中国曲艺作家协会会员袁延长，登台演唱了《卖茶歌》。1959年湖南湘潭专区文艺汇演，袁延长登台演唱此歌。次年袁延长参加全省文艺汇演，演唱均获优秀节目奖。1961年，湖南省歌舞剧团演员、临湘籍人王长安及其丈夫作曲家白诚仁，将袁延长演唱的《卖茶歌》进行改编，创作《挑担茶叶上北京》。湘西古丈县籍著名歌唱家、音乐教育家何纪光，生前也曾高唱这首民歌。

龙窖山千家峒瑶族茶文化

瑶族是一个古老的民族,历史悠久,素有"东方吉卜赛人"之美称。临湘龙窖山瑶族早期"千家峒"惊现于世,把瑶族可考历史向前推进数百年。瑶族先祖创造了繁缛的龙窖山瑶族文化。瑶语称茶叶为"观雅木扎"。"观雅木扎"在龙窖山瑶族的社会生活中,处于十分重要的地位。故此,探讨龙窖山种茶的渊源,贡茶的辉煌,品茶的神韵,对龙窖山瑶族历史的研究,做好、做大、做强龙窖山名茶品牌,促进龙窖山千家峒文旅融合发展,有着积极的意义。

追溯龙窖山种茶的渊源

《岳阳风土记》载:"龙窖山在县东南,接鄂州崇阳雷家洞、石门洞,山极深远,其间居民谓之鸟乡,语言侏离,以耕畲为业,非市盐茶,不入城市,邑亦无贡赋,盖山徭人也"。北宋范致明准确地记载,龙窖山居住着一支刀耕火种,斩败青山种落地,以种茶为生的山

龙窖山瑶族先民堆石墓群

徭民族。《临湘茶叶志》亦云:"自古以来,山民业茶为生。""七十二峰多种茶,山山栉比万千家,朝脯伏腊皆仰此,累世凭持为生涯"。在方圆百里的龙窖山,七十二峰均种植着茶树,种茶做茶的小木屋,山山岭岭密得像梳篦一样,随时可见赤膊挥汗的茶农采用土法风干或熏干茶叶制品,山民们世代劳作,只望和依赖茶叶换取食品来维持艰难的生计。这是龙窖山山民种茶、制茶的真实写照。

瑶族先民徙居龙窖山

《逸周书·尝麦解》载:"蚩尤乃逐(赤帝)战于涿漉之河(一作阿),九隅无遗,赤帝大慑,乃说黄帝,执蚩尤杀之于中冀。"炎黄部落联盟在涿鹿战败蚩尤

后，迫使其残部向西或向南迁徙。蚩尤实际上是今苗族与瑶族先民共同组成的部落联盟。蚩指苗族先民，尤指瑶族先民。其后，黄帝又战败炎帝，占领了黄河中下游。将炎帝榆罔驱逐到江汉之间。后来，周代分封亲族于江汉之间，又迫使神农氏这支部落继续迁到湖南。瑶族的"护身符"《评皇券牒·十二姓瑶人来路祖途》载："盘王正在南京拾宝洞，来到紫京（荆）山住居落业，又到南海佛桥头为祖地"。根据瑶族先民迁徙路线考证，"南京拾宝洞"，为蚩尤部落早期的封地，黄河中下游一带；紫京（荆）山为川东鄂西地区江汉之浒的沮漳河流域之荆山；南海佛桥头为洞庭湖东北岸的巴陵辖地（龙窖山）。《评皇券牒》追述瑶族先祖迁徙路线与神农氏迁徙路线相一致，正好论证在战国晚期抑或秦汉之时，有一支盘瓠氏族飘长江过云梦古泽洞庭湖迁徙到武昌与巴陵交界的龙窖大山。

瑶族先民开创龙窖山种茶的先河

瑶族先民在秦灭楚后，从江汉之浒"飘洋过海"徙居龙窖山，把荆山地域可食用的茶叶种籽带到了龙窖山，开创了龙窖山种茶的先河。《荆州土地记》云："秦朝统一中国之后，茶叶才由四川，沿长江流域向中下流扩展，至迟在我国六朝时，茶的生产已遍及长江流域各省"。茶叶种植的传播路线与瑶族先祖迁徙路线的高度统一，完全可证秦汉时期瑶族先祖在龙窖山种下了第一颗茶叶的种籽。《太平寰宇记》云："后唐清泰三年（936）潭州节度使析巴陵县置王朝场（北宋淳化五年升为王朝县，至道二年设临湘县）以便人户输纳，出茶"。《岳阳风土记》也翔实地记载，龙窖山居住的山徭"非市盐茶，不入城市"。充分阐述了龙窖山"七十二峰多种茶"，以及经过瑶族先民的苦苦经营，茶叶已成为瑶民生产、生活的必需品。

寻觅龙窖山贡茶的辉煌

相传很久以前，龙窖山深藏着一条孽龙，经常危害山民。有一年，孽龙作恶，翻江倒海，顷刻暴雨倾盆，河水陡涨五丈，淹灭了山山岭岭。这时候神农氏巡天路过龙窖山，及时锁住了孽龙，并洒下了一把茶籽。从此龙窖山漫山遍野生长的茶叶特别嫩绿、清香，食用能饱肚，久喝茶汤能治病、长寿。一升茶叶比一升米还重。逮至唐代，龙窖山以生产团饼茶为主；五代已有散叶问世；

宋代茶为二十六等,以片茶、散茶为主;明代开始生产烘青、绿茶;清代生产青砖茶、米砖茶、功夫红茶。《纯川竹枝词》云:"三月春风长嫩芽,村庄少妇解当家。残灯未掩黄粱熟,枕畔呼郎起制茶"。"茶乡生计即山农,压作方砖白纸封。别有红笺书小字,西商监制自芙蓉。"龙窖山的朱楼坡、古塘山寨沿溪流两岸吊脚楼鳞次栉比,有48家茶行、茶馆、饭铺、酒肆,足见当时繁荣景象。龙窖山茶也许是沐浴了神农氏的甘露,感受了龙窖山的灵气,经过瑶族先民的辛勤培育,展现出独有的质的内涵,而扬名于世。

潴湖含膏崭露头角

岳州的茶叶唐代就贡于朝廷。《茶录·山川异产》载:"……夔州有香山,江陵有楠木,湖南有衡山,岳州有潴湖之含膏……"这时"潴湖含膏"已列入中国名茶之榜首。《岳阳风土记》云:"潴湖诸山旧出茶,谓之潴湖茶。李肇所谓岳州潴湖之含膏也,唐人极重之"。《元和郡县图志》云:"潴湖,一名瀸湖,在县一十里"。古代瀸、潴、瓮相通,瀸湖实为今洞庭湖畔之南湖。瑶人亦有称水为"瀸"的习俗,瀸湖的来历与瑶族先民的徙居也是息息相关的。唐代,临湘隶属巴陵,龙窖山为巴陵与武昌之界山,龙窖山茶也就列入潴湖含膏。所以潴湖含膏亦指瑶族先民生产的"观雅木扎"。潴湖含膏茶其色黄而润,充作贡茶,贞观十五年(641)随文成公主入藏而销往吐蕃,建中元年(780)常鲁公使逻婆(拉萨)仍见到潴湖茶的饮用与习俗。

龙窖山茶岁贡朝廷

根据瑶学专家考证,龙窖山瑶族在南宋至元代,因朝廷官兵的围剿,加之天灾人祸,相继迁徙南岭各地。龙窖山瑶族虽然人走山空,但是留下了漫山遍野的茶树,留下了特有的制茶技术。随着后人的入迁,龙窖山茶承前启后,发扬光大。《隆庆岳州府志》云:"龙窖山茶味厚于巴陵,岁贡16斤"。自明太祖朱元璋颁发"罢造龙凤团茶,采茶芽以进"的命令后,龙窖山开始产制烘青、细青茶,品质又有新的突破。明洪武二十四年,规定全国各地贡茶4022斤,其中岳州府岁贡茶16斤。直到民国初才废止,历时520余年。由此可见,在明、清时期,龙窖山茶比岳州君山茶的品质优良,名噪天下,得益于龙窖山瑶族先民。

"高山雀舌"誉饮中南海

随着制茶工艺的改进，龙窖山茶以香高味浓，耐冲泡而誉饮中南海。新中国成立后，中央办公厅委托湖南茶叶公司选送毛泽东主席等中央首长的饮茶和招待贵宾用茶。自1953年起湖南茶叶公司副经理（兼省茶叶学会理事长）杨开智先生（杨开慧的兄长）在临湘市龙窖山区每年定制百余斤优质茶，送北京供中央首长饮用（著名茶叶专家朱先明教授熟知此事，原省茶叶公司经理李朝庸等领导，也多次陪杨开智先生送茶上京）。直至1973年，杨开智先生与世长辞后，这个送茶叶上北京之事才终止。事后，专家们致力于"高山雀舌"茶的研究与开发，并连续五年在湖南省名优茶评比中获金、银、优质奖。

传承龙窖山品茶的神韵

通过田野考古调查，在龙窖山的历史文化遗存中，发现瑶族先民的居住方式由最原始的石头房屋—干栏式吊楼—春墙屋的演变；其生活方式也经历了采实猎毛—刀耕火种—早期畜耕农业。伴随着居住、生活方式的演变，龙窖山茶也应经历嘴嚼生叶（食用饱肚）—羹饮（含药用）—日常饮料三个阶段。唐代茶圣陆羽曰"茶之饮发乎神农氏"。这是目前历史文献中最有权威的记述。饮茶之俗，本来就是劳动者通过万千次尝试，而总出来的经验，只不过历代文人骚客为了渲染其价值与地位，而假托神农氏罢了。不信，我们打开历史尘封的卷页，就会发现龙窖山品茶的神韵。

屈原笔下的品茶神奇

屈原处在秦楚争霸的时代，曾任左徒（三闾大夫）。楚顷襄二十一年（前278）秦白起拔郢，"楚襄王兵散遂不复战，东北保于陈"。屈原为了楚国的复兴"上洞庭而下江"，联合江南各方面的力量抗击秦军。他深入沅湘洞庭一带，旅居巴陵、汨罗多年，写下了《天问》《招魂》《离骚》《九章》《九歌》等千古绝唱。"蕙肴蒸兮兰藉，奠桂酒兮椒浆""操余弧兮反论降，援北斗兮酌桂浆""大苦醎酸，辛甘行些"。这些凝结屈原心血的字字句句，既鞭挞了君王的昏聩庸昧，群吏的卑劣狰狞，也亲身品尝百姓流离颠沛的痛苦。作品只能源于生活，而高于生活。所以作品中的"桂椒汤""椒姜浆"应为江南楚地羹饮之俗的反映，也是巴陵之域（龙窖山）品茶的原型。

魏晋时期的品茶风范

魏国张揖在《广雅》中记载："巴荆间采叶作饼，叶老者饼成以米膏出之，欲煮茗饮，先灸，令赤色，捣末置瓷器中，以汤浇覆之，用葱、姜、橘子芼之，其饮醒酒令人不眠。"从地域上分析，龙窖山魏晋时期隶属荆州，荆巴间采茶、品茶之俗《临湘茶叶志》亦有确切的记载。当时生产的团饼茶，在饮用时先捣碎成末，再冲泡沸水，然后加葱姜之类的调味品，这是茶叶由羹用向冲饮过渡的一种方法。《三国志·吴书》亦载，吴帝孙皓嗜酒，在黄盖湖，入席者必饮酒七升，韦曜不胜酒，常命茶茗以当酒。现代龙窖山人常言"以茶代酒"，也可能是源于此吧！目前龙窖山居民的家中，仍然保留有捣碎饼茶的擂钵和石杵，犹见魏晋时期的品茶风范。

唐宋时期的品茶习俗

唐代饮茶之俗，在龙窖山亦可体现。龙窖山瑶族先民在鼎盛时期，种茶、制茶成为其经济生活的重要来源。上乘者进入市贾换取谷物食品及食盐，山民们也须留取部分茶叶作为自用。其一，龙窖山山高风寒，湿度大，日照少，易染风湿性疾病，煮茶之饮，成为防病治病的土方土法。其二，山民们长期在高山劳作，精神疲惫劳困，煮茶之饮，亦是消除疲劳的最好办法。在龙窖山调查时，就尝到了大碗煮茶。茶色澄黄，其味苦涩，饮后却解渴、提神。其三，用作礼品祭祀品。瑶人生儿育女后，亲属送礼，茶叶和米是必不可少的；瑶族每年的正月初一和十五，必用茶和酒供祭家先；还常用茶叶填塞菩萨佛像肚肠。其四，龙窖山还能找到少量岳州窑烧制的煮茶、饮茶的器皿。例如陶罐、包壶、茶缸、茶碗及擂钵。"泛花邀客坐，代饮引清言""寒夜客来茶当酒，竹炉汤沸火初红"。也是龙窖山山民以茶待客，品茶、话茶的写照。

宋代，龙窖山以生产片茶、散茶为主，其饮之俗又有所建树，既继承和保留了唐代的饮茶之俗，又增加了新的饮茶内容，由全叶冲泡法取代了研碎冲泡法。这时，相继出现了川芎茶、椒粒（花椒）茶、姜盐豆子茶等等。时至宋末元初，由于朝廷的围剿及天灾人祸，龙窖山瑶族开始"逾岭而遁"。《隆庆岳州府志》云："按宋以前有之，今不然矣"。虽然龙窖山瑶族人走山空，但龙窖山的饮茶之俗却代代相传，品茶、家常吃茶、礼貌应酬茶，饮宴招待茶，风月调笑茶，官场形式茶等茶文化一直流传至今。

构筑龙窖山名茶的平台

充分利用龙窖山的地理资源，提升龙窖山茶的品牌

龙窖山地跨临湘、通城、崇阳、赤壁（蒲圻）四县市，呈幕阜山余脉，绵亘数百里，最高峰海拔 1261.6 米。山高壑巨，云雾缭绕，流水潺潺，鸟语花香。年降水量在 1500—1650mm 之间，年相对湿度平均 80％以上，年平均气温为 l6.5℃、≥ 10℃，有效积温为 5204.8℃，无霜期年均长达 265 天。龙窖山地区昼夜温差大，白天光合作用强产物多，夜间呼吸作用弱消耗物质少。高山林茂云雾多，漫射光多，有利于茶树体内含 N 化合物（蛋白质、氨基酸）和芳香物质的形成与积累。茶树一般均种植在海拔 400—800 米的山坡上。这些均为优质茶的生产提供了风水宝地。为此，充分利用得天独厚的地理资源，全面开发，实行宜茶则茶，宜林则林，整合山地资源，盘活土地存量，优化资源配置，以资源换资本，以存量引增量，提升龙窖山茶的品牌。

充分利用龙窖山的生态资源，提高龙窖山茶的品牌

《茶经》谓种茶之地"上者生烂石，中者生栎壤，下者生黄土"。龙窖山的土壤 pH 值为 5—5.5 之间，成土母质为板页岩风化发育而成，谓之"烂石"也。有丰富的茶树生长所需的矿物质，加之数千年来林草的腐烂，其土壤有机腐殖质含量高，据 l978 年土壤普查，有机质一般为 4％左右，最高的已达 12.11％，结构疏松，通气条件好。其次，龙窖山方圆百里无工业区和其他任何废气污染源，加之还有蓄水一亿立方米的龙源、团湾两大水库的调节。正像游客所说，这里的天是湛蓝的，山是青秀的、空气是新鲜的、花是喷香的、水是沁甜的，真是绿色食品生产的极佳之地。目前，要切实做好生态保护的文章，把龙窖山的自然景观、人文景观、生态景观与环境保护融为一体，极大地发挥自身特有的优势，尽快地把龙窖山建成一个生态茶叶园区。

充分利用龙窖山历史文化资源，提速龙窖山茶的品牌

全国著名的瑶学专家吴永章教授指出："在瑶族成为单一民族后，龙窖山是有文献记载，且经过调查、论证的瑶族历史上最早居住过的最北的地方"龙窖山瑶族早期千家峒沉淀了丰厚的历史文化底蕴，是全球 300 万瑶胞梦寐以求的精神家园。2002 年湖南省人民政府公布为"省级文物保护单位"，申报"全

国重点文物保护单位"和"世界文化遗产"的工作也正在紧锣密鼓地运作。龙窖山千家峒将以特有的民族特色展现给世人。我们要紧紧抓住这一契机，在注重思想性、艺术性、观赏性统一；吸引力、感染力的统一的同时，巧妙地将龙窖山茶的品牌糅合进历史文化之中，依托于历史文化资源的名下，增加名茶的文化含量，提速龙窖山名茶开发，使龙窖山茶冠以桂冠，尽快地走出湖南，走向全国乃至世界。

　　注：本文已收录《第三届海峡两岸茶业学术研究论文集》434 页，发表于《农业考古》2005 年，第 2 期，48 页。

临湘祭祀用茶之俗

　　临湘祭祀用茶之俗历史悠久。在漫长的历史长河中，人们缺乏对自然科学的认知，对天地鬼神怀有敬畏之心，加之楚地巫觋的作祟，而形成对天地鬼神的敬畏与祭祀。

　　《左传·昭公二十五年》载："楚子使营远射城州屈，复茄人焉。"《湖南通志》云："在临湘县东北八里之滨，春秋楚子城州屈，

用茶祭祀的习俗

以居如人即此。"据专家考证，春秋时"茄"与"如"相通，故"茄人"即"如人"也，求证了公元前 528 年，楚平王分封屈子于临湘如山一带的史事。《唐刺史王堪制词》又载：临湘"俗尚义好文，有屈原遗风。"《方舆胜览》云："士知义而好文，信巫而尚鬼。"进一步论证了临湘为屈氏封地，屈原遭放逐后，曾多次来到如山寻求抗秦救国的武装力量和政治主张，故此临湘保留诸多的屈原遗风。临湘同属楚国的势力范围，其民俗必定信巫而尚鬼。五代后唐清泰年间，临湘因茶而设县。宋代《太平寰宇记》载："今临湘陆城，设有茶叶管理机构——王朝场，专司茶叶输纳。"随着临湘县城的建立，茶叶生产、加工、贸易的发展，推动了临湘社会经济文化的繁荣。同时，促进了民间用茶祭祀天地、

鬼神之习俗的盛行。

塞年用茶之习俗。临湘地处楚地的中心，巫觋文化盛行，伴随着人类相应的生产能力、认知能力、审美能力的产生和存在，逐渐形成浓厚的巫术礼仪。临湘原为三苗之地，随着炎黄与蚩尤之间频繁的战争、分化与融合，神农氏在楚地留下"日遇七十二毒，得茶而解之""茶之饮发乎神农"的传说与佳话，也给临湘祭祀天地之俗，披上"凡祭祀必用茶"的神秘色彩。

临湘塞年祭祀天地之习俗，始于一个家族，抑或一个族群，在族长或头人的率领下，于村寨的大坪中央，摆上"三牲"、茶酒等供品，然后点烛燃香，鸣放鞭炮。在巫师的召唤下，族人跪地叩拜，祈求天地赐福，迎来风调雨顺、国泰民安、五谷丰登、六畜兴旺、人丁繁衍的盛世年华。礼毕后，洒些茶水、酒浆，沟通和促进天地人神之间的融合。随着历史的演变，时间的推移，塞年祭祀之俗，也逐渐淡化，一般只限于一个家庭中举行。在家长的带领下，神龛上摆上"三牲"、茶酒等供品，家人跪地叩拜，齐颂天地赐福的祭语。

"招魂"用茶之俗。"招魂"是楚地最原始的祭祀习俗。"招魂"时必设香案，摆上"三牲"，茶必不可少，用来招回死者亡灵。《奠茗辞》载："茶采青山，水取清泉，龙潭雀舌，于以奠之。"

汉代王逸在释《九歌》时云："昔楚国南郢之邑，沅湘间，其俗信鬼而好词，其词，必作歌乐鼓舞以乐诸神。"也就是说"招魂"是在鼓乐声中，以娱神的形式举行。"招魂"最早是屈原为楚怀王招魂。其目的"欲以复精神，延其年寿，外陈四方之恶，内崇楚国之美，以讽谏怀王，冀其觉悟而还之也。"（楚辞《招魂》）所以，用上下四方之险恶，招其魂魄归去来兮。东方不是安身之地，那里有巨人千丈，专搜人的灵魂品尝；南方不可安居，那里有刺花黑齿的野人，要把人骨剁成烂泥；西方危害更大，那里有风沙飞卷，把人埋进逃不出的雷渊；北方也不是停留之所，那里坚冰如山，大雪飞扬；上天不可去兮，那里虎豹当道，吊人游戏；地府不可往兮，那里魔王满爪鲜血，把人追逐；魂魄回来吧，不要去受灾受辱。在巫师的指引下，才能回到你的故乡。归去来兮，随着时空的变化，楚地"招魂"之俗仍在延续。不管是千变万化，用茶祭祀之俗不变，反而增添了用茶祭祀的品格与分量。

殡葬用茶之俗。临湘的殡葬习俗中，用茶祭祀之俗也相当完备。凡设立灵位、封棺请就、遣棺出殡等，都要用"茶豆米谷"呼神，邀请神灵的庇护，得到神灵的谅解。从而，突出茶在祭祀中的作用。《奠茶辞》载："伏维：天开黄道，日吉时良。茶神下界，布福吉祥。神施甘霖，佑民长康。除病去疾，普降琼浆。佑我中华，而炽而昌"。落实到出殡遣棺时的内遣词、外遣词中，更是体现对神灵的敬畏和崇拜。内遣词："伏维：天开黄道，日吉时良。身辞祖室，名赴宗邦。魂升魄降，万古流芳，佑尔子孙，而炽而昌。"外遣词："天开黄道，地发祯祥。大人之枢，应归黄壤。牛眠既卜，马鬣成行。吉卜是日，往瘗仙乡。登山涉水，忽惊忽惶。幽冥永隔，万古流芳。佑尔子孙，长发其祥。"落已时，则由巫师领颂，将茶谷米豆撒满墓坑，象征着殇家往后发子发孙，代代吉祥。

奠基用茶之俗。临湘沿袭楚地巫术之风，凡事必娱神，娱神茶当先。在巫师的召唤下，于开基建大厦的基地中央，摆上"三牲"、茶酒等供品，备上香纸、蜡烛、鞭炮。再由巫师持刀宰杀一只雄鸡，并将鸡血洒向屋基四方，然后，口中叨念《奠茗辞》："焚香沐浴请茶神，奉请茶神大驾临。茶仙茶圣施茶术，护佑苍生百事顺。雪乳香浮迷陆羽，地域而今雀舌馨。平生于物之无取，万里归来品碧琼。"再在巫师的引领下，主人跪地四方拜请诸神，并将茶豆米谷四方抛撒，恳请诸神的庇佑，而后，巫师高颂："天地开张，日吉时良。龙脉胜地，安基荣昌。茶神降至，保民富康。神灵护佑，物阜丰藏。""天皇皇，地皇皇，大厦落成富贵长。大厦立于九龙口，世代金银贯北斗。大厦立于狮子坡，子孙代代好登科。"礼毕后，艺人方可在东南西北开始砌垒。从而，重现了"茶"在祭祀中的地位与作用，寄寓着茶神护佑、金银贯斗、人丁兴旺、步步高升的愿景。

菩萨用茶填充之俗。茶神陆羽的《六羡歌》："不羡黄金罍，不羡白玉杯，不羡入朝省，不羡暮入台。千羡万羡西江水，曾向竟陵城下来。"从而提高茶的品位与价值。茶本身有两种姿态，浮和沉；饮茶也有两种姿态，拿起和放下；人生如茶，沉时坦然，浮时淡然，拿得起，也要放得下。神和人一样，在祭祀活动中，形成高度的统一。临湘雕塑菩萨开光时，要举行盛大的开光仪式，请求上天诸神给菩萨注入灵气，沐浴灵光。随后用各种红绿花线、茶（团茶、饼茶、砖茶）填充菩萨的肚肠。红绿花线象征菩萨凡事多用脑，九曲回肠，省事明理，甚虑；茶，增进菩萨的核心，醒神明目，通道辨非，审时度势，主持公道，而引申为"举头三尺有神明"的哲理。

临湘民间祭祀活动中"大事小事茶当家，祭祀奠基皆用茶"，完成送魂、通神、祈福、禳灾的使命，也沉淀深厚的原始宗教文化底蕴，演绎出万物崇拜、天地崇拜、鬼神崇拜的原始宗教形态。展示临湘人民在历史长河中不断地认识自然，认识宇宙，认识天地的强烈愿望和对茶的认识与利用。它载负着临湘先民不泯的希望，激扬着临湘先民不羁的灵魂，昭示着临湘先民指向初原与终极的人性光辉。

"十样锦"音乐中的晋商"风"

"十样锦"是起源于茶市古镇聂家市的古典器乐演奏曲的表现形式。它发端于三国时期的吴楚之地，盛行并定名于明、清之季，流行于湘北地区，是老百姓喜闻乐见的乡土文化，带有厚重的泥土芳香，也是临湘市弥足珍贵的非物质文化遗产。

"十样锦"顾名思义是由多种演奏的乐器种类而命名。临湘民间流传，聂家市十样锦由大鼓、铜锣、钹、笛子、唢呐、箫等多种器乐组成。主要演奏的器乐有：大鼓、小鼓（小堂鼓、斑鼓）、锣（苏锣、中锣）、小锣（马锣、嘀锣、小云锣）、钹（苏钹、中钹）、竹笛、洞箫、笙、唢呐（大小）等，以演奏"华锦乐章"而著称。

"十样锦"的表演形式与内容，概而言之为："文武合璧、三部联袂。"即以锣鼓钹等打击器乐为演奏主体，称之为"武乐"，又称为"干打"；以笛子、洞箫、笙、唢呐等吹管器乐为协奏衬托，称之为"文乐"，文武器乐合奏总称为"文武合璧"。"十样锦"全套乐章除前奏和尾声外，中间的主体部分，则由相对独立而又紧相连袂的三部乐章的构成。

"十样锦"源远流长。它的产生、发展、流传与嬗变的过程，与聂家市古镇的兴衰一脉相承。三国时期，聂家市尚是一个无名的村落，隶属吴国的下隽县地。吴主孙权巡视黄盖水军驻跸之地，当地军民官绅敲击"金、钲、鼓、筑"迎接圣驾。随后吴主赐名此地为"接驾市"。随之流传到民间，在敲击演奏多种吹打乐时，酷似一群雀鸟在水塘中嬉戏，故而俗称"麻雀里洗澡"。于是产生了聂家市十样锦的雏形。

唐末宋初，马殷析巴陵之地设王朝场，开展茶叶贸易，随着市场的发展，王朝场改为王朝县、临湘县。"接驾市"也因谐音被衍称为"聂家市"。北宋庆历年间,聂家市名人张实万之子张尚阳被宋仁宗招为驸马。张驸马携升平公主回乡省亲,一路鸾辇奏鸣。当地民间艺人也组成打击乐队相迎。民间乐队感受到宫廷音乐的奇妙,在乐师的传教下,将丝竹管弦乐移植到乡土的打击乐中。聂家市的十样锦通过与宫廷音乐的结合,又突出地方音乐之俗,形成了"阳春白雪"与"下里巴人"联袂的独有特色。这个时期,应是聂家市十样锦的初创期。

时至明代,随着"浙赣填湖广"的移民大潮,赣文化的渗入与流传。聂家市经济文化开始由衰落逐步地进入兴盛时期,境内的民间文化也发生了翻天覆地的变化。特别是祠堂庙宇,迎神赛会之俗风起云涌。每年从正月十六至二月二十,要将菩萨迎接到万寿宫集中供奉一月有余,以保境安民、祈求福瑞。在这时迎神请驾的过程中,要奏响鼓乐渲染气氛。于是,聂家市十样锦便成了迎神赛会的"进行乐"。明代沈德符在《顾曲杂言》中记载其盛况时曰:"有十样锦者,锣鼓钹铮之属,齐声振响。""进行乐"也初步形成"三部乐章"的构架,第一部:接驾(迎神出庙);第二部:进城(巡游布福);第三部:驻跸(保境安民)。这个时期,应是聂家市十样锦的形成期。

清代是地域文化发展的时代,随着茶业的繁荣昌盛,聂家市成为青砖茶、黑茶的集散之地,成为万里茶道南方起点之一。"十样锦"在嬗变的过程中,融入了晋商带来的山、陕诸多音乐曲牌的文化元素,得到了极大的放大与发展。首先,聂家市十样锦武乐组合中引进"大鼓"元素。山西的绛州大鼓、陕西的安塞大鼓的演奏形态,通过不断地革新,创造性地运用到了聂家市十样锦之中。三通鼓响,地动山摇,闻声十里,打出了绛州大鼓的威风,安塞大鼓的豪迈,晋商诚信务实的风范。二是选择性地吸纳山陕梆子及晋剧十样锦曲牌的精华。《直隶降州志》载:"岁时社稷,夏冬雨季,又乡镇多香火,扮社鼓演剧。"《降州志》又载:"每逢赛社之期,必演剧数日,扮各种故事,如锣鼓等等。"随着晋剧对中路梆"苦相思"和"花腔"的发展,"唢呐牌"和"丝统牌"的广受博采与方音的融汇,形成宏厚博大,磅礴恢宏,音韵铿锵,粗犷豪放的音乐、器乐语系。聂家市十样锦曲牌中也选择性地进行了吸纳。三是吸纳了部分祁太秧歌的演奏风格。山西祁县、太谷、平遥为"川陕通衢",形成了多元文化的载体。使祁太秧歌的艺术形式,从踏歌、两小戏、三小戏到戏曲化的发展,如《走西口》《放风筝》《割田》《小观灯》《卖艺》《吃瓜》等小戏曲得到了日臻完美。随着晋商的南下,带来了祁太秧歌的繁荣与传播,祁太秧歌也促进了茶业的昌盛。聂家市十样锦在多元文化的融洽中，或多或少地保留有祁太秧歌的文化元素。同时，十样锦演奏领域也得到了极大的放大。由单纯的迎神赛会，拓展到街市的大型庆典，茶事的盛会和民间的红白喜事之中，常与玩龙舞狮，抬"故事"、出"天星"、打地花鼓、玩采莲船、骑竹马等民间艺术表演形式融为一体。十样锦以打击乐为主体的"三部曲"得到了放大与发展。它主动地接纳了晋商带来的音乐、器乐语种，丰富了曲牌的内容，完善了曲牌的语系，最后，形成第一部《接驾·白牡丹》；第二部《进城·瓜子仁》；第三部《驻跸·叨光令》等一整套欢快愉悦，精妙绝伦的乐章，使聂家市十样锦走进它的成熟期。

聂家市"十样锦"通过不断地嬗变与完善，逐渐地由雏形与初创期，走向形成期，迈进成熟期，形成一套完整精湛的音乐器乐谱系。在千古山川，百年茶道上，能与先辈论古，与马帮并行，与茶翁对饮，既能览新兴之城，又能观盛世之业。激发梦想中的所思所叹所敬，故呼呼唤唤，指指点点，长歌啸、短词吟，成就了临湘青砖茶史上瑰璋，弘扬了非物质文化遗产的不朽功勋。

聂家市天主堂 晋商的精神寄托

"人之初，即茶初；时愈迁，茶愈兴。"

临湘因茶而设县，聂市因茶而振兴，晋商因茶而赢利，天主堂因茶而运昌。

随着茶叶种植、加工、贸易的兴起，带来了临湘聂家市的繁荣，也带来了晋商的兴盛。在繁荣兴盛的大环境背后，晋商人四处追寻精神文化的陶冶，聂家市天主堂成为其寄托之所。

天主堂位于国家历史文化名镇、湖南省重点文物保护单位临湘市聂市镇。处于老街（下街）的北端，东依聂市河，南望老街的下河街。坐标为北纬29°34′36″，东经43°29′33″。天主堂始建于清宣统元年（1909），原建筑群由天主堂、牧师楼、庖厨、澡堂、教会育婴堂（或学校）及院落、池塘组成。目前仅存天主堂文物本体一幢。

天主堂祀奉耶稣基督，似西欧巴西利卡教堂风格，为砖（石）木混合结构，建筑面积226平方米。前立面采用西洋三间三门重楼式牌坊，牌坊立面上为彩画门罩，两侧为圆形装饰，浮雕、海藻、鱼类、海洋动植物，显示出西洋形式的基本格调；采用单层双坡顶，小青瓦屋面，黄褐色釉寿头滴水瓦，彩绘门罩，

天主堂装饰图

天主堂大门的门楣彩绘

内厅柱础等中式传统做法，凸显诸多"中西合璧"的元素，是将西方宗教建筑和中国古代建筑建造理念完美结合的成功实例。同时，显示出"万里茶道"中西商贸与文化交流的繁荣、发展和衰落的过程，其本身携带诸多历史痕迹，也是研究中国政治经济、宗教文化、建筑艺术的重要史料。

天主堂还在西方建筑的理念上，巧妙地融入东方文化因素，展现了东西方建筑艺术和审美情趣中的共通性，使其建筑的综合艺术性得到了极大升华。特别是石柱础、砖柱础、中式门楣、中西式窗楣、彩绘等，空间层次变化丰富，造型艺术独特，结构特点不一，装饰华美，整体搭配协调合理，体现了劳动人民的艺术成就和智慧结晶。

天主堂历经风雨沧桑，顽强地屹立在古镇之中。有幸的是在"文化大繁荣、大发展"，恢复聂市古建筑群之时，2016年7月对其进行修缮保护，面貌焕然一新。一个多世纪来，天主堂演绎出聂家市中西文化合璧，晋商业茶随俗和茶事、商埠兴衰的人文活剧，见证了"万里茶道"中西文化和贸易的发展；西方宗教文化在中国的传播，天主教随中西贸易往来传入湖南。同时，反映出宗教文化服务于经济交流的历史客观事实。

为何在古镇中呈现出一座中西文化合璧的建筑，能否在晋商的重要文献《行商遗要》中找出答卷。晋商把天伦常理存在心上。不瞒老不欺幼义取四方。领东本遵号令监制茶货。逐宗事照旧规勤勤俭俭，诸凡事切不可耗费浪荡。怕的是遭祸孽遗累子孙。行水路走江湖跋涉艰难。勿华丽学朴素免惹盗窃。水陆路遇生疏最忌结伴。为客商学谦和勿势欺良。莫学那骄奢傲时新款样。莫学那匪类事嫖赌嬉游。宗宗件照旧规真无走鉴。尽其心竭其力正直端方。这些字字句句道出晋商的行为规范，为人准则。怕的是行为不端，而导致产生祸孽连累子孙。同时，借助神祇的精神威慑力量，增强了晋商在神祇监督下的自我约束能力，警惕"见利忘义、不仁不义、损人利己、独网其利"等邪恶动机的产生，树立起诚商廉贾的商家正气。在奉祀、崇拜过程中受到以义制利，义为利本伦理规范的制约。从而，铸就了"茶通天下、货通天下、汇通天下、德通天下"的晋商精神。

晋商通过天主堂的洗礼和潜移默化的熏陶，自觉和不自觉地遵循着"为人"的准则，涌现出一批慷慨解囊、乐襄其成的人和事，聂家市的修桥、铺路，教堂、学校的兴建，资助关爱孤寡老人等等公益活动中，都留下晋商默默奉献的身影。同时，聂家市保留了晋商许多可歌可泣之情。解放初期，在一次龙舟大赛中，一座小姐绣楼突然坍塌，十几名观看热闹乡亲掉到聂市河里。晋商丁一亥，奋不顾身跳进了河中，在激流中救出了五位乡亲。最终，丁一亥被洪流卷走，把魂永远留在聂家市。晋商以不畏艰难险阻，勇于开疆拓土的胆识和英雄气概；能经营、善管理的创新精神和聪明智慧；诚信为本，以义制利经商理念和商业道德；以人为本，助人为乐的善事义举和道德情怀；民族交往和睦相处的文化影响和人文精神，成就一代又一代晋商人的情愫和风尚，留给了聂家市一笔宝贵财富。

第二节 茶诗茶歌 畅颂茶事

临湘依托得天独厚的地理优势，茶农们将一片片绿叶制作成一篓篓、一担担、一箱箱，临湘青砖茶、米砖茶、红茶、绿茶的诗词歌赋。其中，丰富的茶诗、茶歌，伴随着历史的发展，岁月的峥嵘，渗透着社会生活的血痕，烙上各个领域的印记，真实地载录临湘茶叶发展的兴衰历史，生动地刻画着临湘茶农的思想情怀和理想愿景。在《临湘民间歌谣集成》调查中发现：临湘传唱民歌、山歌一千三百多首，有劳动歌、时政歌、情歌等8大类41小类，劳动歌中，尤以茶歌为多，时代最早。这批茶诗、茶歌给临湘人民留下极其珍贵的文化遗产，也留给临湘人民永恒的记忆。

茶 诗

临湘地名谣

宋 方廷坚

昆山螺，转山湾，芋子高城望峡山。
东塘西托犁头港，托坝上来柳树厂。
谢家山，木鱼山，老龙出角七家湾。
白羊田，铜鼓西，云山跳石种茶地。
四屋柳家三岔垅，再走六十方山洞。

《同治·临湘县志》载：方廷坚，临湘人，尚书省承务郎调户曹参军。

明·洪一麟诗二首

（一）

寺里抛书坐玉台，山僧有意煮茶来。
乞予为写羲之字，时有昙花拂槛开。

（二）

杜甫闲寻紫茸香，排空宝盖接鱼梁。

吴公茶罢清谈久，仙露明珠透上方。

洪一麟，临湘县人，明景泰年间在世

莼川竹枝词（三首）

周顺偈

（一）

三月春风长嫩芽，村庄少妇解当家。

残灯未掩黄粱熟，枕伴呼郎起采茶。

（二）

茶乡生计即山农，压作方砖白纸封。

别有红笺书小字，西商监制自芙蓉。

（三）

六水三山却少田，生涯强半在西川。

锦宫城里花如许，知误青春几少年。

注：周顺偈，清朝嘉庆年间贡生

吴獬戏赠方济初

贩茶得利原非易，青灯攻读也是难，

两个哥哥不如我，白布一块画棋盘。

方济初，方志盛商号老板之一，家做茶叶生意，全靠伙计代为经营，自己很少过问，酷嗜下棋。长兄方少甫专事茶叶生意。二哥方永丙先中秀才，后中举人，兼做茶叶生意。

夜宿龙窖山

吴獬

昨夜龙源宿，村中别有天。

雨春晴晒谷，夜纺昼弹棉。

寒向蔸儿火，闲抽叶子烟。

姜盐茶一罐，赛过活神仙。

采茶歌

伍树炳

泉为井，山为家，古木村墟风雨斜。绕屋不种桑与麻，前山 后山都是茶。朝朝暮暮勤采摘，卖与商人沁齿牙。卖来猥云会计当，官租虽负心仍旷。闭门无事曳杖行，掀髯长啸西山上。

（录自伍树炳《惓惓集书》，伍树炳，清末秀才，荆竹山人）

茶癖歌

周梓材

追忆问癖起何年，北堂从头告一篇。三岁襁褓离乳天，乳离便与癖结缘。满壶当乳吸下咽，不吸倾壶不肯眠。老母忧癖疑是癫，询医说饮百病蠲。一闻无恙母多煎，任意饱我腹便便。厥后日饮量无边，数十碗后思绵绵。懒翻经谱味研究，只采嫩尖下沸泉。暑烹冰雪风翩翩，寒依炉火餐云烟。医言过是得真传，六十年来无病缠，遍访同好着吟鞭，不遇鸿渐与玉川。王家癖多岂有旃，故蒙师友赠诗笺。赠诗师友是高贤，我癖名著弱冠前。举碗称雄到华颠，见癖无敌惊四筵。一事擅场亦侠然，洁癖不恨囊乏和峤钱，作不得酒仙作茶仙。

周梓材清末秀才，住聂市与路口交界处的荆竹山南麓灌山洞。有《吴选灌山诗稿》（民国九年末二卷刻本）传世。此诗见其第二卷。清代著名学者吴獬评价此诗云："浩浩如长河东注。"

赠茶癖歌

黄诚南

道有茶王只耳问，谁如桑苎吸清芬。

老夫年到杖乡外，海量一生才见君。

沈春溪

味在山中不解寻，争知百盅抵千金。

如何一样清风使，偏与周郎契合深。

吴獬

茶中豪士定无双，陆羽卢仝合受降。

学涤诗肠水难得，休将妙处告同窗。

李瑞丹

春芽过夏渐清疏，若个秋冬酷嗜渠。

闻说延陵门下士，长年偏有渴相如。

丁子上

雀舌龙芽岁岁新，被君烹作腹中珍。

如今吸尽西江水，洗净诗肠吐出春。

茶　歌

歌声嘹亮满山岗

茶树发芽青又青，一根嫩茶一片心。
快快采来快快摘，片片茶叶片片情。
采过一行又一行，歌声嘹亮满山岗。
今年茶叶发得早，只因春光照茶乡。

望见姣莲采细茶

这山望见那山斜，望见娇莲摘细茶。
左手摘茶茶四两，右手摘茶茶半斤。
娇莲哪是摘茶人，天上仙女下凡尘。

谷雨采茶茶喷香

谷雨采茶茶喷香，提篮结伴上山岗。
茶姑辫子油光亮，蝴蝶结子两边荡。
鸡啄白米把茶采，忙中更把歌儿唱。
风和日丽春光好，嫩茶阵阵扑鼻香。
白云飘飘茶歌好，歌声起伏茶满筐。
采得太阳下了坡，采得月亮上山岗。
往年做茶累断腰，如今做茶轻操劳。
杀青揉茶机械化，省工省力质量好。
感谢恩人共产党，幸福歌声满茶乡。

十月摘茶歌

正月里，正月正，如何望得茶发荪，
　　姐奴也，姐在房中急闷闷。

二月里，百花苞，茶庄老板来信了，
　　姐奴也，江边搭船水飘飘。

三月里，是清明，茶庄老板进山林，
　　姐奴也，幺姑接了笑盈盈。

四月里，是立夏，幺姑梳妆去摘茶，
　　姐奴也，哪个客人不爱她。

五月里，是端阳，幺姑身上吊麝香，
　　姐奴也，麝香引动少年郎。

六月里，三伏天，漂白褂子外托肩，
　　姐奴也，夏布裤子绸镶边。

七月里，七月半，茶庄老板减大半，
　　姐奴也，日落西边赶回伴。

八月里，是中秋，茶庄老板把秤收，
　　姐奴也，把姐收得泪双流。

九月里，是重阳，茶庄老板转回乡，
　　姐奴也，幺姑哭得断肝肠。

十月里，小阳春，茶庄老板出山林，
　　姐奴也，郎又舍不得姐，
姐又舍不得郎，丢丢舍舍痛断肠。

四季采茶歌

春季采茶谷雨边，采茶姑娘进茶园。
　　我的姐也，春风吹来茶易老。
老了茶叶减价钱，抓紧时间莫迟延。

听郎话来回郎言，嫩茶只采叶两片。

　我的哥也，阳雀叫来人辛苦。

姐采茶来郎整田，一年之计在春天。

夏季采茶热难当，采茶姑娘早起床。

　我的姐也，摘刀拿来郎磨快。

新梗采尽留老桩，秋茶丰收有指望。

听郎言来回郎话，姐采茶叶是行家。

　我的哥也，清苋亮脚过细摘。

老叶新梗不留它，采后从新发秋茶。

秋季采茶秋风凉，采茶姑娘上山岗。

　我的姐也，秋茶采摘莫乱忙。

只摘嫩尖寸把长，秋茶胜过春茶香。

听郎话来回郎言，姐采秋茶抢时间。

　我的哥也，快把茶园挖一遍。

翻转泥土莫迟延，冬茶定是丰收年。

冬季采茶立冬近，采茶姑娘进山林。

　我的姐也，十月有个小阳春。

早采茶叶早发荪，免得过冬受寒苦。

听郎话来回郎音，我郎不要白操心。

　我的哥也，人到冬天向炭火。

茶苋靠叶遮霜冻，来年春茶早发荪。

慢慢约哥喝细茶

男：昨日无事到姐家，进门一盅冷剩茶。

不是堂前有爹妈，我打破盅子泼掉茶，

这条情路不走它。

女：情哥怪姐怪得差，如今不是姐当家。

想放胡椒冒钱买，铺里有盐不肯赊。

再过三年分了居，郎种良田姐当家，

慢慢约哥喝细茶。

采茶歌

（一）

云在天上飘，水在山下流。

采茶姑娘上了山，茶歌飞到白云头。

鱼儿漾清波，山雀离了窝。

獐子蹦出茅草坡，要听高山采茶歌。

（二）

去年同哥吃杯茶，香到今年八月八。

不信哥到妹家看，床头开着茉莉花。

十二月采茶歌

正月采茶是新年，同妹牵手进茶园。

茶叶树下初相会，要与小妹结姻缘。

二月采茶茶花开，同妹牵手摘花戴。

好花摘下妹戴起，并插小妹一枝花。

三月采茶茶冒芽，同妹牵手摘细茶。

双手采茶鸡啄米，来来往往蝶穿花。

四月采茶茶叶长，同妹牵手进绣房。

红漆踏板象牙床，象牙床上结成双。

五月采茶是端阳，约妹同去把船游。

哥也欢来妹也笑，郎心爱妹妹爱郎。

六月采茶热忙忙，同妹牵手去乘凉。

搬把椅子拦门坐，一人扇风二人凉。
七月采茶秋风扬，妹在房中织丝绸。
左手飘梭右手织，织来织去想情郎。
八月采茶桂花开，三伯访友祝英台。
哥想向妹说句话，满山男女眼如筛。
九月采茶是重阳，墙内栽花墙外香。
情哥有心来摘花，小妹情哥俩相当。
十月采茶过大江，脚踏船头把家还。
小妹不必江边望，情哥一定转回来。
冬月采茶落大雪，大雪纷飞盖屋檐。
妹在房中烤炭火，郎在外面受风寒。
腊月采茶又一年，妹在屋里拜祖先。
拜了祖先回家转，来年三月又相见。

布谷声声叫得欢

布谷声声叫得欢，四月农家两头忙。
插得秧来茶已老，摘得茶来秧又黄。

妹在茶园把手招

郎在高山做鸟叫，妹在茶园把手招。
娘问女儿招什么，风吹头发用手撩。

冷水泡茶慢慢浓

韭菜开花细绒绒，有心恋郎不怕穷。
只要二人情意合，冷水泡茶慢慢浓。

卖茶歌

桑木扁担软溜溜，挑担茶叶卖岳州。

茶佬验质连声夸，夸嫩夸香忙加价，临湘细茶赛天下。

挑担细茶卖长沙，茶庄门前把牌挂。

牌上独指临湘茶，香嫩色美味道佳，优先过秤优算价。

桑木扁担轻又轻，挑担细茶上北京。

皇帝金笔批旨文："临湘茶叶列贡品，定数年年进朝廷。"

五月采茶

正月采茶是新年，姐妹双双进茶园。

十指尖尖把茶采，采篮细茶回家转。

茶是茶园进，回是回家园，采茶辛苦呷茶甜。

二月采茶是春分，姐妹房中绣手巾。

两边绣的茶花朵，中间绣的采茶人。

茶是茶花朵，采是采茶人，采茶姑娘手灵巧。

三月采茶三月三，昭君姑娘和北蕃。

手拿篾篾三弦子，轻轻弹过雁门关。

三是三弦子，雁是雁门关，眼流泪珠望家园。

四月采茶心头慌，采茶姑娘忙又忙。

插得秧来茶要老，采的茶来秧又黄。

茶是茶又老，秧是秧又黄。

采茶姑娘两头忙。

五月采茶是端阳，龙船下水闹长江。

两边坐的划船手，中间坐的打鼓郎。

划是划船手，打是打鼓郎。

悼念屈原投汨江。

初恋茶歌

花椒茶，豆子茶，
姜盐茶，川芎茶，
一杯浓，二杯香，
三杯四杯情意长。
叫声哥，唤声妹，
坐到桌边成双对，
喝碗茶汤暖暖心，
心心相对喜事成。

新婚敬茶歌

红漆茶盘四四方，十个茶杯里头装。
煮茶娘子烧开水，引茶娘子调红糖。
一杯敬给上亲尝，茶钱红包盘中放。
二杯端进公婆房，茶钱一把塞手上。
三四五杯敬乡党，个个都想面子光。
六七八杯敬朋友，一个铜钱都不放。
九杯十杯敬百客，人人个个说多谢。

十条手巾系我郎

一条手巾绣奴心，正月十五玩花灯；
我郎无心贪玩耍，独上茶山望年景。

二条手巾两面蓝，绣个茶花配牡丹；
有人托起手巾看，看花容易绣花难。

三条手巾三根青，麻花细雨茶发荪；
我郎年少如嫩叶，粘住奴姐一片心。

235

四条手巾四角纱，劝郎外出贩细茶；
郎主外来多赚钱，奴主内来好当家。

五条手巾五点红，五朵茶花戏蛟龙；
劝郎莫走江边过，手巾落水龙相冲。

六条手巾逢天热，揉茶抹汗少不得；
搬把椅子风前坐，手巾抹成茶灰色。

七条手巾七尺长，系在郎身街头浪；
卖茶莫走花街过，风流女子缠我郎。

八条手巾绣中秋，花好月圆家家求；
姐绣茶花朵朵白，家有香茶把客留。

九条手巾绣重阳，小阳春光满山岗；
春夏采茶秋冬抚，翻挖茶蔸靠我郎。

十条手巾一丈长，两头牵住姐和郎；
龙凤相配恩爱深，清茶淡饭四季香。

第三节 戏舞联谚 情动八方

茶戏：实为临湘嗡琴戏，因多在节庆和采茶季节演唱，亦名"采茶戏"。正如俗语所言："人生如戏，戏乃人生"；茶舞：茶农在茶叶种植、加工、运输、贸易中所显现出的劳动动作，而编导成舞蹈语汇的艺术表演形式。如《采茶舞》《拍打舞》《哟里哟打青砖》等；茶联：茶农在春节、庆典、重大节日以及茶亭、茶庄、茶铺上撰写的楹联及墨宝，以茶为题材，艺术风格有特色，朴实无华，朗朗上口，引经据典，意味深长；茶谚：茶农按照当地茶叶生长、采摘及生产、节令、生活形态所总结的经验格言。

茶戏、茶舞、茶联、茶谚等形成了茶区"活态"文化遗产，这些"活态"文化遗产具有极强的生命力，一直保持其动态运作。它们见证了茶区发生的故事，讲述着茶区悲欢的历史，情系着百万茶农的心声。

茶 戏

临湘茶戏，发端于两湖茶区的龙窖山、聂家市河、桃林河流域，世代相传。临湘茶戏一戏多称：因其使用的舞台语言是临湘方言，故有"临湘花鼓戏"之称；演出时节多在春茶（炒青）、夏茶（老茶）的采摘、加工时，演唱的曲调也多为茶歌小调，俗称"采茶戏"；演奏的主要乐器为嗡琴，又称"嗡琴戏"；新中国成立后正式定名为"临湘花鼓戏"。从清末至民国年间起，此戏除在临湘全境内流传外，还在湖南省岳阳、平江、汨罗、华容等县市传播，甚至传播于湘鄂赣毗邻地区。流传湖北省崇阳、通城，叫作"提琴戏"；流传江西省修水、铜鼓叫作"半班戏"；流传岳阳叫作"花鼓子""岳阳花鼓戏"。形成了一个以临湘为中心，影响到湘鄂赣的较大文化圈。

临湘茶戏，清嘉庆、道光年间的"两小"（小旦、小丑）已具雏形，发展到道光、咸丰年间的"三小"（小旦、小生、小丑），逐步形成了多角色的演出戏

《董永卖身》剧照

《孟姜女哭长城》剧照

班，如当时有名的"三秋班""三堂班""乌畈门班""金少爷班"等。清光绪、民国年间，为其发展鼎盛时期。清光绪元年（1875）四月十五日，临湘知县为了防止百姓在演采茶戏时"聚赌藏奸"（聚众闹事），在同一天同一方石刻上，对坚持"演戏做会"的聂家市刊发了两份《告示》，一份是遵照湖南巡抚涂宗瀛的"示稿"，理由是其时正当"国服"（同治帝载淳于同治十三年十二月初五日驾崩）期间禁止"演戏""迎神赛会"；另一份理由是"现值茶市，正商贾暨拣茶人等云集之时"，禁止"演唱花鼓戏"，要求"立将戏班驱逐出境"（其碑现存聂家市茶文化博物馆）。但因老百姓喜闻乐见，至民国末年，一直禁而不止。一些豪绅富户还组织或资助，雇请专门班子入户演其茶戏，即所谓"家乐"。临湘籍人台湾首任兵备道，爱国名将刘璈之子刘千夫，在清光绪时，以"纵万元也在所不惜"的决心组织了"贴万班"，召集二三十人，装备精良，名角汇聚，常演采茶戏。其父刘璈曾给予坚决的支持，并为其写有一副戏台联，至今广为流传。"一二人，千军万马，你一刀，我一枪，总杀不死；三五步，海角天涯，臣骑马，君坐轿，还是步行。"新中国成立后，组建了临湘县花戏剧团，1998年正式成立临湘市嗡琴戏剧团，与临湘市花鼓戏剧团一套班子两块牌子。

临湘茶戏的唱腔以锣腔、琴腔为主，兼有吹腔、套曲、地方小调。乐器主要有嗡琴、唢呐、笛子，后来发展到扬琴、古筝等弹奏乐器。武场面有小堂鼓、大堂鼓、班鼓、可子或云板、大汉锣、中汉锣、中虎锣、高虎锣、大汉镲、小汉镲、汉小锣、云锣、马锣。嗡琴，一般为临湘花鼓戏艺人手工自制而成。它的制作工艺特别，琴筒长，琴杆短，无千金，琴轴类似板胡，但两根琴轴分别装于琴杆两边，呈对称状，琴弓与二胡弓一样，琴筒上蒙有蛇皮。嗡琴的制作方法易学难精。目前，只有部分老艺人全面掌握了嗡琴的制作和演奏方法。

早期的茶戏（花鼓戏），大多以口授身传和手抄曲谱传世。1988 年，经临湘市花鼓戏剧团国家二级作曲葛先成、高林保等人的抢救发掘整理，按照花鼓戏的六大声腔（锣腔、琴腔、吹腔、套曲、小调、器乐曲）分门别类，共整理出 390 余首花鼓戏词典谱，编成《临湘花鼓戏音乐》一书，分上下两册，汇集了流传在湘鄂赣边界地区的优秀花鼓戏曲调，为临湘采茶戏的传承和发展起到了很好的作用。临湘采茶戏现存代表剧目 76 个，主要有传统戏《王妹子回门》《孟氏割股》《董永卖身》《韩湘子化斋》《孟姜女》《雪梅教子》《张广大拜寿》，现代戏《大兴与兰兰》《堂客拨的扶贫款》《村官本是打工仔》《铁面税官》等。

茶 舞

临湘市青少年活动中心成立于 2005 年。秉承着"孕育潜质，奠基未来"的核心理念，培育和践行社会主义核心价值观，推进青少年素质教育，是青少年学习交流的乐园，风采展示的舞台和爱国主义教育的阵地；也是青少年发挥特长，提高素质，展示才华的大舞台。

近年，临湘市青少年活动中心，围绕"一带一路"倡议和"万里茶道"申遗工作编排了《天香》《哟哩哟打青砖》等舞蹈节目。《天香》舞蹈以"茶马古道长，洞庭青砖香。仙鹤闻天舞，一路向天山"的开场，诠释了茶的品德，展示品茗一直被文人骚客所青睐。一杯茶后，流淌出无数风花雪月的故事。同时，真实地再现青砖茶的人文历史。《天香》舞蹈不仅富有观赏性和深厚的文化底蕴，更是一

《哟哩、哟哩，打青砖》剧照

《天香》剧照

个非常具有历史文化的载体。《哟里哟打青砖》舞蹈，通过一群活泼可爱少年灵巧的肢体语言，诠释千年茶镇聂家市茶农，祭茶、采茶、运茶、贡茶的热闹场景，在阵阵清脆悦耳的劳动号子声中，小演员手执制茶器具或起、或蹲、或仰、或立、或踩，通过奇妙的艺术表现，将人们置身于当年繁华茶马古道中，把聂家市压制青砖茶的劳动情景表现得淋漓尽致，让人们赏心悦目，遐想连连。特别是通过抑扬顿挫、跌宕起伏的劳动号子"哟里哟、哟里哟"，把"挥汗如雨，热火朝天"青砖茶制作的场景再现。

精彩绝妙的舞台艺术，惟妙惟肖的表演形式，不时赢得现场观众热烈的掌声。

茶 联

聂家市同德源茶庄

[清] 吴獬

能光显成四时，擎八柱，家声弹压间阎宽扑地；
要恢宏联万国，达九州，商业飞腾楼阁起连云。

注：光显：意为荣显。四时：《左传昭公元年》，"君子有四时，朝以听政，昼以访问，夕以修令，夜以安身"。八柱："古代神话，地有八柱，用以承天"。弹压：控制、镇压，本为管束、超越。间阎：指里巷。扑地：即万邦、天下。

聂家市国庆题打狗岭茶亭

[民国] 杨伯刚

至岭瞻观怀雅兴；
登亭憩息莫留连。

聂家市朱贝走马畈茶亭

[民国] 姚祉嘉

天地犹逆旅，攘攘纷纷，未知何时分手；
光阴同过客，来来往往，请在此处息肩。

聂家市花红坳茶亭

[民国] 姚文海

月夜风声，满塘荷叶尽翻白；
春朝日出，一路山花相映红。

聂家市雪坳岭茶亭

佚时 佚名

四面皆山，仿若环邀留我坐；
两途是路，但凭择取任君行。

聂家市二逢桥茶亭

[民国] 沈崇德

长途漫漫，为苦遄征智憩足；
独行踽踽，得逢相识且谈心。

都是茶人，休憩时何分尔我；
同是过客，座谈后各自东西。

聂家市铁铺冲茶亭

歇脚放担，莫忘家仇国耻；
早出晚回，需要苦作勤耕。

聂家市杨林里茶亭

佚时 佚名

客聚茶亭茶亭聚客；
人行方便方便行人。

聂家市西陇岭茶亭

佚时 佚名

孔道通南北；茶风穿古今。

荆竹山黄泥凹茶亭

佚时 佚名

禹甸呈图辉朝日；
荆山入画霭夕阳。

乘风岭茶亭

［清］施三全

风恶须停桨；
骖分南北渡。

药姑山绿水茶亭

佚时 佚名

绿水千秋源友爱；
茶亭万代荫忠和。

晓煦山茶亭

［清］余林生

极目望东流柱；
举头挨北斗星。

忠防响山八公茶亭

佚时 佚名

八千里路云和月；
公共亭台茶与酒。

忠防鲫鱼洞洞中亭

［民国］吴竞

茶消士渴无烦地；
火给人行不夜天。

忠防银水洞茶亭

[清] 吴獬

远近达道逍遥过；

进退送还运连通。

陆城鱼梁茶亭

[清] 吴獬

枫叶荻花，秋色弥天谁管领；

江城水国，春潮拍岸任浮游。

题临湘塔

刘璈

马鞍山，杨林山，两山天堑蜂腰断；

洞庭水，荆江水，二水城陵燕尾分。

抗战联

　　抗日战争时期，临相悦来德、大合成、聚隆、大德生、同德源等多家茶庄、茶店贴出的一些爱国抗战联。可惜联语多已遗失遗忘，现知三联，而作者的名字也已无考。其联曰：

（一）

高朋满座，开饮先说抗战事；

清茶半杯，吃水不忘歼敌人。

（二）

解醉醒眼，唤起全民抗日；

沁脾清肺，宁容大地胡腥。

（三）

彻底清醒，一碗香茶，猛记取国仇身耻；

从头觉悟，半瓯畅话，好劝君杀敌除倭。

龙窖山地名联

龙窖山为两湖茶产地，瑶族先民开创种茶之先河。在千山万壑中留下许多有趣的地名。今特撷一联：

药姑[1]手提花篮（毯）[2]采黄花[3]摘柑枝[4]过乌珠[5]身佩雄（熊）剑[6]跨雕鞍[7]；

仙人[8]脚踏梅汤[9]下古塘[10]捉鳜鱼[11]穿麦园[12]臂挽箭杆[13]赴鲁晏[14]

1. 指药姑山，2. 五花尖三仙毯，3. 黄花山寨，4. 柑枝山，5. 乌珠塘，6. 箭楼陈家熊家，7. 马鞍山，8. 仙人殿，9. 梅池汤家，10. 古塘山寨，11. 鳜鱼冲，12. 麦园关，13. 箭杆山，14. 鲁家山寨、晏家山寨。

题千年茶乡聂家市

李东雄

八方呈画卷：看金竹晴岚，长河流韵，圣寺晨钟，牌坊夕照。杨林乡里：贺菜香飘十样锦，客聚茶亭茶聚客；

千载竞风华：忆碧峰毓秀，双凤赓歌，旦初铺路，日永医贫。聂市街头：晋商喜迈九如桥，人行正道正行人。

题临湘茶馆

陆羽称佳，历代传承为贡品；

毛公赞妙，今朝依旧溢清香。

青砖茶店联

青砖喜待八方客；

碧水长烹四海春。

题永巨茶业

沈保玲

百年老店，住秀水名山，春色印青砖，香醇茶韵长滋养；

万里远途，经边风塞月，暖烟腾黑玉，甘苦人生漫品尝。

题茶乡聂家市联

楚右

胜景接洞庭，看康公野渡，鹤桥烟雨，好品评永巨青砖，听几杵圣寺晨钟，万里寻茶路、水远山遥由此始；

人文欣湖楚、想吴主阅军，黄盖屯兵，欣记取尚阳垂绩，育一方宝臣盛业，千年存古风，日新月异又重兴。

题同德源茶庄（碎销格）

黄去非

抱德炀和，济济同侪承惠泽；

通江达海，源源聂水润茶庄。

题聂市古茶镇

余友安

青砖寻古道，亚贾欧输，犹想见聂水帆风，石街辙印；

老镇展新姿，唐音宋韵，好张扬人文云翼，经济飙轮。

永巨茶厂

周永红

永寿怡然，壶天阔饮长江水；

巨观仰止，茗海高歌聂市风。

题茶乡聂市古镇

伏滚

车马声匿入时光，唯夜月多情，曾见聂河帆影；

辉煌事呼来胆气，看春风着意，又飘古镇茶歌。

题同德源茶庄

伏滚

此身原系客身，寻一叶而留，向阳街口逢春早；

茶道本为商道，鼎五湖之力，同德源中聚义多。

茶 谚

一、茶叶的作用

一日无茶则滞，三日无茶则病。

饭后一盅茶，闲了医药家。

饭后一盅茶，饿死郎中的爷。

清晨吃盅茶，饿死卖药娃。

吃得三年的陈茶，饿死郎中的爷。

早茶一盅，一天威风；午茶一盅，身板轻松；晚茶一盅，提神祛病。一日三盅，雷打不动。

吃鱼吃肉皮包骨，粗茶淡饭养精神。

粮是金，茶是银，一年四季有钱分。

茶是摇钱树，一年三季进钱靠得住。

吃饭靠良田，用钱靠茶园。

二、茶树繁殖

高山多雾出名茶。

北茶易南迁，南茶迁北难。（南方大叶种茶树怕冻）

要想茶苗好，茶籽粒粒饱。

雨水种茶用手捺，春分种茶用脚踏，清明种茶用锄夯也夯不活。

半寸浅，半寸深，深了难出来，浅了易遭干。（扦插深度）

行距一拳，株距一指。（播种密度）

上面的太阳晒不下去，下面的水分跑不出来。（苗圃闭荫程度）

三、茶园耕锄

锄头底下出黄金。锄头响，茶树长。

茶地不挖，茶芽不发。

茶山隔半年铲，收成一定减。

三年不挖,茶树开花。

茶树结子,不挖就会死。

七挖金,八挖银,九冬十月了人情。

七金,八银,九铜,十铁,茶园深耕迟不得。

要吃茶,二月八月挖。

惊蛰前挖金,春分后挖银。

春山挖破皮,伏山挖见底。夏不挖,秋不发。

秋冬茶园挖得深,胜过拿锄挖黄金。

深翻一寸,当得施次粪;施肥加深翻,茶根往土钻。

四、茶园培土

种茶没巧,挑沿培脑。

种茶没巧,清沟攒脑。

茶地倒起挖,粒土不下垮。

搜蔸锄颈好,松土又灭草。

冬季培了土,来年丰产十有九。

沙土掺泥,好得出奇。

莫懒莫困,挑担黄土都是粪。

若要肥,泥加泥,生泥加熟泥,胜似吃次高丽人参。

五、茶园施肥

长嘴要吃,长根要肥;奶足孩儿胖,肥多茶树旺。

人不吃油,面燥皮皱;茶不施肥,叶黄梗瘦。

人无饭力不强,茶无肥芽不壮。

茶树不下粪,三年变光棍。

茶园三件宝,猪粪、萝卜、红花草。

六、茶园管理

茶树是水草，缺水长不好。

春茶前要晴，春茶后要雨，夏茶后水要调匀。

七、茶树防冻

当阳茶，背阴杉，山顶栽松能按家。

茶树不耐冻，山前阳坡种。

当阳宜种茶，背阴好种杉。

茶树冬天冻不得，春天雨水缺不得。

人穿棉鞋脚不冷，茶蔸培土冬不寒。

若要茶树好，铺草不可少。

茶园铺秋草，胜过穿棉袄。

八、茶叶采摘

惊蛰过，茶脱壳。（茶芽萌动时间）

一年老了爷，一季老了茶。

采茶莫乱抓，一枝三四芽。（指绿茶）

茶到立夏一夜粗。

谷雨前的茶，沁人齿牙。

谷雨茶，满地抓。

清明发芽，立夏迟，谷雨前后最合宜。（一般红、绿茶采摘时间）

先发早采，后发迟采，不到一芽而三叶标准不采，对夹叶及时采。

茶叶是个时辰草，早采三天是个宝，迟采三天便是草，适时采摘产量高。

采得好，茶是宝，采不好，茶变草。

头茶不采，二茶不发。

春茶不采，夏茶不发。

春茶苦，夏茶涩，秋茶好喝摘不得。（绿茶产区应多采春茶）头茶苦，二茶涩，三茶好吃天气热。

九、杂识

人在人情在，人走茶也凉。

开门七件事，柴米油盐酱醋茶。

茶是草，客是宝，西客（指晋商）不到不得了。

清茶当淡酒，不请自己来。

清茶当浓酒，人好水也好。

可吃几家茶，莫吃两家酒。

家有一园茶，子子孙孙有山爬。（茶园多山地）

家有一园竹，子子孙孙享清福；家有一园茶，子子孙孙有得爬。

牛吃百草不吃麻，羊吃干草不吃茶。

何培金供稿

第四节　茶俗茶饮　岁月呈祥

临湘的茶叶"盛于唐，始贡于五代马殷"，历经多个朝代。唐代主要生产团饼茶，宋代为片茶、散茶，明代出现烘青、绿茶，制成"帽盒茶"，明末清初，始创青砖茶。临湘除生产青砖茶、米砖茶等紧压茶外，还有川芎茶、椒粒茶、姜盐芝麻豆子茶、绿茶、红茶、碧叶青茶、剑春茶、锦峰茶等散茶产品。伴随着社会的发展和饮茶习俗的延续，临湘茶饮之俗也发生了翻天覆地的变化，形成有礼茶、节庆茶、丧祭茶、农事茶、交际茶、休闲茶等名录繁多的茶俗。茶饮之俗直接反映社会政治、经济、文化的发展变化，引导着嬗变与演进的过程。

茶　饮

自古迄今民间有俗语云：家家开门七件事，"柴、米、油、盐、酱、醋、茶"。文人则有："琴、棋、书、画、诗、酒、茶"之说。旧社会，男女喜办终身大事，经"媒妁之言，明媒正娶"，少不了有以茶为意向、为信物、为见证的"三茶六礼"的仪式、礼节，完成后就可以称作"合法夫妻"。其价值高低几乎不亚于今天的"红本本"。茶可自食自用和招待客人，即所谓饮用茶。在矿泉水、牛奶等饮品日益增多的今天，毋庸讳言地使它受到了挑战，虽有"江河日下"之兆，但仍有牢固的阵地。临湘人，在口头上不说"饮茶""喝茶"，而是说"呷茶"。如说"饮茶""喝茶"认为这是"咬牙的剥打官腔"，"呷了团鱼咬鳖腔"，是卖弄风雅；而在书面上则正好相反，不写成"呷茶"而写成"饮茶""喝茶"。茶的种类，按功能分，有以下几种：

应酬茶　又称"迎客茶"。临湘人认为进屋都是客。凡是进屋者不论认识与否，先敬上一碗茶款待。此即，民谚所谓："客进门，茶相迎。"旧时，家庭主妇往往用铜壶（俗称吊壶、沏壶）添上洁净的井水，以柴火烧开，用有盖有托的盖碗盛茶，用圆形或长方形的茶盘送茶。冲泡的茶叶多是清明前采摘的绿茶、或用压制的青砖茶，边饮边拉家常，敬者和饮者皆彬彬有礼，大家其乐融融。敬茶者敬茶时，无论客人坐在远处或身边，都要起身用双手相送，轻轻道声"请呷茶"；饮者中除长辈外，都要起身双手相接，轻轻回声"别客气"。饮完亦要起身捧杯子相送，离去时要说"多谢"，敬者则回以"得空时再来"。

解渴茶 旧时，家家户户都有趸茶的茶壶、茶缸。一般是用老青茶头天烧好晾凉，第二天喝。口渴了，拿起"竹吊子"，咕噜咕噜一吊子或几吊子。直到解渴为止。茶吊子里的茶叶，多被嚼碎而不倒掉。

养生茶 所谓养生茶，俗称"漱口茶"。一吃完饭就饮用此茶，可以调和胃里的食物，有利于温养脾胃。一些文化人多是早晨起床后先喝一杯茶。据说这样可以洗出肠胃里的有害之物。

喜庆茶 凡婚丧喜庆，皆安排专人备办茶水，其中最为讲究且有一定例规的是结婚茶，又称"吃糖茶"。旧时男女订婚，必用茶叶，因茶树多结子且只能以子繁殖，不能移植（今人已用扦插法移植），既象征多子多孙，又象征从一而终、百年好合。所谓"三茶六礼"之说，"六礼"即男方向女方除馈赠鸡、鱼、肉外，还需馈赠一定数量用红纸包封的茶叶，将其视为至性不改、和谐美满的预兆，俗称"下茶礼"。结婚时，女方从娘家坐花轿来到婆家。在随行的陪嫁物中，除桌椅、柜箱、被子外，还要有烧茶煮饭的火盆、火钳、沏壶钩、炊壶、茶杯等，"烧茶娘子"坐着小轿随行，并携带婚期需用的茶叶、食糖。自古至今，临湘的聂家市一带婚庆茶，至少有六道。客人初来乍到，礼节性送上一杯放有茶叶、豆子、芝麻的茶，或送来一杯只放茶叶的清茶，俗称"解渴茶""漱口茶"。夫妻进入新房（俗称"洞房"）后，各端一杯，每人喝一小口后，对换三次，最后一次喝完。另准备一杯茶水，放花生、红枣，表示"早生贵子"，此称"洞房交杯茶"又称"夫妻好顺茶"。宴席结束后，由新郎、新娘用圆形茶盘亲自抬着给客人送茶。其中最隆重的是所谓的"拜茶"。往往请祖父母辈、父母辈的舅姑姨等长辈，分辈高坐，点香燃烛，鼓乐齐鸣，新人跪敬糖茶，长辈一一给钱，俗称"喜钱的茶"。花烛之夜有"闹茶"之庆，由新郎、新娘抬着糖茶敬送，一次又一次，直到闹房结束。新婚之后一连三个早晨，新郎要用桶子提着煮好的糖茶（一般用红枣、糯米或者红枣煮"阴米"），在村庄里挨家逐户相送，饮者如需要，可以一添再添，给不给钱、给多少，都随意。

祭祀茶 春节期间祭祖，以及平常祭祀亡灵、天地、神祇，要有清茶淡酒

251

和鸡、鱼、肉等物。开基做屋和建造大型桥梁，要由主修人在清理基脚后遍洒茶豆谷米，意谓安顿神灵。新的塑像菩萨雕成后，"开光"前要在腹腔位内塞进干茶，认为茶是光洁之物，可助菩萨显灵

摆设茶 古往今来，在文人雅士家中，一般设有博古架，架上摆有高档茶或工艺品等彰显身份。其中茶主要用于收藏和装饰。近几年，临湘永巨茶业有限公司和明伦茶业有限公司生产的多种庆典圆饼、条幅茶匾，颇受各界欢迎。

药用茶 喝醉了可喝茶解酒；油腻的食物吃多了，肚子饱胀，饮浓茶助消化；有人新患痔疮，或被蚊虫叮咬，往往用陈茶叶和其他中草药捣碎敷治；特别是小孩出现瘙痒，往往也用砖茶、艾草煎水洗澡；感冒了，头痛、畏寒，也用一大把艾叶，加少许陈茶煎制。先喝再洗，用以出汗去湿；高血压患者，往往以饮用青砖茶作为辅助治疗。1932建设厅《建设月刊》载：砖茶不独解渴，且有解瘴气、治疮疽及解毒之功效，为山西、内蒙古及俄国人所嗜好，日非饮不可，南人旅行内蒙古及俄国一带，只携带茶砖即可作为旅费。想见其日常需要，有知吾人一日三餐之重大。

代酒茶 在宴席上，不善饮酒者，以茶代酒，应付对方。此习最早，见于《三国志·吴书·韦曜传》：孙皓密赐丞相韦曜"以茶当酒"。现在临湘人常讲的"以茶代酒"，源于此典。

通常只用茶叶加开水冲泡的茶外，还有几种只放部分茶叶或不放茶叶的饮料，也叫"茶"，一般添加什么就称什么茶。如：

花椒茶 由茶叶、花椒合制而成，用于接待常客，或作为茶亭的公益性用茶。

川芎茶 由茶叶、川芎合制而成，用途与花椒茶同。

姜片茶 由茶叶、生姜片制成，用途与花椒茶相同。

豆子芝麻茶 由少许茶叶，加上豆子或者芝麻、花生合制而成，用途同"花椒茶""川芎茶"。

泡米茶 不用茶叶，只用食糖、炒米冲和，一般用于早晨充饥或接待不寻常的客人。

荫米茶 不用茶叶，（用糯米蒸煮成饭，然后将饭阴干而成）、食糖合制，一般用于春节期间招待玩龙灯、舞狮子的人群，既解渴又充饥。

鸡蛋茶 不用茶，只有鸡蛋、食糖制成，共分两种，一种是蛋花、食糖冲泡而成；另一种是煮整蛋、剥壳后加上食糖浸泡而成。按风俗后者不能放双数的蛋，

应成单数。此茶用于接待高贵客人,如新女婿、地方官、不常来往的至亲好友。

糖茶 不用茶叶,只用白糖,有的加少许芝麻或豆子、花生米。

盐茶 用少许茶叶,加入少许食盐,凉亭所供之茶多系此茶,给劳动出汗多者补充盐分。

茶 俗

临湘民间茶俗,是物质文化的产物,也是茶文化的产物,有着厚重而绵长的文化底蕴。它直接反映当时经济基础和人民生活中的思想观念。经济的繁荣与衰落,社会的动荡与安定,国家的封闭与开放,对此都有较大的影响,都会引起悄变和剧变。今撷起几起茶镇的民间娱乐活动,展现茶镇昔日茶事之辉煌。

临湘的茶农、茶工是十分辛苦、清苦、艰苦的,但他们不为苦所折腰,坚持"苦中作乐",即坚持利用节日和其他闲时尽情戏玩,用以丰富自己的生活,调节自己的体力,净化自己的心灵,常常高声唱起这样的山歌:"世上只有种田好,半年辛苦半年闲,半年时间逗姐(情人)玩"。这类山歌没有乐器伴奏、只有一两人或多人参与。如下棋、练武打、角力、唱道琴、打三棒鼓、猜谜语等等,更有声闻遐迩。有乐器伴奏群体娱乐,如抬故事、出天星、玩地花鼓、舞狮玩龙、划彩莲船(又称彩龙船)等。

聂市故事 聂家市的故事,有人抬故事、高跷故事、地台故事。它是集惊、奇、险、巧于一体的民间杂技,并集表演、彩绘、历史、天文、地理、文学、民情、时代精神为一炉的独特的、古老的而又神秘的民间行为艺术;与戏曲同工,包含力学,渗透美学,是哑剧由戏剧舞台走向露天活动舞台的发展,是人性最直观的表现,是民间文化艺术中的一朵奇葩。据老人讲,聂家市的抬故事至少有一两百年历史,是聂家市的制茶业发展起来以后,茶商、茶工和热心娱乐的市民作为娱乐活动创造的。新中国成立前,每年古历正月初四日起,就开始抬故事。当时,聂家市老街有上街、下街之分,上、下街互相竞赛,争奇斗艳,在这一段时间内,整个聂市集镇人流滚动,商店的生意特别好。

抬故事的程序是:上街或下街,一方先扎好一抬故事,由数人簇拥着,敲锣打鼓抬到对方范围内游行一周后返回,这是挑战性的故事;如果对方过半天还不应战,不作出反应,又扎一、二抬故事,并含讽刺以挑起对方应战,于是竞赛就开始了。故事最多时,双方都有一二十抬,每日三次(上午、下午、晚上），内容各不相同，双方都想在技巧形式和内容上压倒对方，争取"好玩"（欢乐），争取胜利。

故事内容和舞台戏剧一样，选择7—12岁左右儿童扮演剧中人，脸谱、髯口、头盔、道具，不能有丝毫差错，否则不管怎样，算是输了，大丢其丑。故事的规模非常庞大，前面有仪仗队擂鼓，鸣锣开道，后面是聂家市特有的吹打乐《十样锦》殿后，中间夹着故事，浩浩荡荡，百花齐放。故事的形式多种多样：

聂家市的故事

（1）方桌故事：此是最简单的，即用吃饭的大方桌，翻转来四脚朝天，桌脚围以红布，左右各绑一根竹杠，以便四人抬起，将所扮剧中人物安置其中。

（2）亭子故事：此种故事比较复杂，即用三张大小不同的方桌，大的在下，小的在上，共分三层，也有用四层的，将方桌固定在一起，成为一个宝塔形，桌子周围围以红、绿花布，并缀上各种金、银、玉饰和各色绸花，绶带，安上直流电源和小灯泡，再将剧中人安于三层中间，三层人物要成为一出戏，由八个人抬。

（3）天星故事，更为复杂，用直径30毫米、长6米的铁条，依据剧中人物身材，锻成所需要的弯度，铁条从剧中人物装服或道具上伸出，圆铁顶端还有一个几个月的小婴，使人咋看不知铁材从何处伸出（故事术语叫"带彩"），铁条用红绿花绸包裹，再固定在一个大木架上（木架长、宽、高各四尺，用硬木做成，在架内放一块一两百斤重的大石头压底，防止打翻），剧中人物再围绕铁棍或坐或站，根据剧情而定。加工铁条，时间选在深夜，除核心人物和扮演故事小孩参加外，任何人不得进入加工场，并派人站岗放哨，以防泄密，真有点神乎其神。一抬天星故事，还有两把护剪（亭子也有两把护剪），护剪用长约两丈的长竹竿再在顶端绑一个斜叉成剪刀形，故名"护剪"，用红绿绸布将护剪缠好，在剪刀形处缀上金、银、玉饰及各种珍贵装饰物，并安上二面镜子辟邪，总之"争奇斗富"。护剪的作用是保护顶端小婴，防止铁条左右摇晃，不至于碰在屋檐或其他物体上，每把剪由一名壮汉掌管，保证不出事故。小婴孩是贫苦人家或讨饭者的两、三个月的孩子，一般人家特别是富裕人家的孩子是不肯冒这个险的。因为天星抬上肩膀后，有六七米高，又是冷天，不出事故，也怕冻坏孩子，旧社会穷人家生活无着，每次可以捞两块光洋。一家人能过几天生活，因此穷苦人家很乐意孩子上天星。按迷信说法，还可使孩子身体更健康。据老人家讲：最近一百多年来，抬过数百场故事，上、下街从未发生过事故。此外还有采莲船，竹马故事相搭配，真是"八仙过海，各显神通、争奇斗巧，热闹非凡"。

地花鼓　这也是临湘集镇特有的民间娱乐。传说通过玩灯，本地区数十里范围内，国泰民安，清吉太平。玩灯和地花鼓结合在一起，有地花鼓必有灯。旧时玩地花鼓多是夜间进行，一定要有灯。灯的种类有火把、煤油筒，白蜡、红蜡、煤气灯、纸扎的花灯、牌灯和绘有各种动、静物体的形状灯、马灯、手电筒（拧开电筒灯盖，在小灯泡上套上充气的各色小气球）。灯的种类和数量越多越好。称其"地花鼓"，大概是相对舞台上的花鼓戏，就是在堂屋里和地坪里玩，人物，动作也比较简单，一个头戴披纱的美女（俗称"旦角"），一个手拿破扇的男士（俗称"丑角"），旦角、丑角不停地转圈，女尽其美，男尽其丑，像在求爱，又像在幽会，有专人发彩，或唱《十月之飘》《十个月想郎》《十个月怀胎》等民歌。玩了一家又一家，玩了一个屋场又一个屋场，而且只能"玩顺水"、不能"玩逆水"，即从最上处向最下处玩。

划龙舟　在黄盖湖铁山嘴建闸以前，聂家市河和潘河每到农历四五月间，受长江倒灌的影响，就有大半河水。每年在五月初五日"小端午"之节，或五月十五这个"大端午"之节，聂市河与潘河上便有比赛龙舟之戏。上街一条船，下街一条船，其船就是河上搞运输的"驳划子"，船头竖个篾扎的龙头，船舱里架起一面大战鼓、一面大铜锣。每船十几个青年小伙子，指挥者一声喊"划"，就锣声"当、当"、鼓声"咚、咚"，两船竞发，并列争先，两岸人山人海，欢呼雷动，早到者从桥上夺得一溜街上匹头店提供的红布，就是胜利者的标的。早到者、迟到者都不"打发"（给红包），但有街上的熟食店提供的包子、白酒、甜酒吃个不要，胜利者除自己大吃一顿外，还可带一袋回家与家人同吃。据老人告之，清咸丰、同治至民国初期，划龙舟的奖金都是晋商捐赠的。

玩龙　有日龙、夜龙（亮龙）、文龙、小龙、高龙、长脚龙、草龙、蛤蟆龙、板凳龙、鹅颈龙等许多种类。龙头，一般用彩纸和花布装饰而成，吊额缀眼，张口舔舌，逗人喜爱；龙身，分若干节，以篾为骨，套以花布为皮；龙的鳞甲、龙的尾巴，亦用花布扎成，向上翘起，十分灵活。舞龙时，表演者腰系彩带，手举"龙耙"，旋空翻滚，栩栩如生。加以紧锣密鼓，鞭炮齐鸣，呈现一派吉祥欢乐的气氛。

白羊田镇天狮舞

舞狮 狮有天狮、地狮、单狮、文狮、武狮、桌狮、板凳狮等。狮用篾扎其架，布套其身。玩耍时，通常由三人配合表演，一人用双手擎举狮头，一人钻进狮身，另一人手持"绣球"，作逗引狮子状。在锣鼓伴奏、鞭炮声中，模仿狮子动作，或匍匐跳跃，或伸腰舔腿，或爬椅登桌，摇头晃脑，活灵活现。游街串巷，登户入室。舞罢"贺彩"，一唱众和，乐器伴奏，甚为热闹。

玩竹马 又名"玩竹马灯"。"马"用篾扎其架，并以各种彩纸精致装饰，形态逼真。表演时，由一少年仿骑马状，另一少年演小丑，或赶"马"，或牵"马"，或逗"马"，锣鼓相伴，穿行起舞，场面非凡。

蚌舞 先扎好一个5—6尺长的大蚌壳，能开能合，并精心装饰，形态逼真。表演时，一少女立于大蚌之中，一少男扮鹭鸶，一少男扮渔翁，鹭鸶啄食蚌肉，蚌则合壳相夹，时而夹在鹭鸶头部，时而夹住处鹭鸶尾巴，时而什么都没有夹住，欲啄欲夹、反反复复，妙趣横生，最后蚌壳夹住处鹭鸶，渔翁得利。

彩龙船 又名"彩莲船"。先手工制作船。表演时，一少女立于船中，腰系船舷，一人手持撑篙，一人手持浆片，三人配合起舞，似船在水中荡漾；边唱边舞，轻盈飘逸，别有情趣。

彩莲船

临湘相传已久的舞龙，舞狮、采莲船，竹马，河蚌，地花鼓等，久享威名、各个村、组都能玩一至两种，春节时期，四乡的龙灯，狮舞和各种花鼓舞都到集镇庆贺新春，一天到晚，络绎不绝，碰到老家或亲戚家的灯舞来到当地，有关人员要尽地主之谊，设茶、酒、点心招待，有的还要招待一餐颇为丰盛的酒饭，这也是临湘人民好客的缘故。抬故事、玩灯、划龙舟等活动，虽是自编、自扎、自玩，因是集体活动，而要有一定的道具，都要花很多钱。这些钱，均由当地商店和殷实大户摊出，按实际能力负担，大商店多出，小商贩少出。商号也都极乐意出这笔钱，因为这样的演出一搞，乡下的农民和其他乡镇居民扶老携幼走亲戚、串门看故事和看灯，集镇流动人口大增，各行各业的生意都特别好，利润多，出一点钱，划得来。这也是生财有道！

[关联研读]

茶道上《唐诗》中的临湘风韵

长江是中国第一大河，历史悠久，人文荟萃，资源丰富，风光旖旎。她以无比的能量，释放出文明星空未曾消逝的曙光！长江文化博大精深，在中华文明的发端、发展、定型、扩散的悠久历程中，发挥了举足轻重的作用。随着长江经济带和"一带一路"倡议的推进，长江文化、万里茶道申报世界文化遗产，日益受到人民的关注。

临湘拥有 38.5 公里的黄金长江岸线和因茶设县的辉煌。盛唐时期，湘水的入江口曾在临湘境内，临湘也因濒临湘水而得名。长江和湘水孕育着灿烂的湖湘文化。为了弘扬和传承长江文化，曾迈步于浩瀚的史海之中，几度发现唐代时，多位诗人或升迁、或谪贬、或流放、或隐居来到风水宝地巴陵岳州，还有幸在清代《临湘县志》中，见到诗人游历临湘时留下脍炙人口的诗篇。

张说，曾三度为相，掌文学之任 30 年，文辞俊丽，用思缜密，朝廷重要文诰，多出其手。其诗朴实遒劲，谪贬岳州后，"诗益凄婉，人谓得江山助。"《同赵侍御巴陵江上早春作》为其岳州刺史任内之作。诗中"水苔共绕留乌石，花鸟争开斗鸭栏"两处提及临湘的地名。一是乌石矶，《临湘县志》载："乌石矶在县西二十五里，唐代张说《江上早春》'水苔共绕留乌石'正指此。"这里是湘水的入江口，江中留有一个巨大的礁石，历经江涛千百年的磨洗，表面圆滑光平，通过太阳光的折射，强大的射线似一偌大的镜面，刺人眼球，因名之镜石，吸引了多少迁客骚人到此游之、观之、咏之；一是鸭栏矶，《三国志·吴书》载："黄龙元年（229），孙权之子孙虑封建昌侯，于堂前斗鸭栏，颇施小巧。陆逊正色曰：'君侯宜勤览经典，以自新益，用此为何？'即时撤之"故名也。《临湘县志》载：鸭栏矶在县东北 15 里，临湘滨江一带为东吴孙虑的封地。如此神圣风水宝地，张说当然有所见闻，还多次莅临此地考察，要不然创作时不可能这样信手拈来。

张九龄，字子寿，号博物，唐代名相，政治家，文学家，诗人。他聪明敏捷，善于属文，举止优雅，风度不凡，富有胆识和远见，忠耿尽职，秉公守则，曾得到宰相张说的奖拔。他诗风清淡，以素练质朴的语言，寄托深远的人生概望。他在临湘存诗四首，《将至岳阳有怀赵二》《使还湘水上》《自湘水南行》《初入湘中有喜》，都留下了"湘水"的烙印，诗人与湘水有着特殊情感。据北魏郦道元《水经注》载："江水又东至长沙下隽县北，澧水，沅水，资水合，东流注之"，又"湘水南来注之"。雄辩地证实，澧沅资三水是合流入洞庭湖后，注入长江，唯独湘水从南而来直接注入长江。《水经注·湘水篇》也载："湘水自南向北经长沙后，又北过罗县西，汨罗江东流来注，又北过下隽县西，微水（新墙河）从东来注，又北过巴丘山，入于江"。《水经注》所记录当时长江与湘水的汇合口，就在巴丘山下彭城矶的铜鼓山（古陆城附近）。盛唐时期，长江与湘水并未合流，诗人在湘水泛舟时亲历了"夕逗烟村宿，朝缘浦树行""中流澹容与，唯爱鸟飞还""两岸枫作岸，数处橘为洲"等优美的生态景观，勾起诗人"却记从来意，翻疑梦里游"的遐想。

诗仙李白，唐乾元元年（758）以永王璘事流放夜郎，未至，二年春遇赦得释。其时李白从长江溯江而上经临湘，当他的木船在惊涛骇浪中靠近鸭栏驿时，迫不及待上岸专程拜访久别于天宝二年（743）在长安任上结识好友裴侍御。《临湘县志》载："裴隐，官侍御，谪岳州，寓白马矶，与岫师鼓琴自娱。"裴侍郎，谪岳州，隐居鸭栏驿白马矶，可谓是无官一身轻，常以鼓琴、饮酒、垂钓行自娱乐。裴侍郎与李白是多年的好友，15 年未曾谋面，今天能在长江之滨白马矶中相逢，倍感亲切。两人彻夜相谈，谈论国家形势，民众疾苦，倾诉本人抱负无法实现的怨恨。第二天，李白与裴侍郎登上了白马矶，陶冶情操，共赏长江美景，留下了吟诵绝唱：

> 侧叠万古石，横为白马矶。
>
> 乱流若电转，举棹扬珠辉。
>
> 临驿卷缇幕，升堂接绣衣。
>
> 情亲不避马，为我解霜威。

相传，在侧叠万古的白马矶上，还深深刻下当年李白与裴侍郎对弈时的棋盘；白马矶前也留下了李白、裴侍郎、岫师好友相见，兴趣相投、对弈相战、横杆相钓、举杯相邀的情影；岫师鼓琴时的和唱，就连那如山下的乐钓湾，成群结队的鱼群都被那美妙的琴声所陶醉。

诗圣杜甫，唐代现实主义诗人。其一生正值唐朝由盛而衰的变革时期。他心系苍生，胸怀国事，狂放不羁，正是他豪气干云的品质。杜甫的思想核心是"仁政"，有"致君尧舜上，再使风俗淳"的宏伟抱负。大历三年（768）正月，从夔州出三峡抵江陵，后转折公安、岳州、辗转漂泊于江湘之间达三年之久。这年岁末，诗人从公安出发南行至岳州，于洞庭湖和湘江东岸漂泊数月。在三江口一带漂泊时目睹了龙窖山"莫徭"射雁时的情景，触景生情的写下了著名的诗作《岁晏行》：

> 岁云暮矣多北风，潇湘洞庭白雪中。
>
> 渔父天寒网罟冻，莫徭射雁鸣桑弓。

时已岁暮，江南一带北风呼啸，潇湘洞庭已笼罩在风雪之中，在这天寒地冻之时，湘水岸边渔父们已将捕鱼的网罟闲置起来，而游猎的"莫徭"正挽弓搭箭，猎射鸿雁。据太白全集原注："长沙杂夷，又名莫徭。"所指的"莫徭"，就是临湘龙窖山的徭人。《岁晏行》真实地记录了莫徭在天寒地冻的洞庭湖中猎射鸿雁的情景。诗人还真实地记录了湘水两岸劳动人民"高马达官厌酒肉，此辈杼轴茅茨空。况闻处处鬻男女，割慈忍爱还租庸"的悲惨生

杜甫游洞庭

活。道出生活在社会最底层劳苦大众"万国城头吹画角,此曲哀怨何时终"的呼号。

诗人于武陵,唐代著名诗人。他不慕荣贵,卖卜于市,隐居自适,多与山僧、道士、隐者交友。其诗作题材以写景送别为主,寄寓浓浓的乡思友情,诗风如羌管芦笛,悠扬沉郁。诗人也曾多次游历湘水之畔的临湘,留下了千古绝唱,《夜泊湘江》是其代表之作。

> 北风吹楚树,此地独先秋。
>
> 何事屈原恨,不随湘水流。
>
> 凉天生半月,竟夕伴孤舟。
>
> 一作南行客,无成空白头。

临湘如山为屈氏封地。屈原遭放逐后,曾多次来到屈氏封地,在乡民百姓中四处游说,宣传和鼓吹抗秦的理论,寻求和组建抗秦的武装力量。屈原在江边垂钓时,从浮漂的沉浮得到启迪,悟出了"自主沉浮"的人生哲理,成就了人生的警世标杆。

穿越时空的隧道,寻觅诗人足迹。在千古咏畅的《唐诗》中,触摸到了长江文化、湖湘文化、茶文化之灵魂。正是这厚重的文化基因,昭示我们讴歌奋进中的长江文化。

第八章

临湘青砖　行稳致远

第一节 优势厚重 前景灿烂

——临湘茶产业发展简述

临湘自古就以茶产闻名，素有"中国茶乡"之美誉，是我国历史上唯一因茶设县，且由朝廷直辖的茶业专业县。临湘茶叶均因其悠久的历史，良好的品质，独特的工艺和朝廷"贡茶""边销茶"的功能定位，承载着厚重的历史文化内涵，被誉为"古贡茶""民族团结茶""社会和谐茶"和"时尚健康之饮"，产业发展前景十分广阔。虽近年跌入低谷，步履艰难，临湘茶叶仍有着极大的潜力，可以异军突起，走上良性发展之路。临湘先后被国务院列为茶叶优势区域产业县，被中国流通协会列为全国十大重点产茶县（排第六位），被农业部授予"中国茶乡"，被国家民委确定为国家边销茶定点生产县市，产业发展与殊荣实至名归。

2019年，全市茶园面积恢复、发展到8.3万亩，年产茶量16,000吨，综合产值4亿元。其中，仅青砖茶占有全国30%以上的市场份额。全市10个镇和街道办事处，有9个都产茶叶，茶叶主产镇有聂市、羊楼司、五里、坦渡、桃林等。全市拥有规模茶企12家，初制加工厂20家。其中省级龙头企业2家；市级龙头企业3家；国家民委、商务部确定的边销茶定点生产企业4家。

2005年，临湘永巨茶业生产的"洞庭青砖"，在中国茶叶流通协会举办的全国茶叶评比中，获"华茗杯"金奖。2014年，临湘黑茶被国家工商总局确定为地理标志证明商标。

临湘茶业有着辉煌的历史和蓬勃兴起的现代业态。随着"万里茶道"联合申遗工作的展开，临湘坐拥龙窖山"两湖茶之源"和临湘塔、聂市古镇等多处茶史文化遗存，成为"万里茶道"南方起点之一，将被载入"万里茶道节点城市名录"史册。茶旅融合发展之策，将给临湘茶业带来光辉灿烂的前景。

早在 2013 年 3 月，习近平总书记就明确指出："万里茶道"是继丝绸之路后，欧亚大陆形成的又一国际商道。这条延续了 300 年的茶道遗产，是"一带一路"的文化基石。实施万里茶道申遗保护，是以遗产保护为主线，打通连接中、蒙、俄三国，贯通南北九省的文化廊道，实现茶史文化交流互鉴，进而带动沿线经济发展，实现脱贫攻坚，树立文化自信的最好切入点。

为了落实"一带一路"战略决策的实施，助力临湘经济全面高质量发展，做大做强茶产业，促进茶、文、旅高度融合，临湘市委、市政府高度重视"万里茶道"申遗工作，根据联合申遗办的要求，结合临湘实际，制定了《临湘市茶产业发展规划（2020—2029）》和《关于支持临湘茶叶产业化发展的实施意见》。

茶产业是绿色生态产业，也是惠民产业，健康产业。

在习近平总书记"绿水青山就是金山银山"指示精神的感召下，中央、省、岳阳市各级人民政府都大力支持发展茶产业。各级领导多次亲临临湘调研指导，对临湘茶产业的发展寄予厚望。临湘人民完全有基础、有信心、有决心将临湘茶产业打造成"百亿产业集群"。

临湘茶产业发展的厚重优势

1. 极好的生态优势。临湘位于北纬 29°10′至 29°52′，东经 113°15′至 113°45′，正处在北纬 30° "神秘线"附近。境内南高北低，东南群峰起伏，有龙窖山、大云山等 28 座海拔 800—1300 米的山峰；中西部丘岗连绵，西北部平湖广阔，伴有丘岗、河谷相间分布。这种高山坡地，最适宜栽种茶树，建成茶园。土壤多为板页岩风化发育而成，宜茶生长的红、黄壤土，占全市土地面积的 68.9%，且腐殖质丰富，养分含量较高，酸碱度适宜，非常适合茶叶类植物生长。亚热带季风性湿润气候，雨量充沛、四季分明，暑热期长、严寒期短、光照充足、热能充裕。年平均气温为 16.4℃，年平均活动积温 5204.8℃，年平均地面温度 18.7℃，茶树的生长期长达 7 个多月。年平均降雨量为 1469 毫米，年平均相对湿度为 81%，年平均日照时数为 1804 小时，足以满足茶树生长发育的要求。特别是龙窖山区，日夜温差较大，常年云雾缭绕，土质富含磷、硒，土层深厚，极有利于茶树生长和内含物成分形成。临湘有"三河两湖三水库"，"三河"即长安河、桃林河、潘河；"两湖"即黄盖湖、冶湖；"三水库"即龙源水库、忠防水库、团湾水库。由于大水体效应，这些地方周边无霜期更长，更适宜于茶树生长。临湘交通便捷，与安化相比，这一优势更为明显。安化距益阳市有4—5小时车程，且地处武陵山脉，山高地险，往返时间和运输成本，均大大超过临湘。而临湘地处湘鄂赣三省通衢，水陆交通十分便捷。

2. 极强的技术优势。我市有专业茶场205家，初制加工厂202家，能生产六大类茶中的绿、黑、黄、红、青茶；机械设备齐全，拥有3万余人的技术骨干队伍：从业人员达26.8万，占全市农业人口的72.6%。临湘茶中"白石毛尖""高山雀舌""明伦春芽"被评为省优质名茶，在省级以上展销会上多次获金奖、银奖。"临湘炒青"是国家炒青湘绿的基准样茶，是"猴王"茉莉花茶配比的主要原料。"中字"牌茯砖茶，获亚洲及太平洋国际贸易博览会金奖。"洞庭牌"青砖茶，获全国紧压茶"华茗"杯金奖，并被评为中国驰名商标。临湘黑茶加工工艺独特，其中永巨茶厂生产的洞庭青砖茶有"杀青、揉捻、发酵、切碎、筛分、拼配、压制"等多道工序，是全国独有工艺。其中"茯砖茶新工艺"被30家茶厂应用。"加碘茯砖茶"获农业部科技进步三等奖。"茯砖茶自动化日光烘房"技术已申请专利。"茯砖茶微生物及添加剂"和"茯砖茶（发花）诱发剂"，获省科技进步一等奖和三等奖。

3. 极广的市场优势。自唐宋以来，临湘茶就一直是边疆人民的"生命茶"。至今，年纪稍长一点的新疆人，仍只认益阳和临湘的砖茶。据统计，临湘市每年实际产边销茶1.2万吨左右，约占全国总产量的30%。产品销往新疆、内蒙古、青海、西藏、甘肃、宁夏等地，是全国最大的边销茶生产基地。边销茶利润空间小、运输线路长、资金压力大，很多县市和茶叶企业都不愿意沾边。临湘市却一直默默无闻地生产着这几乎没有利润空间的边销茶，一直在为边疆少数民族同胞的生命健康和大局稳定服务。

近年来，临湘茶企着力开拓外销市场，产品已远销蒙古、俄罗斯、哈萨克斯坦及非洲等国，年创汇约400万美元。在湖南省行业出口排名第五，黑茶出口排名第一，前景日趋看好。龙窖山古贡茶园一直"养在深山人未识"，如加大宣传造势，研发名牌产品，将会成为临湘名优绿茶的一大亮点。临湘炒青在消费市场越来越受欢迎与好评,消费群体也越来越大。

4.极佳的养生功效。临湘绿茶含茶多酚、维生素比均高于同类茶。特别是龙窖山、白石园的名优茶,更是精品中的精品。临湘茯砖茶与安化黑茶功效一样,但有独特工艺的洞庭牌青砖茶,含有更丰富的营养成分,除了富含人体必需的多种维生素和矿物质外,还含有丰富的蛋白质、氨基酸、糖类等。其中含硒水平是全国茶叶平均值的两倍,是世界茶叶平均值的 7 倍,这些都是饮用者的重要营养来源。长期饮用青砖茶可降低"三高"、清毒护肝、刮油养胃、纤体瘦身、抗氧化防辐射、抗癌抗突变等,是"人类健康的新希望"。

临湘茶产业发展的总体目标和思路

临湘茶产业发展的总体目标是:"百千万亿"。即抓住"万里茶道联合申遗"契机,大力挖掘"同德源百年茶庄、聂市千年茶镇、万里茶道南方起点"的文化底蕴和品牌优势,努力打造"百亿茶产业"。

临湘茶产业发展的总体思路是:发挥比较优势,与周边产茶县市错位发展、差异化发展,扎实做好茶、文、旅文章,促进一二三产业深度融合。

一是做大茶叶生产加工。高起点编制临湘茶产业发展规划,做好顶层设计,按照品牌化、规模化、标准化、市场化的模式,大幅提升茶叶生产加工的能力和水平。力争到 2025 年,茶叶产量达到 5 万吨以上。品牌化,就是对现有品牌进行梳理,分类整合,主动把黄茶整合到"岳阳黄茶"大品牌名下;把黑茶整合为"临湘砖茶"公共品牌;把绿茶整合为"临湘炒青"公共品牌。规模化,就是坚持着力抓龙头,抓园区。扶持永巨、明伦等本地龙头企业做大做强。并通过股份合作、并购重组等形式,加强资本运作,培有一批起点高、规模大、带动力强的龙头企业。走园区化茶叶加工的路子。规划建设"万里茶路生态砖茶产业园",引进大集团、大企业,带资源、带技术投资临湘茶叶产业。标准化,就是建设标准茶园、制订标准工艺。一方面,提质改造一批优质茶园,建好茶叶基地,建立茶叶安全追溯机制。另一方面,加强与省茶叶学会、知名高校和医疗保健机构的合作,建立茶叶生产加工研发中心。采取以奖代投的方式,扶持企业改进生产工艺,制订临湘茶叶生产加工规范。市场化,就是坚持"稳边销、扩内销、重外销",紧跟市场开发一批个性化茶主题消费产品,鼓励临湘茶叶企业,抱团建立覆盖县级以上城市的营销网络。

二是开发茶文化产品。推动以茶叶生产为中心的传统小茶业业态，向三产交融、跨界拓展、全价利用的大茶业业态转变。挖掘茶文化资源，抓好茶文化保护开发工作，积极申报"万里茶道"世界文化遗产。出版一本茶叶专著，创作一批茶歌茶戏，建设一座茶博物馆，构建一条茶文化走廊。创新茶文化业态，加强茶街、茶庄、茶楼、茶店等硬件建设，鼓励发展集文化交流、茶品交易、商务洽谈、茶餐茶宴及茶室、书吧为一体的茶艺馆。讲好茶文化故事，举办"龙窖山古贡茶文化节"、"洞庭青砖茶文化节"和茶博会等茶文化活动，推出茶史掌故、茶艺鉴赏、茶歌、茶舞等茶文化消费产品。加强与知名影视集团合作，联合打造茶乡古街外景基地。

三是培育茶休闲旅游。结合"国家全域旅游示范区"创建工作，发展一批以观茶园、摘茶叶、赏茶艺、闻茶香、韵茶味、享茶乐为要素的茶观光、茶体验、茶康养产品。以茶促旅、以旅兴茶，不断提升茶产品的附加值。茶观光，重点挖掘茶园、茶街、茶马古道的生产力，开发万里茶道起点游、茶园生态观光游、古市古街探访游，变茶风光为茶经济。茶体验，突出采茶、制茶、品茶等环节，为游客提供茶园采摘、现场制作、定制包装、茶道传习等互动性强的服务，增强游客对临湘茶产品的认同感。茶康养，依托优越的生态环境，发展一批农家茶舍、茶园民宿、茶园帐篷酒店，打造一批茶疗养生、禅茶研习村寨。

正在推进的几项具体工作

在茶产业发展上，临湘正在着力推进"六个一"的具体工作：

一是实施一组产业激励政策。成立了茶产业办，制定出台了《关于扶持茶叶产业化发展的实施意见》（临办发〔2017〕4号），明确茶叶基地建设、企业发展、品牌打造、茶文旅融合发展四个方面的重点工作。设立了1000万元的茶产业发展基金，细化了对茶农、茶企的奖补措施。如农户或企业新建茶园100亩以上的，每亩补助500元；栽苗后，两年内种植管理效果好的每亩再补500元。新增固定资产投资1000万元以上的茶企业，享受临湘招商引资"工业八条"优惠政策。

二是改造一批优质茶园基地。三年内，集中连片改造现有茶园2万亩，新建标准化茶园1万亩。今年，在五里、聂市、羊楼司、詹桥、忠防、桃林6个乡镇，新造茶园 6100 亩，改造低产茶园 3400 亩。目前已经确定范围，进行了场地清理，9 月下旬开始栽苗补苗，11 月份可全面完成。

三是打造一个砖茶产业园区。规划建设用地 2000 亩的万里茶道生态砖茶产业园。采取政策向园区倾斜的办法，引导本地茶叶生产加工企业，向园区集中，抱团发展。引进行业知名企业，从事茶多酚、茶饮品、茶食品、茶医药和茶具等系列精深加工开发。目前，已有 2 家外地企业和多家本地企业意向入园。

四是建设一条茶乡文化走廊。按照"以茶为心、以文为脉、以水为带"的思路，以 107 国道最兰坡为起点，沿最江公路，经聂市古镇至马垅村，规划建设长 24 公里的千年茶镇文化走廊。由南往北，依次分布茶文化创意公园、生态示范茶园、农家稻香园、永巨茶道体验中心、聂市古镇、茶文化汇展中心、万亩茶园等功能板块。大力发展茶叶种植、交易会展、文化体验、休闲度假等相关产业。目前，已经完成规划编制，古镇保护管理中心已组建到位。

五是推进一批重点项目建设。计划包装推进千年茶镇茶文化创意公园、茶乡主题民俗街等 13 类 91 个项目建设。其中，砖茶博物馆已于 5 月 16 日开馆；茶文化创意公园规划占地 90 亩，拟建设茶镇游客接待中心、茶文化博览园、茶文化展示窗等部分，已完成征拆和规划设计，正在开展项目招商，致力打造临湘城区的东部"客厅"和茶乡文化走廊的南部门户。

六是构建一个产品营销网络。采取"网店＋实体店"的模式，建立临湘砖茶线上线下同步交易平台。加强与电商平台合作，开设网上"临湘茶馆"，鼓励临湘茶企业到外地开设直销店、旗舰店、体验店，不断拓展临湘茶的销售渠道，为更多的消费群体提供"网店下单"、实体店品茶的便捷服务。目前，已在城区新文书苑开设集以茶会友、茶书阅览、茶艺培训于一体的"茶文化体验区"。7 家规模茶企业共发展专卖店、联营店 70 多个，主要集中在长沙、北上广和边疆地区。

历史的车轮滚滚向前，我们以矫健的步伐迈入 21 世纪，第二个百年奋斗目标，展示在我们面前。

背负三百年临湘辉煌茶史；直面临湘茶业发展的强势挑战和大好机遇；展望临湘茶产业发展的灿烂前景和使命担当。我们将义无反顾，砥砺前行，艰苦创业，迎来临湘茶产业发展的美好春天。

第二节　科学规划　宏伟蓝图

2019年，临湘市委、市政府精心编制了《临湘市2020—2029茶产业发展规划》，提出了"建设茶叶强市、打造百亿产业"的宏伟目标。确立了政策引导，龙头引领，品牌发展，科技文化双轮驱动，政、产、学、研协同推进的发展战略。把茶产业作为"精准扶贫、乡村振兴、健康中国、一带一路"的市域支柱产业，实现"高质量"发展。

《规划》高度概括和分析了当前世界茶产业和中国茶产业的发展前景；全面论述了茶叶销售市场的挑战与风险；突出了前瞻性、全局性、科学性、地域性和可操作性。《规划》指出：从2020年起，要逐步实现临湘茶业"从制造到创造；从速度到质量；从产业到品牌"的蟺变。要顺应三大趋势：一是消费分级，轻奢产品要物美价平、物美价廉、共同繁荣；二是名茶、名牌比例要逐步上升，产品要向名优名牌化发展；高品质茶比例上升，包括"生态茶、有机茶、养生茶、高山茶和古树茶"，都要上升到一定比例；三是升级创新是必由之路，如冷水泡茶、原汁自动泡茶、二维码识别、互联网络宣传销售等。

《规划》强调，产品创新是核心。产品的设计要向"年轻化、重体验、新精致"发展；包装外观向"简约化、环保化、数据化"发展。营销创新是关键：要向融合化，体验感、多样化、国际化发展。

《规划》从"优品种、提品质、扩规模、育龙头、延链条、拓市场、强品牌、富茶农、美乡村"等九个方面为选项，精心部署；以五里、聂市、羊楼司、詹桥、坦渡、桃林6个镇为重点布局，带动周边地区；以种植业、加工业、商贸流通业和茶旅融合发展等上、下产业链为突破口，采用高科技规划，实现高质量发展。

《临湘市（2020—2029）茶产业发展规划》（节选）

规划原则

（一）规划引领，高位推进

将临湘市茶叶产业发展规划与乡村振兴规划、农业发展规划、城市建设规划等规划有效对接，实现多规合一，整合优势资源，集中发力，充分发挥规划的引领作用。

贯彻落实临湘市委、市政府打造茶产业战略决策，高度重视，科学统筹，制定切实可行的实施方案，落实产业支持政策，将茶产业发展各项工作落到实处。

（二）市场导向，科技驱动

强化市场机制在资源配置中的基础性作用，遵循市场经济规律，充分考虑不同层次市场需求特点，前瞻制定发展战略，稳定青砖茶、红茶核心，发展多茶类多层次产品。

丰富人才链，拓展科技链，拉长产业链，重构价值链。坚持人才兴茶、科技兴茶，构建产学研协同创新平台，提高成果转化率，切实提高临湘茶产业科技进步贡献率。

（三）龙头带动，机制创新

把龙头企业的培植、扶持、引进作为全市茶产业发展的突破口和着力点，依托龙头企业带动，促进茶产业向规模化、标准化、产业化发展，提高茶产业的组织化程度和综合效益。

创造宽松、良好的发展环境，灵活机制，实现投资主体多元化。在土地、金融、人才、税收等关键环节，制定相应的优惠、保障政策，激励产业发展。

（四）茶旅融合，乡村振兴

树立和运用大农业、大资源、大市场和大生态理念，转变发展观念，创新发展模式，处理好环境保护与资源开发的关系，统筹兼顾，将茶产业融入乡村振兴战略，实现可持续发展。

以一产为基础，二产为核心，三产为方向，文化为引领，科技为支撑，实现小茶业业态向文旅产业交融，跨界拓展，全价利用新业态、多业态的大茶业转变。

发展目标

进一步优化茶业布局，将聂市、羊楼司、五里、詹桥、坦渡、桃林6个乡镇打造成茶叶核心产区。通过10年时间的努力，到2029年末实现五大目标：第一，茶园面积达到10万亩，其中新建1.7万亩，改造升级8.3万亩；第二，茶叶产量达到2万吨，其中黑茶（青砖茶）1.5万吨，出口茶3000吨，绿茶、红茶、黄茶、白茶2000吨；第三，茶文化旅游年游客达到50万人次，全县饮茶人口30万人，人均消费茶叶2公斤；第四，金叶茶树套餐肥年产10万吨；第五，综合产值达到10亿元，其中茶园1.5亿元，黑茶2亿元，其他茶类2亿元，茶旅1亿元，全县茶叶消费1亿元，金叶茶树套餐肥2.5亿元。

重点建设

1. 种植业

△ 茶园培管

（1）按照"生态化、良种化、规范化、标准化"的要求，坚持集中连片、合理规划、规模发展，着力打造好临湘市10万亩标准化茶园，进一步夯实产业基础，提升产业综合竞争力。全市新建1.7万亩标准化基地，统一按照绿色食品标准新建，种植黄金茶、槠叶齐、碧香早、湘波绿2号等良种。

（2）加强园区基础配套设施建设，实施标准化生产管理。以大云山林场、龙窖山为核心，创建2个国家级标准茶园（集中连片面积1000亩以上），建设1万亩标准化示范基地，大力推广无性系良种栽培，茶、绿肥、病虫绿色防控，机械化采摘等标准化生产技术，提高全市茶园综合效益。

衰老茶园通过改种换植以及树冠改造、深耕改土、配方施肥等低产茶园综合改良技术措施，配套园区基础设施建设，改善茶园生产条件，提升茶园生产能力，实现产业的提质增效。到2029年，全市实现提质改造低产茶园2万亩。

（3）加强"三品一标"认证，实现100%无公害基地认证，扩大绿色食品茶、有机茶和地理标志产品基地规模，建设优质茶出口基地，加快出口茶叶示范区建设，不断提升全市茶叶质量安全水平。鼓励和支持龙头企业采取"公司+合作社+基地+农户"的产业化组织模式跨区域建基地，不断扩大标准化生产基地规模。

规划到2029年，全市优质高产茶园面积达到10万亩，茶叶产量达到2万吨。

△ 绿色防控

将茶园绿色防控与茶园提质增效改造相结合，严格贯彻"预防为主、科学防治、科学改造、依法治理、促进健康"的指导方针。坚持从生态平衡角度出发，以虫情监测为依据，以科学规划为基础，以精细施工为手段，实现茶园病虫害综合治理。

加强病虫害监测，当茶小绿叶蝉百叶虫口夏茶高于5—6头、秋茶高于10头，茶尺蠖幼虫每平方米7头以上，茶毛虫成龄茶园100米茶蓬有卵块5个以上，茶丽纹象甲每平方米虫量在15头以上，茶角胸叶甲每平方米虫量在15头以上，茶饼病芽梢发病率35%以上，茶炭疽病成老叶发病率10%—15%，茶白星病叶发病率6%时要及时发出病虫情报。

（1）生态调控

茶园开垦遵循山顶戴"帽"，山脚穿"鞋"，山腰绑"带"原则。局部园地坡度大于25°的地段不开垦。茶园四周种植万寿菊、芝麻、三叶草等蜜源植物。茶园行间种植遮阴树木、花卉植物和绿肥。遮阴树木如桂花树、杉树等；花卉植物如杜鹃花、格桑花等；绿肥如油肥一号、茶肥一号等。

（2）轻控轻防

轻控：利用非化学防治技术来控制茶叶病虫害，用于压低茶园病虫害基数。（1）农艺措施：结合冬季施肥翻耕，剪除茶树下部茶枝，减少越冬基数，树龄较大的茶园增施钾肥复壮，提高抗病能力；勤采摘、轻修剪，减轻茶丛中上部的茶小绿叶蝉、炭疽病、茶饼病、茶白星病等危害，人工摘除茶毛虫卵块和虫群；冬季清园时可喷施SK矿物油100—150倍液或石硫合剂300克/亩进行封园。（2）灯诱：推广使用风吸式太阳能诱虫灯。设置密度20—25亩/台，光源距茶棚40 cm，根据防控对象在每代成虫羽化期天黑后开灯，开灯时间6—8小时。（3）色诱：使用可降解色板。防控茶小绿叶蝉设置密度20—25块/亩，东西朝向；色板距茶蓬0—10 cm，防控茶角胸叶甲40块/亩，色板放在茶蓬下方，发生期挂板。（4）性诱：性诱剂3—5套/亩，悬挂高度距茶蓬5—10cm；防治灰茶尺蠖，在3月上旬—10月中旬，防治茶毛虫，6月上旬—7月中旬、10月上旬—11月中旬田间放置茶毛虫性诱剂，30天左右更换一次诱芯；茶小绿叶蝉性诱诱芯可配合色板使用。

轻防：指病虫害危害达到一定程度，轻控不能解决问题的情况下，采用病毒、申嗪霉素、苦参碱、藜芦碱、印楝素、矿物油等生物农药、植物源农药、矿物源农药进行防控。（1）茶小绿叶蝉虫口达到防治指标，喷施 0.3% 印楝素 120—150 ml/ 亩，或 0.5% 藜芦碱 600—800 倍液，或茶皂素。（2）灰茶尺蠖虫口达到防治指标，喷施 100 亿孢子 / 毫升短稳杆菌 700—800 倍液，或 0.6% 苦参碱 60—75ml/ 亩，第 1、2 代可用 1000 万 PIB/ 毫升 2000IU/ 微升茶核·苏云菌 100—150 ml/ 亩。（3）茶毛虫虫口达到防治指标，喷施橄榄鲨 60—75 ml/ 亩，或 16000IU/ 毫克苏云金杆菌 800—1600 倍液。（4）茶角胸叶甲、茶丽纹象甲，使用 400 亿孢子白僵菌 100g/ 亩在冬季翻耕、4—5 月份喷施采用毒土法用于压低虫口基数（可兼防茶小绿叶蝉）。还可喷施 0.3% 苦参碱 50—70 ml/ 亩或 5% 鱼藤酮（出口欧盟茶园慎用）150—200 ml/ 亩。（5）茶饼病、茶炭疽病和茶白星病高于防治指标，选用 3% 多抗霉素 300 倍液，或 1% 申嗪霉素 500 倍液喷雾，或 SK 矿物油 100—200 倍液。

（3）应急防控

病虫爆发性发生时，在轻控轻防前提下，有成灾趋势，则辅助使用化学农药防控。（1）茶小绿叶蝉喷施茚虫威 17—22 ml/ 亩或唑虫酰胺 15—25 ml/ 亩或联苯菊酯 2000 倍液；（2）灰茶尺蠖和茶毛虫口喷施茚虫威 20—30 ml/ 亩；（3）茶角胸叶甲和茶茶丽纹象甲喷施联苯菊酯 20—30 ml/ 亩；（4）茶饼病、茶炭疽病和茶白星病使用 70% 甲基托布津 1000—1500 倍液或 25% 吡唑醚菌酯 1000—2000 倍液喷雾。

（4）统防统治

一是成立茶园用药专柜。二是通过茶叶企业或合作社进行推进。三是依托专业化统防统治服务组织，利用当前先进的施药机械，探索适合当地的茶园病虫害统防统治模式。

发展模式

（1）公司（合作社）+ 基地 + 农户

以市场需求为导向，以企业产品为纽带，农户按企业制定的种植标准、采摘标准、技术标准和价格标准生产鲜叶，企业统一收购，统一加工，进行品牌销售。这种模式可以在组织农民学习生产技术、规避市场风险和增收等方面发挥积极作用。

（2）企业基地"自建自管"

"自建自管"是指企业自有基地按照企业标准进行管理，实行"公司化经营、工厂化管理"。从栽培、施肥、病虫防控、采摘等都实行标准化管理，实践"好茶叶是种出来的"理念，鲜叶质量有保障，但成本高、投入大、管理难，适用于小面积、标准化示范基地建设。

（3）企业基地"自建反包"

"自建反包"即企业把自建的茶园承包给茶农管理，一是企业自身承担了前期投入即茶园建设成本，二是反包给茶农，解决了茶农前三年没有收益的问题；三是茶农积极性高，解决了企业管理难的问题；茶农向企业交售鲜叶，企业与茶农之间形成利益共享的联合体，实现了"土地、劳力、资金"三者最紧密的结合，是集约化、规模化发展的主要模式。一般每个茶农管五至十亩。

（4）机耕、机采、植保专业服务队

随着市场经济纵深推进，农村劳动力大量外出务工，农业"用工难""用工贵"问题日益突出。劳动密集型的茶产业面临严峻挑战，传统茶园生产方式因劳动力短缺，生产成本增加，比较效益下滑，成为制约茶叶生产发展的"瓶颈"。针对这个难题，一个或几个产茶村成立1个机耕、机采、植保专业服务队。

（5）茶树种植区规划

到2029年，全市茶园面积达到10万亩，其中新建茶园面积1.7万亩。每年新发展优质茶园2000亩以上，改造低产老茶园5000亩。每个茶叶重点乡镇每年改造低产老茶园示范面积500亩以上。

●按照农业部标准茶园创建方案要求，培育大云山林场标准茶园、龙窖山标准茶园各1个，争取国家相关项目支持。

●重点产茶乡镇建设：全市建设重点产茶乡镇6个。

●重点产茶村建设：全市建设千亩以上茶叶村10个，种茶大户20家。

2. 加工业

△ 茶叶加工

（1）厂房新建与改造升级

对现有茶叶加工场所进行优化改造，改善条件、完善设施、扩大规模、美化环境，实现现有及新建茶叶加工厂全部符合 SC 认证要求。

以 SC 认证要求为标准建设，初制加工厂厂房面积 1000 m² 以上，加工生产能力日产（24 小时）干茶 500 公斤以上。精制加工厂厂房面积 2000 m² 以上，对初制毛茶按产品需求进行采购、拼配压制、包装、销售。

规划到 2029 年，全市建设初制加工厂 14 个，精制加工厂 4 个，全部获得食品生产许可证 SC 认证。

临湘市标准化加工厂建设布局表

编号	乡镇	企业名称	初制厂（个）	精制厂（个）
1	聂市镇	湖南省临湘永巨茶业有限公司	1	1
2		临湘市龙泉山茶叶专业合作社	1	0
3		长源茶场	1	0
4		丁田茶场	1	0
5	五里街道办事处	湖南省明伦茶业有限公司	1	1
6		临湘市茶业有限责任公司	1	1
7	桃林镇	白石茶场	1	0
8		马鞍尖茶场	1	0
9		横铺茶叶开发公司	1	0
10		临湘市陡岭洞茶叶专业合作社	1	0
11	坦渡镇	五星茶场	1	0
12	黄盖镇	黄盖合兴茶场	1	0
13	羊楼司镇	湖南三湘四水茶业有限公司	1	1
14		龙窖山茶场	1	0
合计	14	4		

（2）边销茶氟含量控制

抓源头。购置 CF-2070 型茶鲜叶氟素测定仪，对到厂的每一批边销茶原料全面检测含氟量，达到要求方可入厂。

优工艺。对各半成品进行有效的含氟量检测，科学拼配，确保边销青砖茶含氟量理论值和实际值都达标。

强监管。开展技术人员食品安全培训，加强采购、生产、质量、技术等部门的质量意识教育，严格按工艺规程进行操作，加大各环节质量考核奖惩力度。

美环境。完善除尘设施，减少生产过程中茶尘的产生、保持炒茶环境清洁、卫生。将生产现场卫生环境纳入管理考核机制，并进行考评。

（3）初制厂茶叶质量检测室

检测项目涵盖农残、重金属、内含物检测，符合国际、国内的茶叶质量标准，满足本地区茶企茶农的茶叶检测需求。增加技术力量，按照省计量认证的要求，每个企业配备化学及相关检测专业技术人员 1 名，对鲜叶、在制品的毛茶进行定时跟踪、检测分析，及时解决存在问题，达到食品检验检测机构及我国农产品质检站的建设标准。茶叶感官审评室基本条件参照 GB/T 187970，茶叶质量检测室基本要求参照 GB/T 27404。

3. 商贸流通业

△ 龙头培育

针对当前茶叶市场出现的新变化、新特点、新态势，政府进行政策引导、主动调控。从注重春茶开发向注重春、夏、秋茶均衡开发转变，以打造知名品牌为主线、以资本经营为载体、以产业资源整合为切入点，实行市场、行政双轮驱动，引导企业通过兼并、收购、参股、控股等多种形式，支持茶叶企业重组整合，建设一批现代化茶叶加工示范企业，推进龙头企业向集团化发展。

把龙头企业的培植、扶持、引进作为全市茶产业发展的突破口和着力点，依托龙头企业带动，促进茶产业向规模化、标准化、产业化发展，提高茶产业的组织化程度和综合效益。根据企业的实际情况，因地制宜，通过"精心设计、精细管理、技术集成、精准营销、集聚人才、改进工具、改善方法、提高效率、降低成本、提升价值"等措施实现业绩倍增。

重点打造永巨、三湘四水、明伦、金叶众望、临湘茶厂 5 家茶企，支持永巨茶业申报"农业产业化国家重点龙头企业"，带动其他茶企快速发展，到 2029 年，实现综合产值过亿元的茶叶企业 5 家，综合产值过千万元的茶叶企业 9 家。

市场营销

（一）企业营销

（1）产品定位

响应省委省政府的"五彩湘茶"和市委市政府的"岳阳黄茶"战略部署,优化茶叶产品结构,以黑茶为主,绿茶、红茶、黄茶、白茶为辅。

结合"临湘青砖"的历史和文化,在此基础上,大力发展"临湘黑茶"公共品牌和黑茶产品。学习、借鉴"潇湘绿茶""湖南红茶""岳阳黄茶""桑植白茶"的工艺标准,提升本地茶叶加工技术水平和产品特色。

（2）新建专卖渠道

在全国黑茶主销城市建立零售终端,统一视觉形象,统一"临湘黑茶"公共品牌。企业根据自己在市场中的定位,规划以核心价值为中心的品牌识别系统,并以品牌核心价值统帅企业的营销传播活动。通过看、听、用、参与的手段,充分刺激和调动消费者的感官、情感、思考、行动、关联等感性因素和理性因素,用参与实现与消费者的互动。

（3）电子商务新零售业态

一方面结合上游提升茶叶品质,做品牌化建设,另一方面引导消费者,把生产者、消费者和渠道商的利益一体化,减少中间的信任成本,为整个链条创造价值。要围绕以下几点进行改造,产品改造:标准化、商务化、轻奢化;模式改造:O2O化、跨界化、大数据化;推广改造:口碑化、社群化、流行化;管理改造:扁平化、信息化、复合化。

（4）全国品鉴会

通过品鉴会寻找特定顾客,利用亲情服务和产品说明会的方式销售产品。对目标顾客锁定和开发,对顾客全方位输出企业形象和产品知识,以专家顾问的身份对意向顾客进行关怀和隐藏式销售。抓住品鉴会的有利商机,开展一系列的促销活动,利用品鉴会宣传焦点来制造消费热点,维护客户,扩大影响,提升品牌知名度,从而提高销售业绩。

（二）社会营销

（1）深耕本地市场

将政府拥有的各种资源和优势加以整合,将政府所提供的公共产品或者服务以现代市场营销的方法向购买者兜售。结合旅游资源,提升现有零售终端,充分发挥利用临湘本地企业力量以及现有茶馆渠道，提高本地茶的消费量，提高本地市场占有率。实施品牌战略工程，着力打造"临湘黑茶"公共品牌，大力实施"母子商标"策略，推进公共品牌与企业品牌的融合。

（2）文化营销

以临湘黑茶博物馆为核心，结合永巨博物馆、金叶肥料展馆、白石文化馆、明伦展馆、临湘茶厂展馆、龙窖山文化馆、大云山佛教文化、聂市古街、茶马古道等茶文化资源，深入挖掘临湘本地茶文化资源，加大茶文化宣传力度，营销茶文化氛围。

（3）开拓海外市场

抓住"一带一路"国家发展战略带来的发展机遇，积极开拓"临湘黑茶"（青砖茶）品牌国际市场，扩大茶叶出口，开创黑茶出口新局面。积极发展品牌茶出口，提高整体效益，企业要注重"临湘黑茶"（青砖茶）的出口宣传推介，努力开拓欧美、亚非等国际茶叶市场。在世界各国各大城市开设"临湘黑茶"（青砖茶）茶叶品牌专卖店，提升临湘茶叶影响力和销售量。

（三）政府营销

（1）茶文化节

内容为王，文化为根。每年定期举办"茶文化节"活动，把茶叶作为文化的载体，通过市场交换进入消费者的意识，利用文化力进行营销。

（2）展会营销

由政府主导，企业参与，市场拉动，专业运作，为茶企展示品牌、接触客户提供平台。重点支持企业参加在杭州举办的中国国际茶叶博览会，以及北京、上海、广州、深圳等茶叶销区专业展会。

品牌建设

（一）公共品牌

借助湖南省重点打造"五彩湘茶"和岳阳市打造"岳阳黄茶"的契机，临湘市政府将"临湘黑茶"作为亮丽的城市名片，重点打造。由政府引领，协会主导，企业参与，共同打造"临湘黑茶"公共品牌。利用各种平台进行公共品牌推广宣传，重视知识产权保护，严格执行"临湘黑茶"地理标志保护产品管理办法，加强质量监管，增强品牌意识，积极维护品牌形象。鼓励企业组团参会参展，在展会上举办品牌推介会，实施展位费补助，鼓励企业进行招商活动。

所有使用"临湘黑茶"公共品牌的企业门店，必须统一门头形象，统一室内广告，统一 VI 视觉，同时政府出台奖补政策，对验收合格的门店予以奖励。

提炼易于传播的广告语。广告语要求简短、精炼、准确，朗朗上口，易于传播，引发消费者共鸣。

（二）企业品牌

结合茶庄园建设，通过内容运营、社区运营等方式，对目标市场进行精准细分，对用户体验进行极致追求，将茶叶回归到消费者的原点。重点做好本地市场，借助熟人圈、朋友圈进行品牌传播，减少中间环节，提高产品性价比。从稳定茶叶口感、改变消费习惯的基础做起，完善企业制度，抓好产品质量和品牌建设。向消费者传递某种生活方式或更贴近的品牌信息，专注打造企业品牌，形成具有国际竞争力的茶叶企业和企业群体。重点打造永巨、三湘四水、明伦、金叶众望、临湘茶厂等企业品牌。

（三）产品品牌

茶企根据自身的特点，重点做好"临湘黑茶"（青砖）的滋味、香气，结合中国茶文化和地方特色，用简洁典雅的图标将品牌的特点展示出来，用厚重朴实的文字将品牌的名称和形象表述出来。第一，有一个好记易懂的产品名，能让消费者快速识别并记忆；第二，有一句清晰易懂的产品价值主张；第三，要有一组具备销售力和视觉冲击力的产品包装图；第四，有一系列切中痛点的参与感的文案设计；第五，有一套体现产品价值的品牌验证工具。重点建设"永巨黄金砖""临湘青砖王""永巨 9101""白石毛尖""高山雀舌""临湘炒青""金叶套餐肥"产品品牌。

（四）质量安全可追溯体系

规划"临湘黑茶"公共品牌会员企业建立茶叶质量可追溯体系。利用现代信息技术，为"临湘黑茶"会员企业进行统一编码，建立电子化产地编码和溯源码编码体系，对会员企业的产品建立个体身份标识，对各环节、各关键点进行信息采集，建立完善的记录体系，包括种植日志、运输台账、销售台账、生产记录、包装标识、检测报告等，实现对茶叶产业链生产流通各关键环节信息化管理，确保"临湘黑茶"质量安全信息可追溯、公开透明。

消费者可通过短信、电话、网上查询、手机扫描二维码、条形码等查询方式，查阅"临湘黑茶"产品从茶园到茶杯的全过程信息，既提升了产品的价值，又容易获得消费者认同感。

茶旅融合

借万里茶道联合申遗强劲东风，将聂市古镇、临湘塔、龙窖山等历史茶文化遗存，乘势入录万里茶道节点名录。加入新的万里茶道旅游节点链，创造茶旅融合新业态。从而结合本市乡村振兴战略。开发茶园、茶街、茶道，培育茶文休闲旅游。发展一批以观茶园、摘茶叶、赏茶艺、韵茶味、享茶乐为要素的茶观光、茶体验、茶康养产品。结合茶园基地，开发茶道观光游、茶园骑行游、古街探访游，提供茶园采摘、现场制茶、定制包装、"网上茶园"等互动性强的服务。发展一批农家茶舍、茶园民宿、茶园帐篷酒店，打造一批茶疗养生、禅茶研习村寨。结合亲子游、春秋游等旅游活动，开展茶旅研学游，识茶、泡茶、品茶，寓教于乐，寓学于趣，培养临湘喝茶的文化氛围。

以"变产区为景区、变茶园为公园、变产品为商品、变劳动为运动、变农舍为民宿"为指导思想，打造茶乡文化走廊，发展茶文化经济，推进茶产业和旅游业深度融合，促进乡村振兴。

产业园建设

以季台坡至羊楼司的 107 国道沿线及左右纵深 200 米打造茶产业加工带，以湖南省临湘永巨茶业有限公司、湖南三湘四水茶业有限公司、湖南省明伦茶业有限公司、湖南金叶众望科技股份有限公司、临湘市白石千车岭茶业有限公司为核心，打造"一园五区"的核心布局，建设一个相对集中的临湘茶叶产业园，辐射带动周边乡镇和企业优化升级。

借助"一带一路"倡议、"万里茶道"战略的发展机遇，在产业园中推动"工业＋茶旅""茶园＋茶旅"的茶叶产业园建设，实现茶树良种化、管理标准化、研发多元化、加工精深化、销售电子化和产品品牌化的"六化"产业体系。结合"茶旅小镇""青砖之源"和"黑茶小镇""历史文化名镇"的项目建设，大力发展茶园乡村游，茶文化研学游。力争把产业园打造成 AAAA 级景区、茶业旅游示范区。

第三节　创新创优　百舸争流

洞庭天下水，永巨青砖茶

——记湖南省临湘永巨茶业有限公司

　　湖南省临湘永巨茶业有限公司地处中国历史文化名镇聂市镇，前身为清同治四年（1865）创号的永巨茶坊。历经晚清、民国至抗战爆发停业，1984年，恢复成立临湘永巨茶厂。2002年，改制为湖南省临湘永巨茶业有限公司。是拥有150多年历史的茶业老字号，也是镶嵌在万里茶道上的一颗璀璨夺目的明珠。

　　永巨茶业占地面积约30亩，生产车间15000平方米，拥有优质茶园基地面积5600亩，国家茶叶良种繁育基地180亩。带动农户600户，解决农村剩余劳动力2000余人的就业，安排下岗工人180余人。注册资金1200万元。公司目前有员工42人，中、高级职称3人，黑茶类行业中国制茶大师一人。主要生产各式"洞庭"牌青砖茶、边销茶以及高档工艺珍藏系列产品。年生产销售边销茶2000吨以上，年储备边销茶原料3万担以上。现为湖南省唯一个紧压青砖茶生产企业。永巨本着"种好茶、制好茶、卖好茶、喝好茶"的企业文化宗旨，着力打造精改茶园基地，提升加工制造水平，建立大中城市旗舰店，向社会推荐一流"洞庭青砖"。2003年，国家卫生部门批准卫生注册。同时，取得自营出口权，产品直接出口俄罗斯、蒙古、哈萨克斯坦、吉尔吉斯斯坦、韩国、马来西亚等国家，与客户形成了稳定的销售网络。2009年至今，每年加工贸易出口1500余吨，创汇260万美元。黑茶产品出口量居全国第一。茶叶出口连续十年排为湖南前十名。省茶叶公司到永巨投资入股610万元，占比30%。围绕打造中国青砖茶第一品牌的目标，不断地进行技术创新和青砖茶品质改造，2014年1月，"洞庭"牌商标为中国驰名商标。

　　永巨茶业是湖南省农业产业化重点龙头企业、国家高新技术企业、国家定点边销茶生产及边销茶原料储备企业、中国茶叶行业"百强企业"、湖南省茶叶研究所重点科技示范企业。2020 迪拜世博会上，永巨"9101 青砖茶"，为官方指定用茶，并荣膺金奖；2021 年，临湘青砖茶制作技艺被评定为湖南省非物质文化遗产代表性项目；2022 年，永巨茶业被评为湖南省老字号企业；2023 年，永巨茶业被评定为湖南省专精特新中小企业（小巨人）。

近年来，永巨在传统青砖茶生产的基础上，不断研发便携式青砖茶，如：萃取茶，袋泡茶，速溶茶粉等近 30 多个品种，年产值达 1 亿元。

2018 年 10 月，上海伟仁投资集团投资 3 亿元，入驻临湘永巨茶业，组建了湖南伟仁永巨茶业股份有限公司。围绕百年老厂总体规划、分期实施，于 2019 年启动万吨级"洞庭青砖茶"扩建提质项目和优质茶园建设项目。配置了先进的全自动青砖压制生产线和红、绿、花茶生产线。按照国际高标准管理，实现生产清洁化、智能化、数字化，做一流青砖茶，该项目于 2022 年下半年正式投入运行。中国工程院院士刘仲华教授对伟仁永巨茶业寄予厚望，并题词："中国茶容天下，永巨茶香天下"。

为传承历史，开创未来，永巨秉承"种好茶、制好茶、售好茶"的理念，将"洞庭青砖"打造成适合中高档人群所需要的精品保健茶；将永巨茶业打造成以茶产业为龙头，集种植、加工、储备、科研、教学、旅游、休闲为一体的田园综合体。借助 5G 将物联网，大数据等信息技术，变革制造模式、生产组织方式和产业形态，推动传统茶叶制作向数字化制作转型，实现提质增效。深入构建从一产到三产的产业链，以"洞庭青砖茶"为主打产品，沿聂市河两岸，宜茶则茶、宜林则林，实行茶叶种植、茶产品研发与产销一体。同时，开发建设百里洞庭茶谷走廊，实现茶文化、茶产业、茶科技、茶文旅统筹发展。

建设目标：年销售额达 6 亿元，成功在港股 IPO。

项目内容：

2020 年底，永巨 5G 工业物联网工厂正式投产，新办公楼成为聂市镇新地标；河东茶园要平整出来，插苗完成；河东生活区调规完成，员工宿舍与接待中心开始建设；新永巨团队（50 人左右）初步成形，其中年龄 40 岁以下，本科及以上学历职工占约五成；成立专业研发团队，能对茶水浸出物、氨基酸、茶多酚、氟及农残重金属等含量实时检测，制定黑毛茶收购企业标准及研发流程；市场营销线上线下多渠道、多模式展开，上海、长沙新建或重新规划旗舰店，年销售额突破 4000 万元。

2021 年,河东生活区建成,永巨茶谷格局初步成形,具有一定接待能力。扩展洞庭茶谷走廊,以 5G 工业物联网,茶旅及新茶饮营销模式引入风险投资。北京、深圳、广州等一线城市持续布局,年销售额突破 1.5 亿元,净利润 15% 以上。

2022 年,青砖奶茶店开始全国布点推广,永巨旗舰店深入二线城市;永巨茶旅项目评上 AAA 级景区,建成莫言茶庄,年销售额突破 2.6 亿元。

2023 年,河东茶园正式成园,日接待游客人数 5000 人左右;永巨旗舰店突破 100 家,年销售额 3.45 亿元,收入增长 33%。

2024 年,永巨旗舰店成功进驻伦敦、巴黎、纽约,年销售额 4.6 亿元,持续增长 33%。

2025 年,永巨茶业年销售额达 6 亿元,成功在港股 IPO。

"永巨",一个响亮的名字,她带着岁月沧桑,带着茶之梦想,历经改革大潮的洗礼,正以崭新的姿态,在新时代的征程上,展翅飞翔。在市委、市政府茶业宏伟蓝图的引领下,永巨茶业壮志凌云,心有朝阳,将会谱写出更加灿烂、辉煌的茶旅篇章。

明伦茶旅 创新不已

—— 记湖南明伦茶业有限公司

湖南明伦茶业有限公司成立于 2006 年 5 月。原临湘市示范茶场改制后,由茶场职工谢三炎投资买下资产,重新组合,新注册的茶业公司,地处五里牌街道办事处最兰坡,原示范茶厂旧址。公司占地面积 4.6 万 ㎡,其中主体设施面积 2.4 万 ㎡。现有职工 180 人,其中专业技术人员 30 人,形成了一个生产、销售、科研人才济济的团队。公司拥有全自动黑茶(青砖茶)生产线一条;绿毛茶加工生产线 4 条;黄茶生产线 1 条。年产茶品 5000 吨。公司拥有优质茶园种植基地 5000 亩,出口备案茶园基地 4000 亩。旗下拥有茶叶业合作社 1 个,联系农户 78 户。

2009 年,公司通过了"ISO9001 质量受理体系""22000 食品安全受理体系"和"HACCP 体系"认证。通过了国家出入境检验检疫局出口生产企业注册。2010 年，公司成立了外贸部，产品首次走出国门，自营出口外销。同时，先后参加在了香港、俄罗斯、阿尔及利亚、法国等地举办的国际茶叶博览会，均收到了较好的效果。2012 年，自营出口外销收入达到 300 多万美元。走出了一条"公司＋基地＋合作社＋农户"的产业发展新路子。公司拥有发明专利 2 项，实用新型专利 14 项和外观专利 1 项。是一家专业从事茶叶科研、种植、加工、出口、销售、内部机构完备的外贸茶企；是全国少数民族地区特需商品定点生产企业；是国家高新技术、湖南省"小巨人"企业。

在市委、市政府和茶业主管部门的领导下，依照政府绘制的发展蓝图，实现高科技引领。公司始终秉承"创新、务实，团结、诚信"的企业宗旨和文化内核，产业发展步入快车道。成功地构建了"茶旅品牌，自然之道"的产业化发展新格局。2018 年，改革红利凸显，公司实现了基地茶农收入 3000 多万元，户平均收入 1 万多元；公司销售收入突破 1 亿元大关的可喜局面。同时，公司获批"湖南省农业产业化龙头企业"称号。

明伦茶业之所以蓬勃发展，产业兴旺。主要是把住了如下两个关键要务：

爱心、温情留得人才

"娟"是临湘市五里本地人。2015 年 6 月，她毕业于湖南涉外经济学院，英语专业。为了照顾年迈的父母，毕业后，"娟"选择了本土就业。2016 年新春伊始，"娟"入职明伦茶业。

明伦求贤若渴，热情诚恳地接受了"娟"，以"固定工资＋绩效＋奖励"的报酬结构和"享受正常双休日"的工休待遇，让"娟"乐意安下心来，担任了公司办公室文秘和外事接待工作。

八年来，"娟"爱岗敬业，勤奋有加。办公室文秘工作和外商外事接待得心应手，处理得井井有条。她凭着自己精通英语的特长，很快成为公司外贸业务上的专业人才，每每陪同公司领导接待外商，都出色地完成了公司外贸业务订单的沟通和洽谈，让公司每年创下外贸订单 300 多万美元的业绩。更为出色的是，除此之外，她还利用外语特长和外商人脉关系，每年还单独额外为公司洽谈外贸业务，完成 50 多万美元的外贸订单，几年来，从未间断。她以娴熟的英语口才和热情洋溢的服务态度，赢得了不少境外客商的赞许。公司形成了以"娟"为主角的温馨和美的外贸格局，外货订单累年有加。凭着业绩和贡献，

"娟"在公司每月能领到五六千元工资,待到季度小结和年终总评,还分别拿到一笔笔丰厚的奖励。她为明伦职工树立了勤奋敬业的榜样。

八年来,"娟"已是第二个孩子的妈妈。在她生育第二个孩子时,公司给了她6个月的产假。对此,"娟"感恩在心,加倍努力工作。2022年,她又单独额外完成外贸订单58万美元,创下了历史新高。

由于"娟"的强力推介,2018年,湖南涉外学院一伙"师弟",立志于外贸事业,直接"投奔"明伦茶业麾下。与明伦诚意合作,在长沙成立了"湖南觅茗茶业有限公司",成为明伦第一个专事外销的子公司,专门外销明伦茶业品牌产品,年创外汇收入200多万美元。为明伦茶业拓展了更加宽阔的产品外销渠道。"母子"公司茶缘密切,合作前景看好。

不惧"逆境",创新创优。

不堪回首的2020年至2022年,和全国各地大、中、小型企业一样,明伦茶业经受了前所未有的新冠疫情灾难的残酷考验。特别是2022年元月以来,俄乌冲突爆发,国际商贸受阻,亚欧经济形势急转直下,外销茶叶发不出去,公司销售收入下滑30%。这个局面,对于产品主要靠外贸销售的明伦茶业来说,更是"雪上加霜"。然而,双重灾难面前,明伦人没有被吓倒,没有退缩,没有因灾而"躺平"。在企业创始人谢三炎的带领下,诚信敬业的明伦人不惧"逆境",果断地确立了迎难而上的三条对策。

一是不管疫情和俄乌战乱灾难压力有多大,有多久,公司不能乱了"阵脚"。要尽力维护客户利益,把风险和困难留给自己。兑现一切合同、承诺,树立"诚信为本"的企业形象。

二是动员全体营销职员,坚守岗位,千方百计寻找销售出路。要尽一切可能,参与线上线下产品宣传推介和销售活动,抓住机遇,确保市场平稳运转。

三是研发新产品,拓展新市场,从"创新"二字找出路,在优质产品上做文章。

谢三炎,公司法人,农艺师。他17岁入行当学徒,四十多年的生产、销售经历,让他深谙青砖茶的品质优劣和市场需求变化。他太爱茶业了,把与生俱来的全部精力和心血都倾注在明伦的事业上,茶业的创新发展上,成为公司科技创新的引路人。

"新冠"病魔当道，他谨遵医嘱，要求全体职工严密加强个人防范，杜绝疫情传播途径。自己带了两个助手，死守科研室不出门。正好让他潜心钻研，苦心琢磨新产品。他们夜以继日地"躲"在科研室，一日三餐由妻子，儿女们送在门口。

2021年5月，终于在保持青砖茶品质特征不变的基础上，研发出一款新产品——"奶茶伴侣老青茶"。其原理是将拼配后的青砖茶原料，不压砖，而是改制成均匀线条状的散装青砖茶（老青茶）。其特征是，保持青砖茶的品质特征不变，饮用时不需敲打成碎片，可直接冲泡。凸显了"老青茶"便于携带，方便冲泡和饮用的特点，避免了青砖茶在泡制前，需敲打成碎片，粗细不一，导致冲泡不匀的现象。"老青茶"一上市，深受消费者欢迎。

此款新产品在湖南乃至全国为首创，它的问世，拓展出"临湘青砖"的更高质量境界和市场新局面。投放边销市场以来，在原青砖茶销售区，反映强烈，已成热销茶品，广泛赢得消费者赞赏。

谢三炎介绍：老青茶形似红茶，冲泡出的汤色呈橙红色，将会对红茶市场产生冲击。他说：老青茶可直接熬制奶茶，故称之为"奶茶伴侣"。

"奶茶伴侣—老青茶"，改良了青砖茶的携带和饮用方式，节省了原材料、增加了产品的附加值。2022年，公司生产、销售老青茶达150吨，实现销售收入600多万元。成本不变的情况下，销售收入翻了两番。

明伦茶业在逆境中坚持科学引领，创新创优，找到了企业发展的勃勃生机。为临湘青砖茶产业的发展，拓展了更加广阔的市场前景，是临湘茶业中，最具创新潜能的朝阳企业。

三湘茶业　蓝图宏伟

湖南岳阳三湘茶业有限公司始建于2004年4月，位于湘鄂交界的"贡茶名镇"——临湘市羊楼司镇。

公司入驻原八一四部队军营，营区绿树成带、风景秀丽的军营环境，为企业的建设与发展，提供了优越的生态环保条件。清康熙年间，有陈氏祖公在羊楼司中洲街办有"三湘"茶庄，经营发展成为本土茶业翘楚之一。历经沧桑，

"三湘"老字号传承下来。公司传承"三湘"名号,优美的生态环境和深厚的历史文化底蕴,奠定了"三湘"茶业扎实的人文基础。传承人陈晓霞,致力于传统工艺研发,2009年,公司成功研发了第一款青砖茶(8901青砖茶)。产品以"砖面平整、含梗量低、药香味浓、陈韵悠长,回味甘甜"为特色,具有极高的性价比。故此,公司挤进了湖南青砖茶生产行列,老字号锦上添花,"三湘"盛名,频传开来。

现今,公司占地面积3.2万平方米,其中车间、厂房建筑面积2.2万平方米。现有4条边销茶生产线,年产、销4000吨。1条砖茶生产线,年产青砖茶300吨。公司拥有高山优质茶叶基地1000多亩,分布在龙窖山区和周边丘岗地带,多为板页岩土质,营养极为丰富。基地雨量充沛,气候条件适宜,是古今茶叶种植,加工的优选之地。清咸丰至民国时期,几代晋商在羊楼司经商办厂一百多年,经久不衰,就在于此地茶源丰富,茶质上乘。

公司主要产品"临湘黑茶"。在传承、创新发展"三湘"老字号黑茶制作工艺的基础上,与现代科技相结合,形成了独具特色的"三湘"砖茶工序。成为一家集茶叶种植、科研、加工、销售于一体的综合性砖茶企业。雄踞湘北鄂南边界,撑起"临湘青砖"一片蓝天。2011年,国家民委等多个部门联合批准公司为"全国民族特需商品定点生产企业",是"国家边销茶定点生产企业"之一。主要产品为"三湘四水"系列茯砖,青砖。产品选用龙窖山茶区优质黑毛茶为原料、经科学拼配,精细发酵、加工,具有"原汁厚味,清爽醇和"的古代贡品茶特色,畅销新疆、甘肃、青海、西藏等少数民族地区,深受消费者青睐。2017年,在销售活动中,了解到新疆克拉玛依地区,有一种叫"黑走马"的传统文化活动,很受牧民喜欢。公司抓住这个品牌效应,开发出一款便于携带和泡制,且保持青砖原汁原味不变的"青砖散装茶—黑走马"。用当地文化品牌,包装自己的新型产品,在边疆少数民族地区,拓展了广阔的市场前景。

为了扩大销售,公司分别在长沙注册了"三湘四水茶业销售有限公司";在乌鲁木齐注册了"大自然茶业销售有限公司"。在全国各地开设了10多家"临湘砖茶销售门店",形成了全国黑茶销售网络,建立起良好的网销新格局。

2014年,"三湘四水"被湖南省认定为著名商标;岳阳市品牌产品。2017年,在湖南省第九届茶博会上,"金花手筑黑茶"获得金奖。是年,"三湘四水"黑茶(巧克力青砖16方),入选中国茶叶博物馆茶萃厅。这是"临湘黑茶"中,唯

——项入选中国茶博馆的产品。2018 年，"三湘四水牌·8901 青砖茶"，荣获第十届湖南茶业博览会"茶祖神农杯"金奖。五年间，多项金奖接踵而至，企业赢得了广阔的信誉和发展前景。

新冠疫情三年，三湘茶业经受了几乎崩盘的深重灾难。

外销产品发不出去，原材料收不进来，职工不能按部就班，惶恐与不安，让人心浮动、夜不安寝。2020 至 2021 年，产销量下滑到 1000 吨左右，企业入不敷出。为了留住员工保运转，公司贷款 90 多万元，保员工底薪。还有"照顾"入厂的 8 名特困家庭子弟和 2 名残疾人员工，（照顾弱势群体就业，是公司的初衷），公司更是关爱有加，没有让他们受到疫情丝毫的侵害，而是更加饱尝到公司"大家庭"的温暖。大灾面前，公司讲"仁义"，立"商德"，全体员工像一家人一样，团聚在一起，共同抗疫，共渡难关，在社会上留下了感人的口碑。也正是这种境界，为"三湘"茶业立起了"逆境中立于不败之地"的精神支柱。

在困境中求发展，形同逆水行舟，不进则退。公司严格执行市政府茶叶主管部门的质量要求标准，实行边销茶叶"产品强力降氟"；压缩行政成本和非生产性开支，让管理人员进车间，顶岗、顶班、上线劳动；用高于市场 10% 的价格，鼓励茶农送卖老青茶。一系列强有力的措施，一环扣一环，帮助企业扭转困境。2022 年下半年，产品上升到 1500 多吨，且销售畅通，企业终于起死回生。

在市委、市政府"产业化发展战略决策"指引下，2023 年，"三湘茶业"正以全新的姿态，着力于"品牌生产"和"基地建设"，打造茶旅融合发展新模式。规划三到五年时间，建设成一个占地面积 60 亩；拥有 15000 平方米的生产车间和成品仓库；6000 平方米原料加工、精制、储备仓库；2000 平方米的茶马古道雕塑广场；1200 平方米的科研与办公综合大楼；1000 平方米的茶史文化展览馆；1000 平方米的职工生活区。形成设施标准化，环卫清洁化，生产自动化的"三湘四水"品牌茶叶加工厂。计划引进 3 条自动化生产线，复古 1 条传统工艺生产线和相关配套设备。再用 5 年时间，实现年产砖茶 8000 吨，年产值 23000 万元。

同时，"三湘茶业"看到了企业精神文化的重要性，决定集中精力挖掘整理"三湘"老字号传统产品文化精髓，大力弘扬"三湘"传统文化，传统工艺；讲好"三湘"故事，让"三湘"品牌，走出湖南，走向世界。

守住天车岭 做好精品茶

—— 临湘市白石千车岭茶业有限公司

临湘市白石千车岭茶业有限公司是一家集茶叶种植、加工、销售、科研、茶文化传播和旅游于一体的岳阳市级农业产业化龙头企业。其前身为临湘白云园茶场，有近千年的产茶历史。2021年，开始生产青砖茶高、精、尖的产品，坚持以白石园老青茶为原料，年产50吨高档青砖茶。

公司以白石园的人文、地理、历史、民俗为文化载体，既传承又创新。按照"公司＋基地＋农户"农业产业化发展之路，坚持"师其长、制好茶"的核心理念，通过茶旅融合，促进乡村振兴，带动农民致富，推动美丽乡村建设。公司拥有名优茶和青砖紧压茶两大厂区，有茶叶初制、精制、紧压三条先进的清洁化生产线，采用"六大茶类工艺融合创新"的技术，并通过ISO质量管理体系认证。主要产品为"五色天车岭白石茶"——白石绿茶、白石红茶、白石黄茶、白石白茶、白石青砖。核心产品"白石毛尖"为湖南八大名茶之一。"白石黄金砖"一上市就受到省市茶叶专家的赞许。公司始终坚定不移地采用白石园所产的茶叶为原料，不掺假、不外购、不使用化肥，不使用农药、不做昧良心茶的"五不"原则，使"天车岭"品牌被认定为"湖南老字号"。"天车岭"绿茶、黄茶、红茶均通过绿色食品认证，并在省内外茶博会或斗茶大赛中多次获得金奖、特别奖。"天车岭"牌茶品系列，荣获"2022湖南文化旅游商品大赛"金奖。

临湘市白石千车岭茶叶有限公司，位于五尖山国家森林公园的西麓，自有1500亩白石茶园基地，均分布在海拔300—600米，由板页岩发育而成的崇山峻岭之中。登山远眺，山峦千姿百态，林中古木参天，四面繁花似锦，茶山深浅交织。白石茶园先后获评岳阳市"最美茶园""湖南茶叶乡村振兴十佳茶旅融合特色景区"的称号。

白石园不仅盛产好茶，还传颂着美好的民间故事。相传很早以前，这里的山民以种茶为业，生活较为殷实。一天，姑娘们正在山上采茶，突然一条孽龙从西方窜入茶园，吞食了采茶姑娘，将郁郁青青的茶园，也搅得稀巴烂，留下了一片枯枝败叶。从此，茶农的生活非常艰难。八仙中曹国舅云游至此，见到满目衰败的景象，茶农们上前哭诉。他问明个中原因，决意为民除害，镇伏孽龙。他在天车岭找到了孽龙,孽龙释放毒雾,曹国舅随手将玉板抛出,击中了孽龙的头部,打得孽龙口吐白沫,倒地而死。孽龙征服后,茶山恢复了原貌,茶树长势喜人,制成茶叶香高味浓,远近茶商前来抢购。冬去春来,玉板也变成一块大白石,在群山中熠熠生辉。人们为了缅怀曹国舅在天车岭勇斗孽龙,就将大白石周边的茶园,称为"天车岭白石茶园"。

很早以前,有位大仙骑着一匹高大的白马,到西方雷音寺取经,路过此山。这里山高路险,大白马累死在山坡之上,变成了一尊圣洁的白石头,人们就把这里取名为"白石园"。

后来,大仙为了怀念他的神马,派遣仙子、仙孙,在"白石园"的山坡至山巅,用石头垒砌成一层一层的梯地,种上了茶叶,供白马食用;又在对面山坳上挖了三口大井,引来洞庭湖水,供白马饮用;还在山顶修了两座大庙,招来和尚,尼姑种茶、护马。

每年农历二月十九,白石庙都要举行隆重的观音会,娱邀观世音菩萨和茶仙姑降临。观音会后,白石园雾气弥漫,通过太阳光的照耀,云蒸霞蔚,茶仙姑披红挂彩,腾云驾雾,绮丽迷人地降临。几天后,在露雾的滋润下,簇簇茶儿长出齐刷刷、毛茸茸的新芽;茶芽上挂满露珠,晶莹夺目,含情欲滴。人们相传,白石园的毛尖茶是仙茶,白石山上的水是神水。用神水泡仙茶,喝了治百病,延年益寿。

白石园茶或许是感受了"八仙"的灵气,沐浴了观音菩萨的甘露。通过数代茶农艰辛的耕耘培种,才有"茶质"的内在飞跃。正是这种特有的"质"的提升,使白石园茶甘香醇厚,令人陶醉,招来外国友人前来观光赞赏;文人墨客吟诗作赋,感慨万千:"此山秀美仙境地,怪难茶香醉人心!"

嘉源茶博馆 一揽茶之缘

湖南嘉源砖茶博物馆坐落于临湘市城区西南部的巴咀坳(古代长安驿站),地处国家森林公园五尖山入园口。南北分别距长沙和武汉均为160公里,西去岳阳市35公里。京港澳高速、107国道傍馆而过。这里林翳葱葱,环境幽静,地理条件十分优越,是参观展览,休闲观光的理想去所。

该馆由酷爱茶业、钻研茶史的退休干部廖小林独资筹建。2016 年 12 月，临湘市人民政府，以倡导民办公共文化事业为由，决定将公园闲置设施，免费提供给廖创办茶博馆。2017 年 5 月 16 日，嘉源茶博馆正式开馆。市内参观群众趋之若鹜，后经媒体传介，湘、鄂、赣三省及周边毗邻县市参观者更是络绎不绝，成为临湘市公共文化场所中不可或缺的胜景。

2019 年初，经省文物局、省民政厅组织专家考察验收，正式核准"湖南嘉源砖茶博物馆"，为湖南登记入录的首家民办"茶文化博物馆"。临湘籍谢模乾将军和著名书法家候双亭先生题名和书写馆牌。

布展共分为"茶之源、茶之史、茶之本、茶之用、茶之器、茶之韵、茶之誉、茶之品和茶之饮"九个部分。

"茶之源"：主要介绍了中国茶叶的起源与传播；茶圣陆羽撰写《茶经》的传奇经历；世界上最早的茶叶文献、茶叶广告、茶叶海报；第一次抗茶大会、第一位饮茶皇后等，并放有一尊神农氏雕像。

"茶之史"：主要展出了 4700 多年前，神农氏在龙窖山采药试茶的传说故事；2000 多年前，瑶族先民在龙窖山"早期千家峒"，以打猎种茶为业；1000 多年前，临湘因茶设县以及临湘贡茶的有关史料记载。

"茶之本"：主要展出了当地茶农，古代及近代使用过的民俗物品，包括衣、食、住、行的生活用品和生产工具等共 120 多件。

"茶之用"：主要收录了国际、国内茶叶和医学专家对茶叶药用价值、保健作用的阐述，以及国家有关权威部门，对临湘青砖茶的检测结果和评价。

"茶之器"：馆内共收藏展出了现代、民国、清代、明代、元代、宋代、唐代和汉代十几个朝代的茶壶、茶盏、茶碗、茶罐等共 100 多件。有的物品年代久远，器型独特，甚至极为少见。

"茶之韵"：收录了历代部分名人关于茶叶方面的著述、诗词、字画等，特别是当地茶农的茶俗、茶风、茶歌和饮茶习俗等。

"茶之誉"：主要展出了毛主席饮用临湘茶的有关资料及证人、证言和证物。临湘生产青砖茶，荣获国家科技进步二等奖历史资料和相关证据。

"茶之品"：主要展出了全国各地和当地部分有品质的青砖茶、黑茶、茯砖茶、花卷茶、米砖茶、康砖茶，当地及外地茶厂早期珍贵的样茶，共计 300 余件。

"茶之饮"：主要备有茶室、茶桌，并展出了各种茶器、茶具100余件。6大茶类50个茶品种，可供游客和观众免费试茶和有偿品茶。

嘉源砖茶博物馆是一处茶史资料齐全、茶俗物品丰富、古代茶器纷繁的大千茶世界。是一家智能化、全自动且极具鉴别功能和观赏性极强的专业茶叶博物馆。生动、形象地展示了"临湘青砖之源"的悠久历史和厚重文化，可谓"一揽茶之缘！"对于传承临湘茶文化，推动茶产业发展，有着十分重要的历史意义和现实价值。

在市委、市政府的大力支持和市文物部门的指导下，近几年来，嘉源茶博馆，坚持面向社会、面向群众，实行免费开放，吸引了来自全国各地的专家、学者，游客前业考察观展。为助力临湘市"万里茶道"申遗工作稳步推进，作出了卓有成效的贡献。

中国青砖茶制茶大师——卢明德

卢明德，男，汉族，中共党员，大专文化，1963年11月出生于千年茶镇聂家市。一方水土养育一方人，一座千年茶镇，培育出一名中国青砖茶制茶大师。卢明德从事茶叶工作40余年，始终坚守用良心制茶的底线，铸就了"茶通天下，德通天下"制茶人的崇高品德。2020年，被中国茶叶流通协会评定为国茶工匠、黑茶（青砖）类制茶大师；2021年，获评湖南省非遗代表性项目，临湘青砖茶制作技艺代表性传承人。

后唐清泰三年（936），临湘因茶而设县，聂家市古镇也因茶而兴旺，因茶而繁荣，成就了临湘茶叶发展历史上的辉煌。聂家市成为万里茶道南方重要节点之一，也是传统青砖茶的发源地和主要产区之一。

聂家市种茶、制茶历史悠久，明、清至民国时期，就是临湘重要的水陆驿道。古镇上，商贾云集，茶香飘溢，茶厂茶庄，鳞次栉比；码头埠头，桅樯林立，舫艄相错，好一派繁荣景象。特别是创建于大清同治四年（1865）的永巨茶坊，因盛产青砖茶，成为古镇上的佼佼者。青砖茶装船后经聂市河，汇入黄盖湖，进入长江，来到东方茶港——汉口茶市集散，再逆汉水而上，后改为马帮驼队运销大西北及俄罗斯边境茶市恰克图，进入莫斯科、圣彼得堡及欧洲腹地。

卢氏家族祖上八代一直钟情于种茶、制茶。卢明德秉承祖辈的衣钵,传承和发扬业茶人情怀与良知。1984年,农校毕业后,分配到临湘县长安供销社担任茶叶收购评审员,1987年,调入临湘示范茶场任技术员,便与茶叶结下了不解之缘。同年,聂市镇永巨茶厂改扩建后,急需引进制茶技术人员,酷爱茶叶事业的他,主动请缨,决定从县城调到乡下镇里,克服了方方面面的困难,面临着冷嘲热讽的怪象和聂家市的父老乡亲,义无反顾地来到永巨茶厂。当时,茶厂条件非常艰苦,一没食堂,二没会议室,夏天连电风扇也没有,就凭着一颗热爱家乡的心,坚定干出一番事业,并开启了一辈子种茶制茶的人生旅程。

永巨茶业历经百年洗涤,迎来大发展的机遇,但仍面临诸多困难,步履维艰。卢明德先后多次深入茶乡和销售市场,进行调查与研判,把捏着茶厂发展中的命脉与瓶颈。他走遍了内蒙古、新疆、青海、西藏等销售区。曾记得,1998年1月10日,在河北张家口跑销售时,遇到6.2级地震,造成当地人员的严重伤亡,自己也差点死在地震中。2000年,在蒙古国销售时,历经艰辛,面对冬天零下43度寒冷,夏秋特大特强的沙尘暴,无所畏惧,四处奔波,终于跑出了较好的业绩。他脚踏实地从副厂长起步,历经副总经理、总经理、董事长、法人代表。在40年的坚守与创新发展中,付出了人生巨大的心血与智慧,一步步将一个乡镇级茶企,打造成"湖南省农业产业化龙头企业"。为了寻求茶企的更大发展,2018年10月,成功引进上海伟仁投资集团,实现战略重组与提质扩建,重振洞庭青砖茶雄风,个中艰辛不言而喻。

卢明德先后进修于湖南商学院与浙江大学,学习茶叶种植与制作技术;还拜师于刘先和、肖晓玲,周重旺、刘仲华、包小村等名师门下,潜心学习与研究,掌握了茶叶科学种植技术,提高茶叶产能和制作技能的核心要领。始终坚守用良心和良知制好茶的底线,先后研制出多款青砖茶系列产品。20世纪80年代,他参与省级专家团队,研发试制了"9101青砖茶",畅销海内外,并荣获省级、国家级多项奖励。主持研发和试制的"圆角出口青砖茶",其出口量连续十年全国排名第一,并获国家专利21项。经过多年的奋斗与努力,与公司一班人精心研发,打造出"中国驰名商标""洞庭牌青砖茶"。将良知与传统的制茶工艺,完美地融合于"洞庭牌青砖茶"之中。2021年,央视《远方的家》以聂市茶镇为基点,专题推介"洞庭青砖茶"的悠久历史文化与精巧的制作工艺。尔后,又被香港凤凰卫视录制成《中华文明行》,向全球传播。洞庭青砖茶一时名噪天下,驰名中外。

"秉承千年品质,遵循贡茶匠心。"坚持"科技为本,服务农户"的宗旨,不断地对茶产品的研发、创新,致力新品种的种植和产业化,通过文化价值的挖掘和提升,打造中国黑茶(青砖)标志性科技品牌,让其尽快地走出中国,走向世界。

卢明德为"八代青砖宗师",带领九代师徒,合力推进中国青砖茶的发展,成为湖南省非物质文化遗产代表性项目青砖茶制作技艺的代表性传承人;全国茶叶标准化技术黑茶类工作组成员;中国茶叶流通协会理事;湖南省茶叶协会常务理事;岳阳市茶叶协会常务理事会副会长;岳阳市茶文化进校园讲师团讲师;临湘市两届人大代表。这些就是卢明德用良心与心血诠释的业茶人生。他,心系家乡,情满永巨,不忘初心,砥砺前行。通过40余年拼搏与奋斗,终于成就了国茶工匠·青砖茶制茶大师。

青砖茶大事记

先秦时期

距今 4750 年前，神农氏自北方入湘，首先进入湖南境内就是临湘，得茶龙窖山，被尊为茶祖。

约在先秦时期，就有瑶人进入临湘境内龙窖山地区"以市盐茶"，是我国最早有文字记载的种茶、市茶之地。北宋范致明《岳阳风土记》、南宋马子严《岳阳甲志》均有记载。

春秋战国时期

春秋战国时期临湘地域已饮茶成俗，在秦楚争霸时代的屈原《楚辞》中可以得到证实。

三国时期

《三国志》载：吴主孙皓在临湘鸭栏以茶代酒，豪饮不醉。

唐代

唐德宗建中年间（780—783），朝廷派遣"鲁公"至西蕃，烹茶帐中，西藏赞普就提到有来自巴陵的"灉湖茶"，（其时临湘属巴陵县），此乃湖南最早的边销茶。

唐文宗太和年间（827—835），龙窖山人将鲜茶叶蒸煮、捣碎、烘干制成"团饼茶"。

五代

后唐年间（923），马殷向后唐"称臣纳贡"临湘茶。

唐末五代，今临湘地域已是湖南茶叶缴纳贡赋的重地。后唐清泰三年（936）马殷之子、潭州节度使马希范析巴陵县置王朝场，以便人户输纳，出茶。

宋代

宋淳化五年（994）王朝场改为"王朝县"，至道二年（996）改为"临湘县"，北宋初年《太平环宇记》有记载。

宋代范致明《岳阳风土记》载：龙窖山在县东南，接鄂州崇阳县雷家洞，石门洞，山极深远，其间居民谓之鸟乡。语言侏离，以耕畲为业，非市盐茶，不入城市，邑亦无贡赋。盖山徭人也。

宋景德年间（1004—1008）"两湖茶"与蒙古开始进行茶马交易。

宋绍兴三十二年（1162），全国各州、路、军、县所产茶数，其中"岳州巴陵、平江、临湘、华容五十万一千二百四十斤"。在这四县中，历来以临湘产茶最多，且按四县平均数算，临湘应在 12.5 万斤以上。

南宋马子严《岳阳甲志》载："龙窖山，在巴陵北，山实峻极，上有雷洞，石门之洞。山徭居之，自耕而食，自织而衣。"

元至明代

元至正二十七年（1367），止于明景泰元年（1450），历时八十余年。临湘县境曾设有 2 个批验茶引所，一个是设于"鸭栏"（在今临湘市江南镇境内）的批验茶引所，一个是设于今城陵矶（此地在清光绪年间岳州开埠前属临湘县）的"临湘批验茶引所"。

明弘治元年（1488）《岳州府志》载：洪武二十四年（1391），龙窖山岁贡芽茶一十六斤。临湘龙窖山芽茶列贡至 1910 年，延续 520 年之久。

清代

清康熙年间（1662—1722），临湘羊楼司一带，开始生产老青茶，踩制篓茶。

康熙二十八年（1689），临湘青砖茶由张家口、库伦等地转销俄罗斯。

雍正五年（1727），临湘青砖茶开始销往恰克图，中俄订立《恰克图条约》。晋商在恰克图中方一侧建立了一个"买卖城"，用青砖茶与俄商贸易。

乾隆、嘉庆年间（18 世纪末），临湘羊楼司一带，开始生产方形片状青砖茶。

乾隆十一年（1746）载："龙窖山在县东南 120 里，为邑镇山，跨临湘、通城、崇阳、蒲圻界，上有龙湫，又有雷洞、石门，产茶，居民资以为业。"

嘉庆四年三月，临湘陶知县在聂家市荆竹团立《永垂严禁》石碑，严禁以草掺茶射利等弊端。

咸丰元年（1851），临湘云溪、陆城、聂市一带，开始生产功夫红茶。

1859 年 6—7 月，中国第一位留美博士容闳两次专访临湘聂市，考察黑茶生产，茶商销售等情况，记入其著作《西学东渐记》。

咸丰十一年（1861），岳州知府丁宝桢颁发石刻布告，关于山西、江西、广东茶商在聂家市业茶，整顿聂家市茶叶市场。

同治三年（1864），俄商陆续在湖北羊楼洞、崇阳和湖南羊楼司设置了 3 个茶厂加工青、红砖茶。

同治元年（1862），临湘茶叶贸易上升至 4382 吨。

同治三年（1864），俄罗斯商人在临湘羊楼司一带，开始生产米砖茶，第二年，通过长江航运天津，再陆运回恰克图。

同治年间（1862—1874），临湘出现最早有记载的茶庄三家：太和生（本帮）、大涌钰（晋帮）、巨贞和（晋帮），分别设于聂家市和横溪。

光绪元年（1875），临湘知县汤铠颁发在产茶旺季禁演花鼓戏的石刻布告。

光绪年间（1875—1886），俄商设在湘北、鄂南的 3 个手工砖茶厂，于 1874 年，陆续迁至汉口租界，使用蒸汽机加工砖茶。

光绪二十四年（1898），汉口帮茶商在临湘羊楼司一带，开始生产细青茶。

光绪三十四年至民国六年（1908—1917），临湘销售到俄罗斯的青砖、功夫红茶、米砖茶共 30070 吨，是临湘茶销售史上最高纪录。

民国时期

民国二年，同盟会会员、岳阳县籍，民国初期陆军少将李澄宇陈书民国政府《驳湘鄂路线改由最古大道书》，第六条牵涉临湘茶叶："临湘云溪、聂家市岁出红茶价在二千万元以上。"民国政府因此将原定经浏阳、平江去湖北的粤汉铁路改道由长沙、岳阳经临湘，到武昌。

钱承绪《华茶之研究》第四节《国内重要产茶区现状》记载：临湘聂市义兴等 11 家茶号，羊楼司文康等 9 家茶号，民国二十二年分别销售 4200 担成品边销茶、16332 包老青茶（每包 65 斤）、3363 箱红茶；民国二十三年销售 19200 担成品边销茶、32330 包老青茶、34500 箱红茶。

民国二十四年《中国实业志·湖南卷》记载：中俄复交时，湖南共有茶厂

184 家，临湘 36 家，排第二，其中制青砖茶 26 家，全在临湘境内，年产青砖茶 13.23 万担。

民国二十六年，临湘产细青茶 12 万担，创青茶最高纪录。

民国二十七年 11 月，日寇入侵，临湘沦陷，茶园荒芜面积达百分之七十以上。

民国三十五年，临湘县羊楼司、聂家市等地有 12 家茶厂恢复青砖茶生产，年销内蒙古 1.5 万—2 万担（750—1000 吨）。

民国三十五《湖南经济调查》第一辑记载：临湘茶叶产量居全省第一，外销数量亦甚可观。

一九四九年

县境仅有茶园 4.5 万亩，为战前的 22.5%，茶叶产量 2000 吨，只有抗战前夕的 20%。

临湘刚解放，临湘县委、县政府号召茶农积极恢复生产，采制秋老茶，当年生产茶叶 4 万担。

一九五〇年

中国茶叶公司湖北省羊楼洞茶厂，在临湘聂市、羊楼司、云溪和城关设 4 个茶叶收购站，年收老青茶 5000 担；地方国营建设茶厂收购 4000 多担。

县成立恢复茶业委员会，县长季青任主任委员，由建设科、工商科、银行、贸易公司等单位组成，以加速全县茶叶生产恢复工作。

一九五一年

湘潭地区地方国营建设茶厂，在聂市、羊楼司等地分设 5 个加工厂，受中茶湖南省公司委托，收购老青茶，加工青砖茶，至次年底，共加工青砖茶 30073 箱。

一九五二年

临湘划为老青茶区，停止功夫红茶生产。省农林厅派刘养平等 4 人组成的工作组，协助县政府指导茶叶生产。全县恢复茶小组 425 个，**茶叶生产互助组** 75 个，发放茶叶贷款 90044 元，垦复荒芜茶园 6650 亩，**整理老茶园** 5000 亩，新扩茶园 1796 亩，茶园面积达 57000 亩。

一九五三年

湖南省人民政府决定临湘改为绿茶产区，中南区和省茶叶公司派干部 34 人，从江西雇请技术工人 13 人，分赴临湘各地茶乡，指导绿茶改制技术。年产炒青绿茶 10000 担。

春季生产绿茶调长沙茶厂，夏秋生产老青茶，部分调陕西泾阳制造茯砖茶，部分调赵李桥茶厂加工青砖茶。

是年，湖南省茶叶公司受中共中央办公厅委托，确定龙窖山茶叶为毛主席招待专用茶，一直延续到 1973 年，共 20 年。

一九五四年

县政府成立茶叶收购办公室，管理茶叶收购、储运等工作。

国家对茶叶实行派购，到 1984 年终止。

聂市红土乡四房村三个互助组，成立茶叶联合加工厂，用 18 万元（旧币）购买第一台揉茶机械。

一九五五年

湖南省恢复临湘为老青茶生产区，推行春季采绿茶，夏季采老茶制度供应边销茶。当年制炒青茶 12700 担、采制老青茶 57300 担。

一九五六年

成立农产品采购局，茶叶业务由采购局经营，下属站收购。政府对茶叶实行奖励收购，送售绿茶一公担，奖励粮食指标 28 公斤；老青茶一公担，奖励粮食指标 16 公斤。

一九五七年

临湘茶叶产量达到 2500 吨。

一九五八年

临湘举行全县曲艺汇演，忠防民间艺人袁延长登台演唱了在临湘民间流传了很久的《卖茶歌》，其歌词是《挑担茶叶上北京》原型。此后，他参加湘潭地区、湖南省文艺汇演，凭借演唱《卖茶歌》获奖。后经临湘籍省歌舞剧团演员王长安的丈夫白诚仁改编成为著名歌曲《挑担茶叶上北京》。

横铺乡龙塅农业合作社副主任葛治友，创制出牛力揉茶机。

一九五九年

设县委经济作物办公室，主管茶叶生产。

益阳茶厂建成投产，临湘所有老青茶主要调运该厂。

一九六一年

白石园茶场兴建，开荒 800 亩，种茶 500 亩，油茶 300 亩。

一九六四年

临湘县政府设多种经营办公室，主任丁德珊，由农业、供销派员参与工作。

临湘县农业技术学校成立，校址设五里千针坪，以茶叶课程教学为主，共招生 200 人，刘锦荣、吴贤臣分任正、副校长，刘秀华任茶叶课程教师。

当年，境内横铺佛寿山茶场建场，旧里村 800 人开荒种茶 320 亩；桃林骆坪茶场建场，上劳力 2000 人，开荒种茶 600 亩。

一九六五年

6 月，经省农业厅批准，成立"临湘县千针坪茶场"，地址设五里公社千针大队，抽调 21 名职工，开荒建立新茶园 200 亩。

当年，白羊田公社宋洞茶场建场，集中劳力 150 人，开荒种茶 300 亩。

一九六六年

临湘县委成立常年性的经济作物办公室，编制 2 人，县委书记兼管茶叶生产。县人委发出《关于大力发展茶叶生产的指示》，作出了"二年准备，三年战斗、一年扫尾"的工作部署。同年，县里成立开发丘陵指挥部，由李再荣、易湘涛任正副指挥长。历时三个月，集中横铺、桃林、詹桥、文白、忠防、长安、羊楼司七个公社 3100 人，在京广铁路沿线北起羊楼司新屋，南至长安集庄,开荒 3456 亩,种茶 2816 亩,为县大规模扩建茶园之始。

同年,临湘茶厂开始筹建。

一九六七年

经省人民委员会批准,临湘县千针坪茶场更名为"国营临湘县示范茶场",面积扩大到 1822 亩。属于事业单位,以试验、示范、推广为办场宗旨,李秋斌任支部书记,有干部职工 118 人。

一九六八年

临湘由生产老青茶转产改制黑茶。是年,宋洞茶场出席地区、县先代会。

一九六九年

7 月,临湘茶厂投产,中国茶叶土产进出口总公司经理和临湘县委领导为开车进行剪彩。属对外贸易部定点生产"中茶牌"茯砖的工厂,年生产能力为 8 万担,当年生产茯砖茶 15687 担,调拨 14612 担,产品主销青海、新疆、甘肃三地。是年春,聂市茶场率先使用电力揉茶机;至冬,全县发展到 231 台。

一九七〇年

成立县革命委员会多种经营领导小组,隶属农村组,相继由舒德才、甘超群、谢正才任主任,主管县茶叶工作。

6 月,根据省革命委员会文件精神,决定将临湘茶厂下放临湘县领导。

宋洞茶场被评为全国茶叶生产先进单位,出席在湖北通城召开的全国茶叶生产先代会,受到表彰奖励。

忠防公社汀畈大队建成花果山茶场,有茶园 205 亩。

一九七三年

冬,聂家市公社从各大队抽调 200 多劳动力,在丁联大队蔡家组开荒 203 亩,建成聂家市茶场。

12 月,临湘茶厂,第一次突破年产 10 万担茯砖茶任务。

一九七五年

12月,临湘茶厂全年完成生产茯砖茶11万担,比1974年增长37%。

一九七六年

全县茶叶产量达到5220吨,成为第一批全国年产过10万担的四个产茶大县之一。是年,茶叶技师谌继祖等研制出"白石毛尖"。

一九七七年

经省农业、外贸、计委批准,县示范茶场开始生产红碎茶,精制后送平江茶厂和长沙茶厂验收,交外贸出口。

一九七八年

临湘被国家列为25个商品边销茶基地县之一。

临湘示范茶场彭德均因"在科研中作出重大贡献"被省科学大会授予先进个人。

一九七九年

全县茶园达112178亩,茶叶产量高达6303吨,均创新中国成立后最多年份。

在千针坪成立"五七大学",招生150名,共分三个班。校长李棠九,任课老师7人,除公开课外,还设置以茶叶、林业为主的专业课。

一九八〇年

临湘县茶叶公司成立,方祖保任经理。

示范茶场彭德均研制的Z1-3型晶体管高压发生器,通过省级技术鉴定,小批量投产。

一九八一年

全县专业茶场开始全面推行联产承包责任制。

6月,由高级农艺师刘秀华主持的"茶叶树短穗带梢扦插法"研究获得成功,通过了省级技术鉴定,属于全国首创。以科技成果方式转让给外省,被北京科学教育电影制片厂拍成科教片,在全国推广。

一九八二年

白石毛尖茶被评为省内八大名茶之一,《中国财贸报》和《湖南日报》予以报道。

刘秀华的茶树短穗带梢扦插法,获岳阳地区科技成果一等奖。

一九八三年

11月,临湘茶厂试制康砖茶20担,运销西藏。

一九八四年

全县茶叶产量82035.5公担,创历史新高。

聂市永巨茶厂筹建,准备生产茯砖和青砖。

临湘茶厂把康砖作为新产品开拓,解决了临湘老青茶原料出路,副厂长谢云贵主持试制,生产了康砖1125担,产品销往西藏,1985停产。

一九八五年

5月,成立临湘茶叶志编写组,由县志办和临湘茶厂、县茶叶公司、农业局共同组织编写,彭德均、刘秀华等参与编写。

县示范茶场"临湘洞庭春"茶,获省茶叶学会名茶展评优胜奖。

县茶叶公司为了解决边远地区制茶难,先后在城关、羊楼司中洲、壁山设茶厂三个。

1980—1984年,12月,临湘茶厂生产茯砖茶15.1万担,创利87万元。

一九八六年

7月,成立县政府茶叶生产领导小组,由李元香任组长,农业局、临湘茶厂、茶叶公司派员参与工作,下设办公室,黎正夏任办公室主任,以加强对茶叶生产的领导,协调产、供、销各项工作。

是年,临湘茶厂利用原绿茶车间厂房,将轻、重茯砖加工成每片8两、9两、1市斤不等的小砖,年加工16万担,运销西北省区,受到欢迎。

一九八七年

5月,在兰州召开的全国紧压茶评优会上,临湘茶厂的"中茶牌"茯砖茶首次获商业部优质产品称号,9月获颁编号为280号的优质产品证书。

一九八八年

临湘县政府改设多种生产办公室,主管茶叶工作。

全县207个专业茶场,全面完善了承包责任制,承包期分别为10—15年。

11月,编成《临湘茶厂志》,主编徐立彪,编辑谌裁军,主审是厂长虞均成等人。全书共九章,打印成册。

一九八九年

全县改造低产茶园45000余亩,增量74957.5公担,新增税利220.7万元。

临湘茶厂出口青砖成功投产,使临湘中断40余年的青砖出口工作得到接续。

临湘茶厂彭德均、县茶叶公司黎正夏晋升高级农艺师。

一九九零年

全县生产砖茶1400吨,销往苏联和蒙古人民共和国。临湘茶厂完成的湖南进出口青砖开发研究,获省对外经济贸易委员会科技进步一等奖。

彭德均参与的茯砖茶微生物研究,获省农业科技进步一等奖。

刘秀华主持省农业厅下达农业丰收项目—茶树的规范化栽培科研课题。

一九九一年

永巨茶厂生产的"合作牌"青砖茶荣获湖南省供销系统优质产品称号。

壁山乡成立林茶产品公司,刘秀华受农业局之托,与壁山乡签订技术承包合同,着手进行恢复龙窖茶系列产品开发。

一九九二年

临湘茶厂青砖茶开发研究,获经贸部科技进步二等奖。

临湘茶厂彭高的《临湘茶文化》参与第二届国际茶文化研讨会交流,由台湾碧山岩出版社出版。

彭德均参与完成的茯砖茶微生物研究，获省科委科技成果一等奖。

一九九四年

2月，原市茶叶公司更名为临湘市茶业总公司，下设璧山、中州、五里三个分公司。

5月，市茶业有限公司砖茶厂动工兴建。厂房面积385平方米，仓储面积1500平方米。

一九九六年

5月，新中国成立后首部《临湘市志》出版，单设第八篇《茶叶》，分为《产区产量》《种植》《加工》《经营》《茶文化》共五章19节。

一九九七年

市茶业公司茶砖厂正式投产，年加工边销茯砖茶2000吨以上。当年生产样砖6000块，经农业部茶叶质量监督检测中心检验，八项指标全部达标。该厂"中茶"牌和"春意"牌普通茯砖茶，畅销西北。

一九九八年

市茶业公司茶砖厂再投资140万元进行厂房更新升级、设备技术改造，所生产的"中茶"牌茯砖茶加盟中国土畜产品进出口公司联营行列。

二〇〇〇年

永巨茶业被国家定为边销茶生产及原料储备企业。

二〇〇二年

7月25日，国家经贸委、国家计委、国家民委、财政部、国家工商总局、国家质检总局、国家供销总社联合发布2002年第53号公告，市茶叶公司茶砖厂、市永巨茶叶有限公司被批准为国家边销茶定点生产企业。

1989年—2002年，市茶叶公司投资140万元，新建了五里、中州、璧山茶叶初制厂和茶叶公司精制砖茶加工厂。

二○○三年

聂市永巨茶厂获经营自主权，产品直接出口俄罗斯、蒙古和中亚国家。

11月，市茶业公司"春意牌"茯砖茶获湖南省第五届农博会金奖。

是年，汪松桂代表市茶叶公司出席在长沙举行的《海峡两岸第三届茶业研讨会》，其论文《临湘龙窖山瑶族茶文化探微》入选论文集。2005年又相继在《农业考古》第二期发表。

11月，市茶业公司"春意牌"茯砖茶获湖南省第五届农博会金奖。

二○○四年

当年4月，岳阳三湘茶业公司在羊楼司原八一四部队厂房建立，占地3万平方米，四条生产线，基地1000亩，年生产4000吨，是一家集茶种植、科研、生产、销售于一体的综合企业，属于国家边销茶定点生产企业之一。

二○○六年

热播的电视连续剧《乔家大院》，选用中心道具茶砖，出自永巨茶业，该公司因剧组侵权打官司，后被法院判胜诉。该公司3—6月分别取得青砖茶标贴和圆角砖等三项外观专利。该公司"洞庭牌"黑茶（青砖）在中国茶叶流通协会举办的全国茶叶评比中荣获"华茗杯"金奖，永巨茶业被同时授予"全国茶叶行业百强企业"。

二○○七年

湖南省茶叶学会学术论文集收录了临湘市高山茶叶研究所彭毅华、永巨茶业谢大海、市科协刘其南合写的论文《试论临湘茶业》。

二○○八年

临湘市茶业有限责任公司被中国茶叶流通协会授予"全国茶叶行业百强企业"。该公司生产的"春意牌"罗布麻茯砖茶获得国家专利。

9月，经国家知识产权局批准，永巨茶业取得紧压茶模具实用新型专利证书

11月，"洞庭"牌青砖茶、"明伦毛尖"获第十届湖南国际农博会金奖。

彭高撰写的《临湘茶叶史话》入选《中华茶祖神农文化论坛》论文集。何

培金、卢明德撰写的论文《茶祖精神与临湘茶人》被评为二等奖。

12月，永巨茶业"洞庭"牌商标被评为湖南省著名商标。

二〇〇九年

临湘被中国茶叶流通协会评为全国十大重大节点产茶县之一。明伦茶业通过ISO9001和22000体系认证，被评为岳阳市茶叶研制行业领军企业。

10月18日，在首届中国·湖南（益阳）黑茶文化节上，我市永巨茶业"洞庭"牌青砖茶获全国黑茶评比金奖；市茶业公司"春意牌"茯砖茶荣获优质产品奖。

二〇一〇年

国务院将临湘列入"茶叶优势区域产业县（市）"。

1月，市茶业公司"春意牌"茯砖茶荣获湖南省供销合作社系统展销会金奖。

二〇一一年

永巨茶业与湖南省茶业有限公司实行战略合作，联合打造青砖茶中国第一品牌。

12月15日，国家商务部市场运行司调研员丁书旺，国家民委经济司调研员叶青，国家茶业流通协会秘书长梅宇在省商务厅领导的陪同下，到我市市茶业公司和明伦两家定点企业，就边销茶优惠政策落实情况进行调研。

明伦茶业被国家民委、财政部、人民银行授予全国民族特需商品定点生产企业，被湖南省政府授予"农业产业化龙头企业"称号。

二〇一二年

市委市政府编制了《临湘市茶叶产业发展规划（2013—2022）》，10年内投资10亿元，年产茶5万吨，综合产值20亿元。

7月20日，市政府出台了《关于巩固和发展茶叶产业的意见》（临政发〔2012〕13号文件）。

6月18日，中央电视台《北纬30度—远方的家》、香港凤凰卫视旅游台《文明中华行—茶叶》分别专程来临湘拍摄茶文化专题片。

8 月 28 日中央电视台《远方的家》播出的北纬 30° "大湖岳阳",重点拍摄和展示了聂家市茶马古道和风土人情、制茶工艺,再现了永巨青砖茶的悠久历史和文化。

10 月,卢明德被批准担任中国茶叶流通协会第五届理事会理事。

《民族论坛》杂志第三期刊登介绍临湘茶叶文章《洞庭天下水,临湘青砖茶》《边销茶新秀——记崛起的明伦茶业》。

二〇一三年

临湘边销茶份额占了全国三分之一,年创汇 400 多万美元,在全省行业出口排名第五,黑茶出口第一;临湘被中国茶叶流通协会特别授予岳阳市唯一"中国黄茶之乡"称号。

11 月,新编《临湘市志》出版,在第二章《种植业》中设《临湘砖茶》"专记"。

二〇一四年

12 月 9 日,临湘市百年永巨茶业举办隆重庆典,庆祝建厂 30 周年暨标准化黑茶生产车间竣工,由此揭开了中国青砖茶第一品牌续写辉煌的新篇章。省军区原副司令员黄明开少将,中国茶叶流通协会常务副会长王庆,岳阳市政协主席赖社光,省委组织部原副部长、省人事厅原厅长苏仁华等出席庆典仪式。

《民族论坛》第十一期刊载张峥嵘文章《临湘黑茶,茶马古道之"黑马"》。

永巨茶业"洞庭"牌商标被评为中国驰名商品;三湘茶业的"三湘四水"被认定为"湖南省著名商标"、岳阳市"质量信得过单位"。

12 月,何培金、何云峰编著《千古茶乡聂市镇》由湖南地图出版社出版。

二〇一五年

4 月 20 日,2015 中华茶祖节开幕式暨临湘黑茶品评推介会在湖南长沙举行。中国茶叶流通协会、湖南省委农村工作办公室主办,省茶业协会、省茶叶学会、茶祖神农基金会、临湘市人民政府联合承办。以"弘扬茶祖文化、促进茶叶消费、建设茶叶强省、实现千亿产业梦想"为主题。省工商局局长阳基华代表国家工商总局向临湘市颁发了"临湘黑茶"国家地理标志保护产品证书。

"白石绿茶"荣获第三届中国有机农产品展销会暨中国、青(米)砖茶交易会金奖产品。

市明伦茶业有限公司扩建新增 2500 吨生产线，上榜 2015 年度"中国好茶叶"评选获奖企业，荣获全国三家黄茶优秀品牌奖之一。明伦茶获得马德里国际商标，累计拥有 7 项国家专利和发明专利。

中国茶叶流通协会授予临湘"中国老青茶之乡"。

二〇一六年

7 月 25 日，临湘市茶产业（黑茶）发展领导小组成立，市委常委、副市长周少华任组长，市政府副市长彭海云、市政协副主席廖小林任副组长。

8 月 25 日，市委书记李美云在市第十二次党代会报告中提出：实施茶产业"万千百工程"，打响临湘黑茶品牌。

11 月 3 日，市委书记李美云、市长魏淑萍带领党政代表团到湖北赤壁市就茶产业培育和经济社会发展情况进行学习、参观。

12 月，市人大、政协"两会"明确提出，要把茶产业作为临湘今后的主导产业之一来培育、发展，市政协九届一次会议还审议通过了《关于发展壮大我市茶产业的建议案》。

11 月，临湘市获得中国茶叶流通协会授予全国"百强产茶县"荣誉称号。

12 月，湖南临湘砖茶博物馆由廖小林个人筹资建设。

12 月 5 日，《湖南社会科学报》两个专版刊发我市领导李美云、周少华等撰写的文章《临湘砖茶：青砖茶祖 湘茶之源》一文，系统宣介临湘茶的历史文化。

12 月 12 日，卢明德、何培金、谢立新、李融丘的论文《让文化给产品插上飞越的翅膀》在湖南茶业科技创新论坛中被评为优秀论文。

12 月，三湘茶业总经理陈晓霞被湖南省黑茶商会评为"2016 年度湖南黑茶十大营销杰出人物"。

12 月 29 日至 30 日，临湘市茶产业发展研讨会召开。省农科院原副书记、研究员黄仲先；省茶叶研究所所长、研究员包小村；省茶叶学会理事长、湖南农业大学教授、博士生导师肖力争；湖南农业大学茶学教授、博士生导师朱旗；省茶叶协会会长、省茶业集团董事长周重旺；省茶叶进出口公司原总经理陈晓阳；湖南中茶茶业有限公司的领导、专家学者就"茶叶产业发展趋势分析""茶叶品牌与技术创新""茶旅产业融合""临湘茶叶定位"等方面提出了宝贵的意见和建议，与会人员实地考察了市明伦茶业有限公司、湖南永巨茶业有限公司、聂市古街、聂市镇三和村茶园基地。

二〇一七年

5月，临湘市委、市政府出台《关于扶持茶叶产业化发展的实施意见》（临办发〔2017〕4号）。文件规定，市财政以奖代投，未来三年，全市改造现有茶园2万亩，新建标准茶园1万亩。重点抓好长安河、桃林河流域，龙窖山、五尖山、大云山山脉、龙源水库、忠防水库、团湾水库、南山水库等重点区域的生态茶园建设。

7月17日，临湘市市长魏淑萍带队参加香港贸易发展局主办的第二十八届香港国际茶叶及美食展，临湘市湖南三湘茶叶有限公司参展。

7月18日，临湘市茶叶产业发展领导小组召开茶叶工作座谈会。市领导余岳雄、周少华、张国辉、廖小林出席。市委副书记余岳雄要求各茶叶企业、相关镇（街道）要宣传好，解读好落实好市委市政府4号文件精神，确保临湘茶叶产业步入良性快速发展轨道。

二〇一八年

10月28日，上海伟仁投资集团与临湘永巨茶叶投资洽谈会举行。伟仁投资（集团）有限公司董事长谢东海，以及临湘市领导余岳雄、魏新咏、廖祯祥、凌晓明、彭海云、张国辉出席。董事长谢东海与临湘市常委、副市长凌晓明签订了招商引资项目协议，并与永巨茶业有限公司签订了股份转让合同。

12月，国家住建部公布第七批拟入选中国历史文化名镇、名村的城镇村落名单，千年茶镇聂家市镇入选。

二〇一九年

4月25日，山西省文物局刘正辉、湖北省文物局副局长王凤竹、文物处副处长刘杰、武汉大学刘再起教授一行，对临湘"万里茶道"申遗的遗产点进行实地考察。专家组考察聂家市晋商老街、同德源茶庄、天主堂、临湘塔及湖南嘉源砖茶博物馆。

8月20日，临湘市市长廖星辉主持召开全市茶产业发展调研座谈会，副市长张国辉出席。廖市长强调，全市要齐心协力，提供优质服务，形成支持茶产业发展氛围，及时出台产业规划和扶持政策，努力推进临湘市茶产业进一步提升发展。

11月9—10日，武汉大学教授刘再起、著名作家刘晓航、茶文化研究专家宋时磊、万里茶道研究专家万学工、湖南省文物局考古所刘颂华一行赴临湘市调研"万里茶道"申遗工作。先后对湖南嘉源砖茶博物馆、大矾头（临湘矾）遗址、临湘塔、聂家市古镇等地实地考察，深入了解临湘茶文化历史，探讨临湘茶与晋商和万里茶道的关联性。

11月28日，永巨茶叶举办万吨洞庭青砖提质扩建项目开工典礼仪式。中国工程院院士、湖南农业大学教授刘仲华、省军区原副司令黄明开少将、湖南省政府驻上海办事处副主任黄晓翔、省贸促会副会长伍登国、岳阳市副市长黎作凤、省人事厅原厅长苏仁华、岳阳市政协原主席赖社光，以及临湘市领导谢胜、余岳雄、彭海云、夏逢响、刘伯凤等出席典礼仪式。永巨茶叶斥资1亿元对万吨洞庭青砖项目提质扩建。新厂房、新设备正式投产后，永巨茶叶黑茶加工能力将达到9000吨。

二〇二〇年

1月15日，中国茶叶流通协会公布第三批制茶大师名单，湖南临湘市永巨茶业卢明德获评国茶工匠·黑茶类制茶大师。

9月6日，第五届中国黄茶斗茶大赛颁奖庆典暨第二届岳阳茶业博览会，在南湖广场举行。伟仁永巨茶业和明伦茶业分别与外商客户签订2000万元人民币和300万美元的产销对接合同。

9月19日，山西晚报报业集团总编刘子平，万里茶道专业委员会主席张维东，祁县晋商研究所所长田建等率山西"重走晋商万里路"采访团走进临湘市，对湖南嘉源砖茶博物馆、聂家市古镇、永巨茶业有限公司、晋商后裔、本土茶史专家、临湘青砖茶传承人进行了采访调查。

9月，2020环中国自驾游集结赛—万里茶道临湘站打卡，在市国际垂钓中心举行。市长廖星辉致辞。

11月5日，第七届中国·国际高级工商管理峰会暨EMBA国际联盟2020年会在岳阳举行。上海伟仁投资集团有限公司宣布计划在临湘聂家市镇投资

100亿元，开发建设中国·百里洞庭茶谷工项目，实现当地茶文旅协同发展。

11月27日，唐新道、陈哥志等撰写的《论白石茶园茶旅建设》，在湖南省茶叶学会举办的2020年湖南省科技创新论坛中被评为优秀论文。

二〇二一年

10月，万里茶道八省文物联展。我市遴选22件馆藏文物参展，是选送展品较多的县市之一。

8月，三峡大学教授刘锦程一行，来临湘考察"万里茶道"申遗工作。

11月，临湘市申遗办，完成聂市古镇、临湘塔、龙窖山"两湖"茶产区的回顾性评估和价值认定工作。

二〇二二年

3月，完成了《万里茶道保护管理状况回顾性评估》资料汇编工作。在全国99处遗产点（49处重点推荐点，50处一般推荐点）中，临湘两处遗产点在评估工作中总体情况为：临湘塔，计分94分，排名8位；聂市古镇，计分87分，排名17位。

5月，与"中蒙俄万里茶道申遗"小程序的北京技术团队对接洽谈，陪同技术专家去遗产点实地考察；拟定好拍摄、制作方案，达成协议。

5月，依托"国际博物馆日""文化遗产日"等宣传文化活动，组织、策划、制作《青砖之源 两湖茶乡——临湘》大型图片展览活动。宣传推介我市茶道申遗工作的遗产成果和茶旅文融合发展的美好前景。

7月10日，参与了"世级动脉——万里茶道九省（区）文物联展"（安徽站）暨九省（区）万里茶道展览展示工作座谈会。

9月，按照2022年国家万里茶道联合申遗办工作要求，参加万里茶道（湖南段）跨国联合申遗工作方案专家评审会。会议一致通过方案文本评审。正在按流程走程序，稳步推进中。

9月，启动了聂市古建筑群——秀楼、敖新元熟食店、姚子佳旧居、方志盛和记杂货店本体修缮工程。

9月，湖南伟仁永巨茶叶有限公司是我市省级茶产业龙头企业，投资亿元建设年产9000吨"洞庭青砖"改造项目全面竣工，已正式开机生产。

11月，成立"万里茶道"保护和申遗工作领导小组。

12月，对聂市老街上15家老茶庄、商铺进行了调查，整理了好资料，制作好招牌、简介说明，挂牌上墙。

12月，对临湘长江段岸边的"鸭栏茶引批验所"遗址栽树标识。

编　后

《青砖源·临湘》即将编辑出版，捧着这一叠沉甸甸的书稿，成书的喜悦漫上心头，一丝惬意和自豪感，溢于言表。

"茶祖在湖南，茶源始三湘。"临相种茶历史悠久，创下了举世瞩目之辉煌，民间茶文化积淀丰厚。自清代初期到民国中叶，三百年来，临湘黑茶，走出"三湘"，汇通天下。"一茶通古今，万里青砖缘。"让"临湘"这个名字，在湖南乃至全国茶叶发展史上，留下了光辉的一页。

历史明鉴：临湘是中国茶叶之乡，临湘是黑茶（青砖）之源。

说她是"源"，是因为她拥有 5000 年前，茶祖神农试茶龙窖山的神奇传说，最早给三湘大地馈赠了一片清亮的绿叶。

说她是"源"，是因为她珍藏了 1700 多年前，瑶族先民徙居龙窖山，开创植茶之先河的古老遗存和故事，给瑶族后人留下了梦寐以求的精神家园。

说她是"源"，是因为她在 1000 多年前，就因茶盛而设立县治，成为朝廷专事茶业经营管理的专业机构，而且是"全国唯一"。

说她是"源"，是因为她拥有龙窖山这座优质茶源宝库，孕育了湘鄂"两湖茶"市场。自明代起，岁贡 16 斤优质芽茶，延至清末、历时 500 多年。

说她是"源"，是因为她早在康熙之初（1689），就生产出"第一块青砖茶"，引来三百晋商在湘业茶二百多年，创下了"两湖茶盛世"之辉煌。

说她是"源"，是因为她涌入"万里茶道"，以"临湘黑茶（青砖）物美价廉，质优量大"之畅销优势，在"万里茶道"上独树一帜，让临湘青砖源流万里。

如今，改革大潮的洗礼，临湘茶业迎来了高质量发展的契机和挑战！"全国十大产茶重点县（市）""全国边销茶重点生产基地""中国茶叶之乡""中国驰名商标"和"中国黑茶（青砖）标志性品牌"，一项项桂冠和一项项品牌殊荣接踵而至，让"青砖之源"历久弥新。

由于我们阅历短浅，临湘茶史、茶文化知之甚少。编辑中，我们只得搬来《中国茶全书·湖南卷》《湖南文库》《岳阳风土记》《湖北青砖茶》《临湘县志》《临湘史录》《万里茶道话临湘》《千年茶乡聂市镇》等等一大堆古籍、文献，从中引用了不少"茶史典故""茶诗茶联""遗存遗物""关联佐证"和图片资料。同时辗转龙窖山区，入居聂市古镇，打卡湘鄂边陲，串访茶庄茶农。邀请了"永巨茶业""明伦茶业""三湘公司""白石茶园""嘉源茶博馆"等现代茶企和单位的专家、学者、茶师、工匠们，组织座谈、讨论、聆听"真知卓见"。方知临湘人民勤奋朴实，深谙茶史文化。民间茶艺、茶品、茶道博大精深、源远流长。

值此，对编辑工作中引用到的文献资料的作家、专家、学者、摄影师，以及社会各界关心、支持编辑工作的仁人、志士、朋友们（恕不能逐一点到尊姓大名），一并表示最诚挚的敬意！

由于我们能力和水平有限，书稿中难免存在谬误和缺失，敬请诸君批评、赐教！

编者

2023 年 10 月